零基础学智能家电维修

韩雪涛　主编
吴　瑛　韩广兴　副主编

机 械 工 业 出 版 社

本书以就业为导向，采用"图解"的方式，全面系统地讲解了智能家电维修的专业知识和实操技能。

本书从入门知识讲起，夯实基本理论；之后给出了智能家电检测维修仪表的介绍和使用说明，以及电子电路的识图基础；然后针对新型智能家电的特点，对其基本功能单元电路进行了详细的讲解，并结合实际应用对智能家电的组网进行了介绍；最后结合常用的维修价值高的家电，全面剖析了故障检测方法和排除技巧。

本书各模块之间的知识技能循序渐进，图解演示、案例训练相互补充，基本覆盖了智能家电维修的就业需求，可帮助读者高效地完成智能家电维修知识的学习和技能的提升。

本书可作为专业技能认证的培训教材，也可作为各职业技术院校的实训教材，适合从事和希望从事家用电器维修的技术人员、业余爱好者阅读。

图书在版编目（CIP）数据

零基础学智能家电维修/韩雪涛主编. —北京：机械工业出版社，2023.3
ISBN 978-7-111-72596-1

Ⅰ.①零… Ⅱ.①韩… Ⅲ.①智能家电–维修 Ⅳ.①TM925.07

中国国家版本馆 CIP 数据核字（2023）第 024078 号

机械工业出版社（北京市百万庄大街 22 号　邮政编码 100037）
策划编辑：任　鑫　　　　　　责任编辑：任　鑫　杨　琼
责任校对：张晓蓉　王　延　　封面设计：马精明
责任印制：李　昂
北京捷迅佳彩印刷有限公司印刷
2023 年 6 月第 1 版第 1 次印刷
184mm×260mm · 21 印张 · 659 千字
标准书号：ISBN 978-7-111-72596-1
定价：99.00 元

近几年，智能家电得到了迅速的发展，不同类型的家电产品在新技术、新工艺的加持下不断推陈出新。越来越多的新型智能家电产品推向市场，不仅品类繁多，而且智能化程度越来越高，功能也越来越完善。

家电产品的迅猛发展，带动了生产、销售、维修等一系列产业链的繁荣。特别是售后维修领域，市场需要大批具备专业维修技能的从业人员。然而，如何能够在短时间内学会专业的电路知识、掌握家电维修技能成为摆在希望从事家电维修人员面前的首要难题。同样，对于已经从事家电维修工作的人员来说，同样也面临着如何跟上家电更新换代所带来的技术难题。

纵观当前维修行业的现状，不难发现，从业人员呈现年轻化的趋势，知识水平参差不齐。这与复杂、专业的家电维修技能之间产生了强烈的反差，"瓶颈"现象十分明显。同时，市场上许多家电维修图书的编写内容已经过时，编写方式也过于传统。

为了能够让学习者在短时间内掌握家用电子产品电路的专业知识和维修技能，我们特别编写了《零基础学智能家电维修》。本书在很多方面进行了大胆的尝试和改进。

一、满足读者需求

本书面向各类家电维修人员和广大电子技术爱好者。以就业为导向，希望读者通过学习实现技能基础入门，学会基本操作方法，掌握基本检测技能，完成家电维修技能从入门到提高的全面飞跃。

二、明确图书定位

本书是一本专门教授智能家电维修专业知识和实用维修技能的实用型教程。定位精而全，注重循序渐进，真正做到从零起步，逐步进阶。力求让一本书涵盖多种家电维修知识技能，真正让读者学到内容，给出一站式解决方案。

三、精彩内容呈现

本书的编写充分考虑读者的学习习惯和岗位特点，将专业知识技能运用大量的图表进行演示，尽量保证让读者能够快速、主动、清晰地了解知识技能，力求做到一看就懂，一学就会。对于结构复杂的电路，通过图解流程演示讲解的方式，让读者跟随信号流程完成对电路控制关系的识读，最终达到对电路的领悟。在检修操作环节，运用大量的实际维修场景照片，结合图解演示，引导读者真实感受家电维修的现场感，不仅能充分调动读者的主观学习动力，还能大大提升学习效率。

四、全新学习体验

本书开创了全新的学习体验。"模块化教学"+"多媒体图解"+"二维码微视频"构成了本书独有的学习特色。首先，在内容选取上，进行了大量的市场调研和资料汇总，根据知识内容的专业特点和行业岗位需求将学习内容模块化分解。然后依托多媒体图解的方式输出给读者，让读者以"看"代"读"，以"练"代"学"。最后，为了获得更好的学习效果，本书充分考虑读者的学习习惯，在图书中增设了"二维码"学习方式。读者可以在书中很多知识技能旁边找到"二维码"，然后通过手机扫描二维码即可打开相关的"微视频"。微视频中有对图书相应内容的有声讲解，有对关键知识技能点的演示操作。全新的学习手段能更加增强读者自主学习的互动性，不仅能提升学习效率，还能增强学习兴趣和效果。

当然，对于专业的知识技能，我们也一直在学习和探索，由于水平有限，编写时间仓促，书中难免会出现一些疏漏甚至错误，欢迎读者指正，也期待与您的技术交流。

值得说明的是，本书所选用的多为实际工作案例，电路图样很多都是原厂图样，为了确保学习效果，本书电路图所使用的电路图形符号和文字符号与厂商实物标注一致（各厂商的标注不完全一致），在书中不进行统一处理。

数码维修工程师鉴定指导中心

网址：http://www.taoo.cn

联系电话：022-83715667/13114807267

E-mail：chinadse@126.com

地址：天津市南开区榕苑路 4 号天发科技园 8-1-401

邮编：300384

编　者

目 录

基础篇

实战篇

实战篇

P164, P167

P174, P177, P180
P181, P190

VII

P200

P208, P219, P221
P222, P223, P226
P234

实战篇

IX

P251

P273, P302

X

基础篇

第1章　电子电路基础知识

1.1　电流与电动势

1.1.1　电流

在导体的两端加上电压，导体内的电子就会在电场力的作用下做定向运动，形成电流。电流的方向规定为电子（负电荷）运动的反方向，即电流的方向与电子运动的方向相反。

图 1-1 所示为由电池、开关、灯泡组成的电路模型，当开关闭合时，电路形成通路，电池的电动势形成了电压，继而产生了电场，在电场的作用下，处于电场内的电子便会定向移动，这就形成了电流。

　图 1-1　由电池、开关、灯泡组成的电路模型

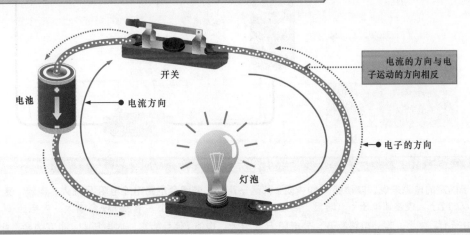

开关

电池

电流方向

灯泡

电流的方向与电子运动的方向相反

电子的方向

电流的大小称为电流强度，它是指在单位时间内通过导体横截面的电荷量。电流强度使用字母"I"（或 i）来表示，电荷量使用"Q"（库仑）表示。若在 t 秒内通过导体横截面的电荷量是 Q，则电流强度可用下式计算：

$$I = \frac{Q}{t}$$

电流强度的单位为安培，简称安，用字母"A"表示。根据不同的需要，还可以用千安（kA）、毫安（mA）和微安（μA）来表示。它们之间的换算关系为

$$1kA = 1000A$$

$$1mA = 10^{-3}A$$
$$1\mu A = 10^{-6}A$$

1.1.2　电动势

电动势是描述电源性质的重要物理量，用字母"E"表示，单位为"V"（伏特，简称为伏），它是表示单位正电荷经电源内部，从负极移动到正极所做的功，它标志着电源将其他形式的能量转换成电路的动力，即电源供应电路的能力。

| 提示说明 |

电动势用公式表示，即

$$E = \frac{W}{Q}$$

式中，E 为电动势，单位为 V；W 为将正电荷经电源内部从负极引导正极所做的功，单位为 J；Q 为移动的正电荷数量，单位为 C。

图 1-2 所示为由电源、开关、可变电阻器构成的电路模型。在闭合电路中，电动势是维持电流流动的电学量，电动势的方向规定为经电源内部，从电源的负极指向电源的正极。电动势等于路端电压与内电压之和，用公式表示为

$$E = U_{路} + U_{内} = IR + Ir$$

式中，$U_{路}$ 表示路端电压（即电源加在外电路端的电压）；$U_{内}$ 表示内电压（即电池因内阻自行消耗的电压）；I 表示闭合电路中的电流；R 表示外电路总电阻（简称外阻）；r 表示电源的内阻。

图 1-2　由电源、开关、可变电阻器构成的电路模型

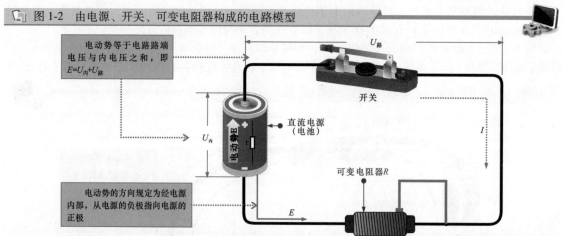

对于确定的电源来说，电动势 E 和内阻 r 都是一定的。若闭合电路中外电阻 R 增大，电流 I 便会减小，内电压 $U_{内}$ 减小，故路端电压 $U_{路}$ 增大。若闭合电路中外电阻 R 减小，电流 I 便会增大，内电压 $U_{内}$ 增大，故路端电压 $U_{路}$ 减小。当外电路断开，外电阻 R 无限大，电流 I 便会为零，内电压 $U_{内}$ 也变为零，此时路端电压就等于电源的电动势。

1.2　电位与电压

电位是指电路中某点与指定的零电位的大小差距，电压则是指电路中两点电位的大小差距。

1.2.1　电位

电位也称电势，单位是 V，用符号"φ"表示，它的值是相对的，电路中某点电位的大小与参

考点的选择有关。

图 1-3 所示为由电池、三个阻值相同的电阻和开关构成的电路模型（电位的原理）。电路以 A 点作为参考点，A 点的电位为 0V（即 $\varphi_A = 0V$），则 B 点的电位为 0.5V（即 $\varphi_B = 0.5V$），C 点的电位为 1V（即 $\varphi_C = 1V$），D 点的电位为 1.5V（即 $\varphi_D = 1.5V$）。

图 1-3　由电池、三个阻值相同的电阻和开关构成的电路模型（电位的原理）

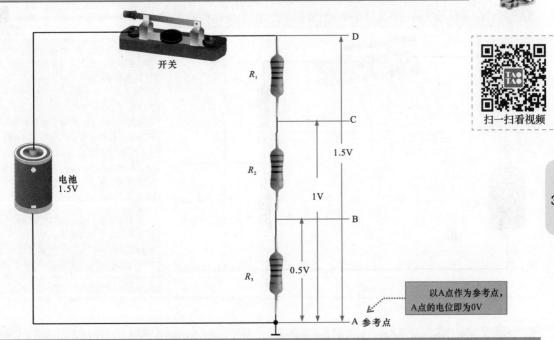

电路若以 B 点作为参考点，B 点的电位为 0V（即 $\varphi_B = 0V$），则 A 点的电位为 -0.5V（即 $\varphi_A = -0.5V$），C 点的电位为 0.5V（即 $\varphi_C = 0.5V$），D 点的电位为 1V（即 $\varphi_D = 1V$）。图 1-4 所示为以 B 点为参考点电路中的电位原理。

图 1-4　电位的原理（以 B 点为参考点）

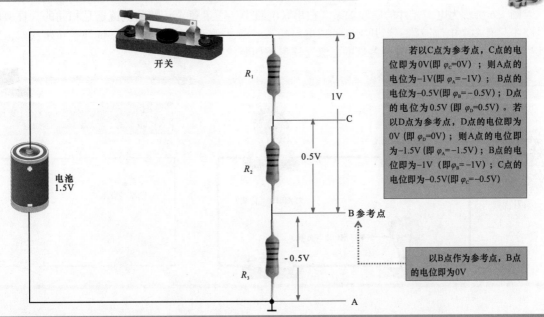

若以 C 点为参考点，C 点的电位即为 0V（即 $\varphi_C = 0V$）；则 A 点的电位为 -1V（即 $\varphi_A = -1V$）；B 点的电位为 -0.5V（即 $\varphi_B = -0.5V$）；D 点的电位为 0.5V（即 $\varphi_D = 0.5V$）。若以 D 点为参考点，D 点的电位即为 0V（即 $\varphi_D = 0V$）；则 A 点的电位即为 -1.5V（即 $\varphi_A = -1.5V$）；B 点的电位即为 -1V（即 $\varphi_B = -1V$）；C 点的电位即为 -0.5V（即 $\varphi_C = -0.5V$）。

以 B 点作为参考点，B 点的电位即为 0V

1.2.2　电压

电压也称电位差（或电势差），单位是 V。电流之所以能够在电路中流动是因为电路中存在电压，即高电位与低电位之间的差值。

图 1-5 所示为由电池、两个阻值相等的电阻器和开关构成的电路模型。

📖 图 1-5　由电池、两个阻值相等的电阻器和开关构成的电路模型

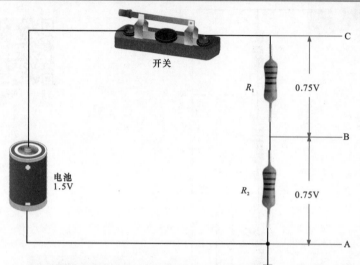

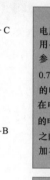

在闭合电路中，任意两点之间的电压就是指这两点之间电位的差值，用公式表示即为 $U_{AB}=\varphi_A-\varphi_B$，以 A 点为参考点（即 $\varphi_A=0V$），B 点的电位为 0.75V（即 $\varphi_B=0.75V$），B 点与 A 点之间的电压 $U_{BA}=\varphi_B-\varphi_A=0.75V$，也就是说加在电阻器 R_2 两端的电压为 0.75V；C 点的电位为 1.5V（即 $\varphi_C=1.5V$），C 点与 A 点之间的电压 $U_{CA}=\varphi_C-\varphi_A=1.5V$，也就是说加在电阻器 R_1 和 R_2 两端的电压是 1.5V

但若单独衡量电阻器 R_1 两端的电压（即 U_{BC}），若以 B 点为参考点（$\varphi_B=0$），C 点电位即为 0.75V（$\varphi_C=0.75V$），因此加在电阻器 R_1 两端的电压仍为 0.75V（即 $U_{BC}=0.75V$）

1.3　电路连接与欧姆定律

1.3.1　串联

如果电路中多个负载首尾相连，那么我们称它们的连接状态是串联的，该电路即称为串联电路。

图 1-6 所示为电子元件的串联关系。在串联电路中，通过每个负载的电流量是相同的，且串联电路中只有一个电流通路，当开关断开或电路的某一点出现问题时，整个电路将处于断路状态，因此当其中一盏灯损坏后，另一盏灯的电流通路也被切断，该灯不能点亮。

📖 图 1-6　电子元件的串联关系

扫一扫看视频

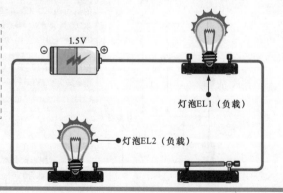

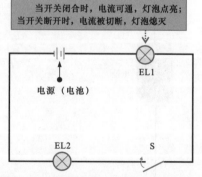

当开关闭合时，电流可通，灯泡点亮；当开关断开时，电流被切断，灯泡熄灭

| 提示说明 |

在串联电路中通过每个负载的电流量是相同的，且串联电路中只有一个电流通路，当开关断开或电路的某一点出现问题时，整个电路将变成断路状态。

在串联电路中，流过每个负载的电流相同，各个负载分享电源电压，如图 1-7 所示，电路中有三个相同的灯泡串联在一起，那么每个灯泡将得到 1/3 的电源电压量。每个串联的负载可分到的电压量与它自身的电阻有关，即自身电阻较大的负载会得到较大的电压值。

图 1-7 灯泡（负载）串联的电压分配

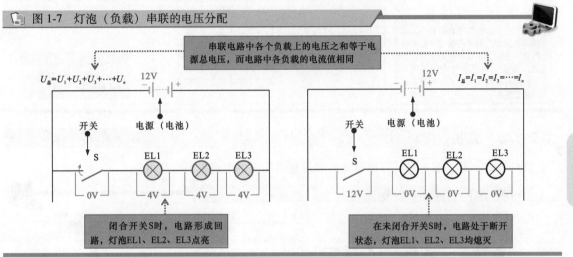

1.3.2 并联

两个或两个以上负载的两端都与电源两极相连，我们称这种连接状态是并联的，该电路即为并联电路。

如图 1-8 所示，在电子元件的并联状态下，每个负载的工作电压都等于电源电压。不同支路中会有不同的电流通路，当支路某一点出现问题时，该支路将处于断路状态，照明灯会熄灭，但其他支路依然正常工作，不受影响。

图 1-8 电子元件的并联关系

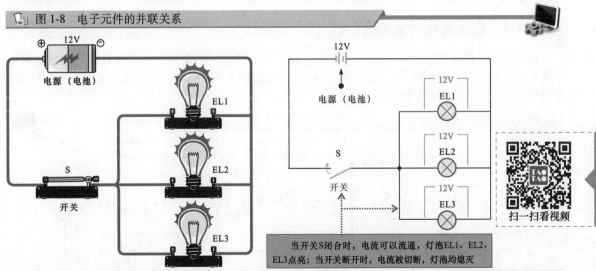

图 1-9 所示为灯泡（负载）并联的电压分配。

图 1-9　灯泡（负载）并联的电压分配

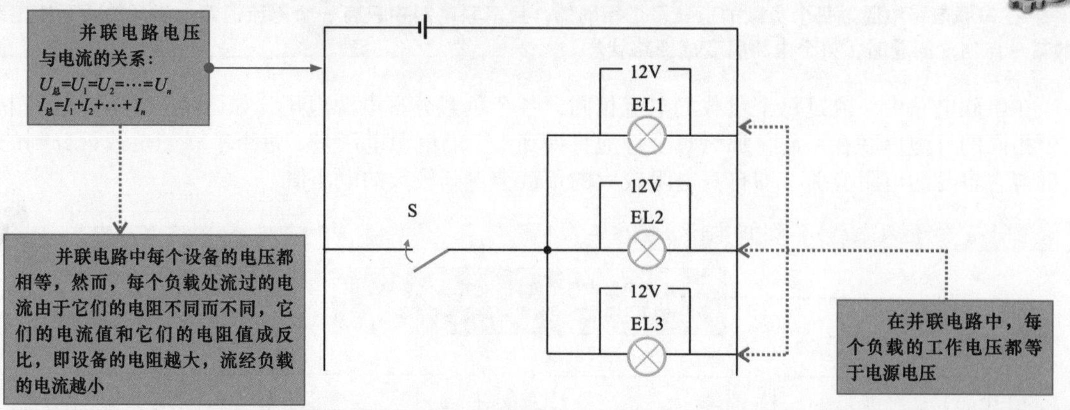

并联电路电压
与电流的关系：
$U_{总}=U_1=U_2=\cdots=U_n$
$I_{总}=I_1+I_2+\cdots+I_n$
并联电路中每个设备的电压都相等，然而，每个负载处流过的电流由于它们的电阻不同而不同，它们的电流值和它们的电阻值成反比，即设备的电阻越大，流经负载的电流越小
12V
EL1
12V
EL2
12V
EL3
S
在并联电路中，每个负载的工作电压都等于电源电压

1.3.3　混联

如图 1-10 所示，将电子元件串联和并联连接后构成的电路称为混联电路。

图 1-10　电子元件的混联关系

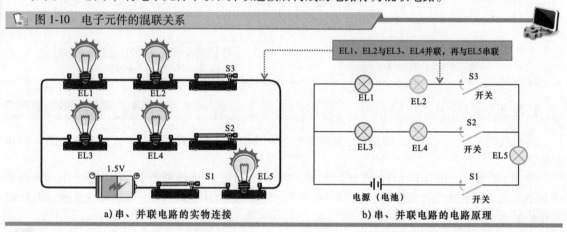

EL1
EL2
S3
EL3
EL4
S2
1.5V
S1
EL5
EL1、EL2与EL3、EL4并联，再与EL5串联
EL1
EL2
S3
开关
EL3
EL4
S2
开关
EL5
S1
电源（电池）
开关

a) 串、并联电路的实物连接　　b) 串、并联电路的电路原理

1.3.4　电压变化对电流的影响

电压与电流的关系如图 1-11 所示。电阻阻值不变的情况下，电路中的电压升高，流经电阻的电流也成比例增加；电压降低，流经电阻的电流也成比例减少。例如，电压从 25V 升高到 30V 时，电流值也会从 2.5A 升高到 3A。

图 1-11　电压与电流的关系

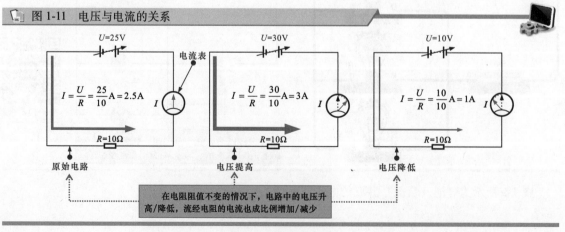

U=25V
$I=\frac{U}{R}=\frac{25}{10}$A=2.5A
I
R=10Ω
原始电路
电流表
U=30V
$I=\frac{U}{R}=\frac{30}{10}$A=3A
I
R=10Ω
电压提高
U=10V
$I=\frac{U}{R}=\frac{10}{10}$A=1A
I
R=10Ω
电压降低
在电阻阻值不变的情况下，电路中的电压升高/降低，流经电阻的电流也成比例增加/减少

1.3.5　电阻变化对电流的影响

电阻与电流的关系如图 1-12 所示。当电压值不变的情况下，电路中的电阻阻值升高，流经电阻的电流成比例减少；电阻阻值降低，流经电阻的电流则成比例增加。例如，电阻从 10Ω 升高到 20Ω 时，电流值会从 2.5A 降低到 1.25A。

图 1-12　电阻与电流的关系

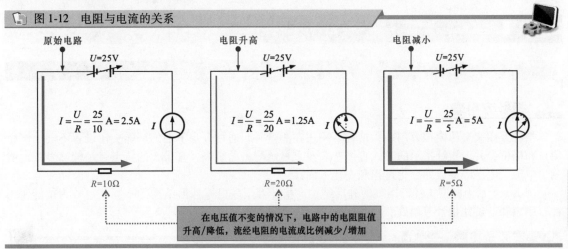

第2章 检测维修仪表的介绍与使用

2.1 万用表的特点与使用规范

2.1.1 万用表的特点

1 指针万用表

指针万用表又称模拟万用表，这种万用表在测量时，通过表盘下面的功能旋钮设置不同的测量项目和档位，并以指针指示的方式直接在表盘上显示测量的结果，其最大的特点就是能够直观地检测出电流、电压等参数的变化过程和变化方向。

图 2-1 所示为典型指针万用表的外形结构。指针万用表根据外形结构的不同，可分为单旋钮指针万用表和双旋钮指针万用表。

图 2-1 典型指针万用表的外形结构

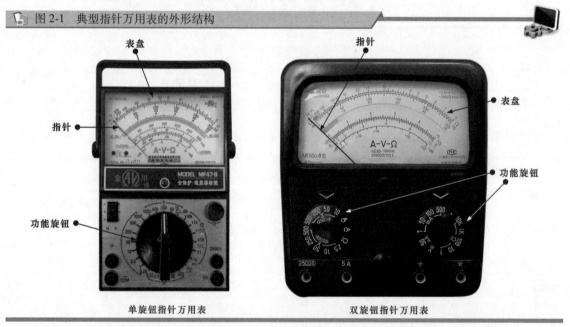

单旋钮指针万用表　　　　　　双旋钮指针万用表

指针万用表的功能有很多，在检测中主要是通过调节功能旋钮来实现不同功能的切换，因此在使用指针万用表检测家电产品前，应先熟悉指针万用表的键钮分布以及各个键钮的功能，如图 2-2 所示。

由图 2-2 可知，指针万用表的主要键钮分布有机械调零旋钮、功能旋钮、零欧姆校正钮、晶体管检测插孔、表笔插孔、表笔等。

2 数字万用表的特点

数字万用表又称数字多用表，它采用先进的数字显示技术。测量时，通过液晶显示屏下面的功能旋钮设置不同的测量项目和档位，并通过液晶显示屏直接将所测量的电压、电流、电阻等测量结果显示出来，其最大的特点就是显示清晰、直观、读取准确，既保证了读数的客观性，又符合人们的读数习惯。

图 2-2 典型指针万用表的键钮分布

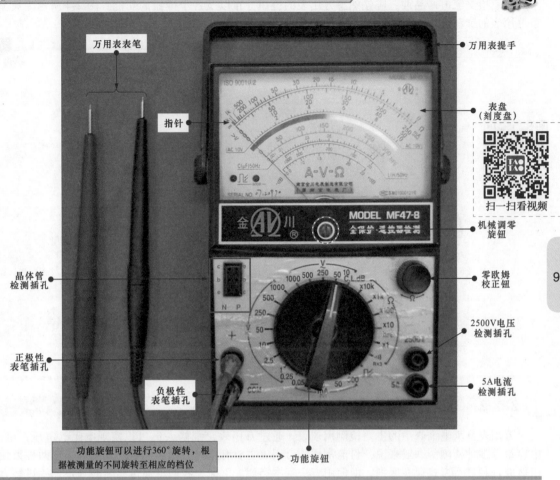

图 2-3 所示为典型数字万用表的外形结构。数字万用表根据量程转换方式的不同，可分为手动量程选择式数字万用表和自动量程变换式数字万用表。

图 2-3 典型数字万用表的外形结构

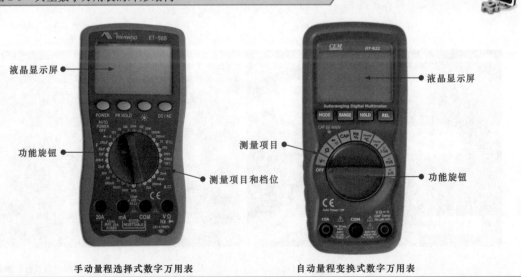

手动量程选择式数字万用表　　　　　　　自动量程变换式数字万用表

数字万用表的功能有很多，在检测中主要是通过调节不同的功能档位来实现的，因此在使用数字万用表检测家电产品前，应先熟悉万用表的键钮分布以及各个键钮的功能。图 2-4 所示为典型数字万用表的键钮分布。

图 2-4 典型数字万用表的键钮分布

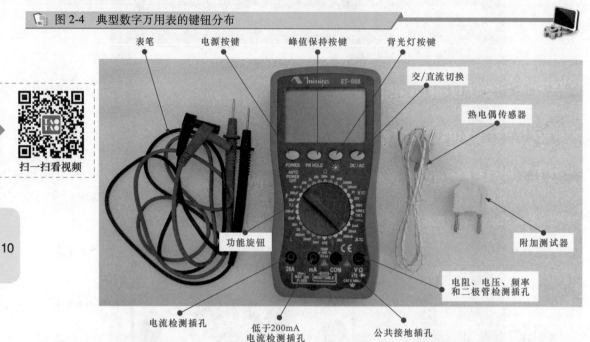

2.1.2 万用表的使用规范

万用表是家电维修中的主要检测用仪表。通过万用表，维修人员可以实现电阻、电压、电流、电容量等多种检测。一般来说，目前常用的万用表主要有指针万用表和数字万用表，这两种万用表虽然原理和显示方式存在区别，但使用方法基本类似。下面，我们就通过实际的测量训练讲解万用表的规范操作技能。

使用万用表进行检修测量时，首先将万用表的两根表笔分别插入万用表相应的表笔插孔中。连接表笔操作示意如图 2-5 所示。

图 2-5 连接表笔操作示意

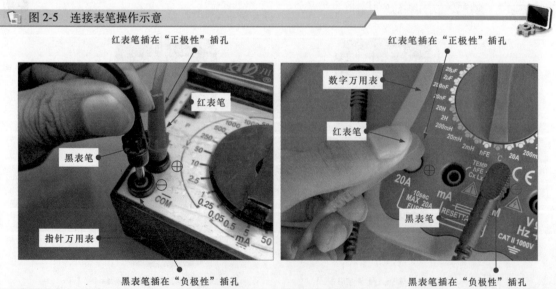

通常，根据习惯，红表笔插接在"正极性"表笔插孔中，测量时接高电位；黑表笔插接在"负极性"表笔插孔中，测量时接低电位。

表笔插接好后要根据测量需求（测量对象）选择测量项目，调整测量方位（量程调整），如图 2-6 所示。对万用表测量项目及量程的选择调整是通过万用表上的功能旋钮实现的。

图 2-6 调整万用表的量程

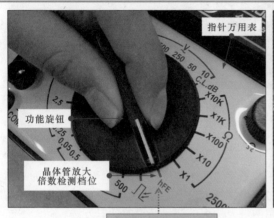

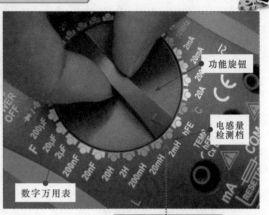

量程设置完毕，即可将万用表的表笔分别接触待测电路（或元器件）的测量端，便可根据表盘指示，读取测量结果，如图 2-7 所示。

图 2-7 将表笔分别接触待测元器件的测量端

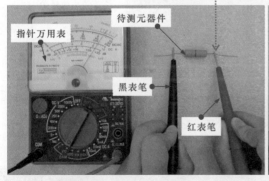

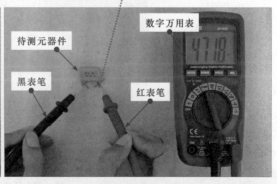

值得注意的是，如果使用指针万用表，在测量之前，还需观察万用表表盘的指针是否指向零位，如果指针指示不在零位，还需对指针万用表进行机械调零，以确保测量准确，指针万用表机械调零的方法如图 2-8 所示。

对指针万用表进行机械调零

万用表在使用前应注意看指针是否处于起始0位,如不在0位应进行机械调零

指针指向零位置

图 2-8　指针万用表机械调零的方法

2.1.3　万用表测量结果的读取方法

　　家电维修人员主要根据万用表表盘的指针指示或数字显示来读取测量结果,并以此作为故障判别的重要依据。因此,正确快速地识读测量结果对家电维修人员非常重要。由于指针万用表和数字万用表测量结果的显示方式不同,下面将分别介绍两种万用表的测量结果的读取方法。

1　指针万用表测量结果的读取方法

　　如图 2-9 所示,指针万用表的表盘上分布有多条刻度线,这些刻度线以同心的弧线的方式排列着,每一条刻度线上还标示出了许多刻度值。

图 2-9　指针万用表的表盘

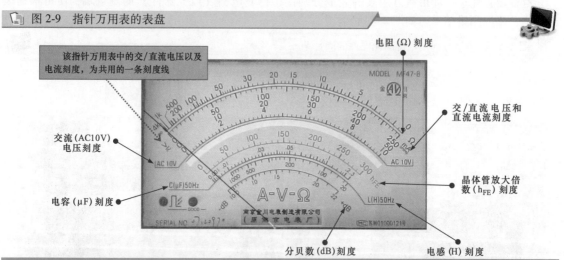

该指针万用表中的交/直流电压以及电流刻度,为共用的一条刻度线

电阻（Ω）刻度

交/直流电压和直流电流刻度

交流（AC10V）电压刻度

晶体管放大倍数（h_{FE}）刻度

电容（μF）刻度

分贝数（dB）刻度

电感（H）刻度

| 相关资料 |

　　◆ 电阻（Ω）刻度:电阻刻度位于表盘的最上面,在它的右侧标有"Ω"标识,仔细观察,不难发现电阻刻度呈指数分布,从右到左,由疏到密。刻度值最右侧为 0,最左侧为无穷大。

　　◆ 交/直流电压和直流电流刻度（$\underline{V}$、mA）:直流电压、电流刻度位于表盘的第二条线,在其右侧标识有"mA",左侧标识为"$\underline{V}$",表示这两条线是测量直流电压和直流电流时所要读取的刻度,它的 0 位在线的左侧,在这条表盘的下方有两排刻度值与它的刻度相对应。

　　◆ 交流（AC 10V）电压刻度:交流电压刻度位于表盘的第三条线,在刻度线的两侧标识为"AC 10V",

表示这条线是测量交流电压时所要读取的刻度，它的 0 位在线的左侧。

◆ 晶体管放大倍数刻度（h$_{FE}$）：晶体管放大倍数刻度位于表盘的第四条线，在右侧标有"hFE"，其 0 位在表盘的左侧。

◆ 电容（μF）刻度：电容刻度位于表盘的第五条线，在该刻度的左侧标有"C（μF）50Hz"的标识，表示检测电容时，需要使用 50Hz 交流信号的条件下进行电容器的检测，方可通过该表盘进行读数。其中"（μF）"表示电容的单位为 μF。

◆ 电感（H）刻度：电感刻度位于表盘的第六条线，在右侧标有"L（H）50Hz"的标识，表示检测电感时，需要使用 50Hz 交流信号的条件下进行电容器的检测，方可通过该表盘进行读数。其中"（H）"表示电感的单位为 H。

◆ 分贝数（dB）刻度：分贝数刻度是位于表盘最下面的第七条线，在该刻度线的两侧都标有"dB"，刻度线两端的"-10"和"+22"表示其量程范围，主要是用于测量放大器的增益或衰减值。

读取指针万用表的测量结果，主要是根据指针万用表的指示位置，结合当前测量的量程设置在万用表表盘上找到对应的刻度线，然后按量程换算刻度线的刻度值，最终读取出指针所指向刻度值的实际结果。

（1）电阻值测量结果的读取训练

如果在测量电阻时，我们选择的是"×10"欧姆档，若指针指向图 2-10 中所示的位置（10），读取电阻值时，由倍数关系可知，所测得的电阻值为：10×10Ω=100Ω。

图 2-10 选择"×10"欧姆档时的读数方法

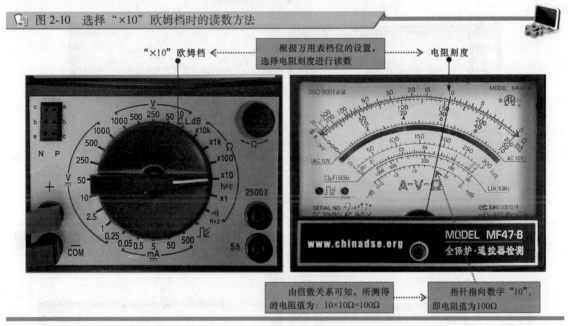

若将量程调至"×100"欧姆档时，指针指向 10 的位置上，如图 2-11 所示。读取电阻值时，由倍数关系可知，所测得的电阻值为：10×100Ω=1000Ω。

若将量程调至"×1k"欧姆档时，指针指向 10 的位置上，如图 2-12 所示。读取电阻值时，由倍数关系可知，所测得的电阻值为：10×1kΩ=10kΩ。

（2）直流电流测量结果的读取训练

指针万用表的量程一般可以分为 0.05mA、0.5mA、5mA、50mA、500mA 等，在使用指针万用表进行直流电流的检测时，由于电流的刻度盘只有一列"0~10"，因此无论是使用"直流 50μA"电流档、"直流 0.5mA"电流档、"直流 5mA"电流档、"直流 50mA"电流档还是"直流 500mA"电流档，在进行读数时都应进行换算，即使用指针的位置×（量程的位置/10）。

例如，选择"直流 0.05mA"电流档进行检测时，若指针指向如图 2-13 所示的位置，所测得的电流值为 0.034mA。

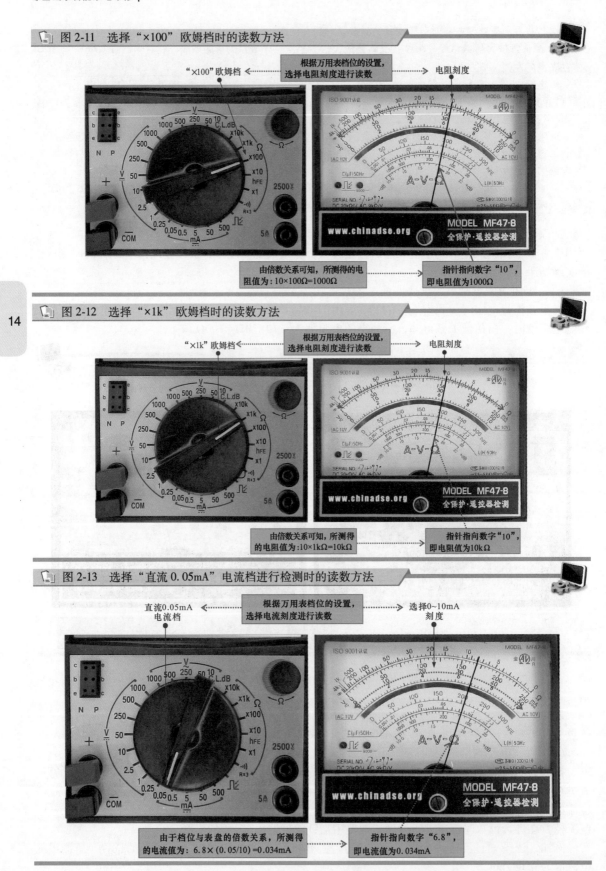

图 2-11　选择"×100"欧姆档时的读数方法

根据万用表档位的设置，选择电阻刻度进行读数

"×100"欧姆档

电阻刻度

由倍数关系可知，所测得的电阻值为：10×100Ω=1000Ω

指针指向数字"10"，即电阻值为1000Ω

图 2-12　选择"×1k"欧姆档时的读数方法

根据万用表档位的设置，选择电阻刻度进行读数

"×1k"欧姆档

电阻刻度

由倍数关系可知，所测得的电阻值为：10×1kΩ=10kΩ

指针指向数字"10"，即电阻值为10kΩ

图 2-13　选择"直流 0.05mA"电流档进行检测时的读数方法

直流0.05mA电流档

根据万用表档位的设置，选择电流刻度进行读数

选择0~10mA刻度

由于档位与表盘的倍数关系，所测得的电流值为：6.8×(0.05/10)=0.034mA

指针指向数字"6.8"，即电流值为0.034mA

若测量数据超过万用表的最大量程，就需要选用更大量程的万用表进行测量。例如，测量的电流大于 500mA，需要使用"直流 10A"电流档进行检测，将万用表的红表笔插到"DC 10A"的插孔中，再进行读数，如图 2-14 所示，通过表盘上 0~10 的刻度线，可直接读出电流值为 6.8A。

图 2-14 选择"直流 10A"电流档进行检测时的读数方法

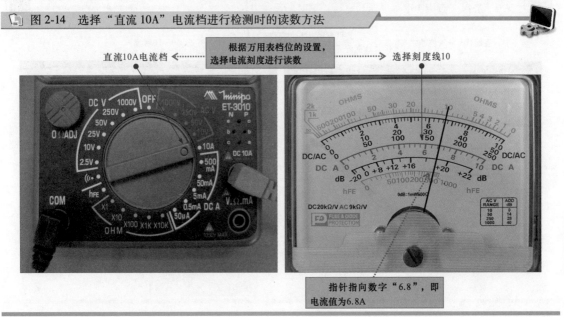

（3）直流电压测量结果的读取训练

在选择"直流 10V"电压档、"直流 50V"电压档、"直流 250V"电压档进行检测时，均可以通过指针和相应的刻度线位置直接进行读数，不需要进行换算，而使用"直流 2.5V"电压档、"直流 25V"电压档以及"直流 1000V"电压档进行检测时，则需要根据刻度线的位置进行相应的换算。

例如，若选择"直流 2.5V"电压档进行检测时，指针指向如图 2-15 所示的位置上，读取电压值时，选择 0~250 刻度线进行读数，由于档位与表盘的倍数关系，所测得的电压值为：$175 \times (2.5/250) = 1.75V$。

图 2-15 选择"直流 2.5V"电压档进行检测时的读数方法

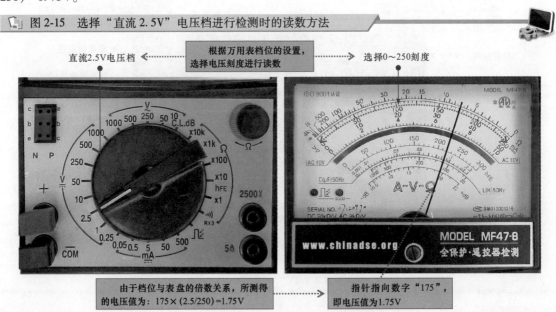

选择"直流 10V"电压档进行检测时，若指针指向如图 2-16 所示的位置上，读取电压值时，选择 0~10 刻度线进行读数，可读出电压值为 7V。

图 2-16　选择"直流 10V"电压档进行检测时的读数方法

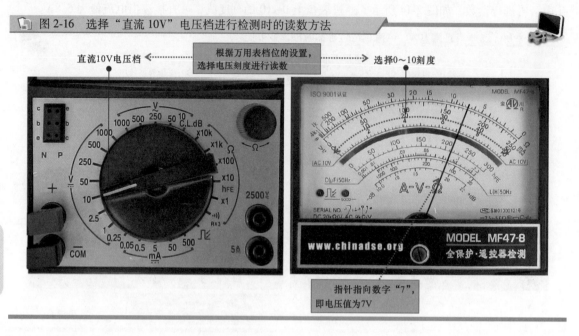

直流10V电压档

根据万用表档位的设置，
选择电压刻度进行读数

选择0~10刻度

指针指向数字"7"，
即电压值为7V

2　数字万用表测量结果的读取方法

数字万用表的测量结果主要以数字的形式直接显示在数字万用表的显示屏上。读取时，结合显示数值周围的字符及标识即可直接识读测量结果，图 2-17 所示为典型数字万用表的液晶显示屏。

图 2-17　典型数字万用表的液晶显示屏

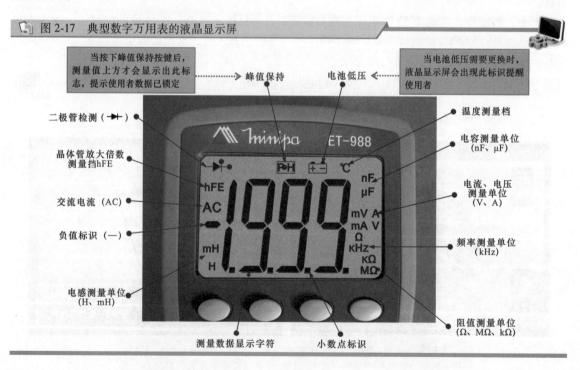

当按下峰值保持按键后，
测量值上方才会显示出此标
志，提示使用者数据已锁定

峰值保持

电池低压

当电池低压需要更换时，
液晶显示屏会出现此标识提醒
使用者

二极管检测（ ）

温度测量档

晶体管放大倍数
测量挡hFE

电容测量单位
（nF、μF）

交流电流（AC）

电流、电压
测量单位
（V、A）

负值标识（—）

频率测量单位
（kHz）

电感测量单位
（H、mH）

阻值测量单位
（Ω、MΩ、kΩ）

测量数据显示字符

小数点标识

（1）电容量测量结果的读取训练

数字万用表通常有 2nF、200nF、100μF 等电容量档位，可以检测 100μF 以下的电容器电容量是否正常。

使用数字万用表测量电容量，其数据的读取为直接读取，图 2-18 所示为数字万用表测量电容量数据的读取训练，分别为 0.018nF 和 2.9μF。

图 2-18　数字万用表测量电容量数据的读取训练

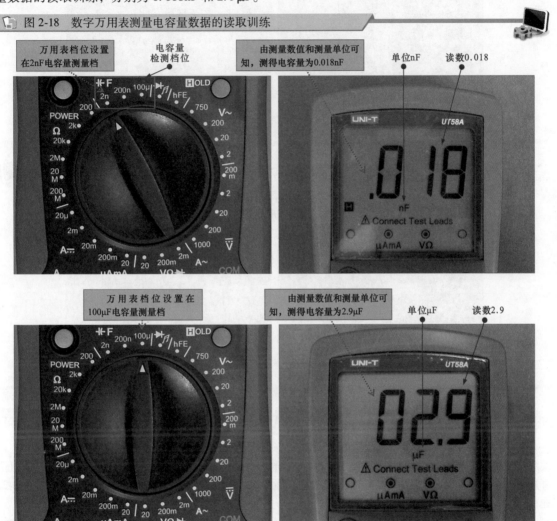

（2）交流电流测量结果的读取训练

数字万用表通常包括 2mA、200mA 以及 20A 等交流电流档位，可以用来检测 20A 以下的交流电流值。将数字万用表调至交流电流档时，液晶显示屏上会显示出交流标识。

使用数字万用表检测交流电流值时，需要将数字万用表调至交流电流测量档"A～"，其数据的读取为直接读取，液晶显示屏显示在检测功能标识处有交流"AC"标识，如图 2-19 所示，读取的交流电流数值为 7.01A。

（3）交流电压测量结果的读取训练

数字万用表一般包括 2V、20V、200V 以及 750V 等交流电压档位。可以用来检测 750V 以下的交流电压。

使用数字万用表测量交流电压值，其数据的读取为直接读取，液晶显示屏显示在检测功能标识处有交流"AC"标识，如图 2-20 所示，读取的交流电压数值为 21.2V。

图 2-19　数字万用表测量交流电流值数据的读取训练

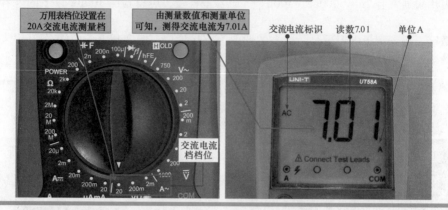

万用表档位设置在
20A交流电流测量档

由测量数值和测量单位
可知，测得交流电流为7.01A

交流电流标识　读数7.01　单位A

交流电流
档档位

图 2-20　数字万用表测量交流电压值数据的读取训练

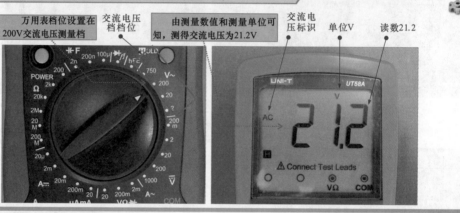

万用表档位设置在
200V交流电压测量档

交流电压
档档位

由测量数值和测量单位可
知，测得交流电压为21.2V

交流电
压标识　单位V　读数21.2

2.1.4　指针万用表检测电阻值的案例训练

　　使用指针万用表检测电阻值是非常实用的一项测量技能，它不仅可以判别电阻器的好坏，还可以判断二极管、晶体管以及开关按键等器件的性质。另外，线路通断也可用指针万用表检测电阻值的方法进行判断。在使用指针万用表测量电阻值前，需要对指针万用表进行零欧姆调整，如图 2-21 所示。

图 2-21　指针万用表零欧姆调整的方法

在进行电阻值测量时，每变换一次档位或量程，
就需要重新通过零欧姆校正钮进行零欧姆调整

将万用表表笔
互相短接

将功能旋钮拨至待测电阻值
的量程（"×100"欧姆档）

调整零欧姆校正钮，使指针指
示"0"位置

使用电阻值测量法检测电阻器的方法如图 2-22 所示。

图 2-22 使用电阻值测量法检测电阻器的方法

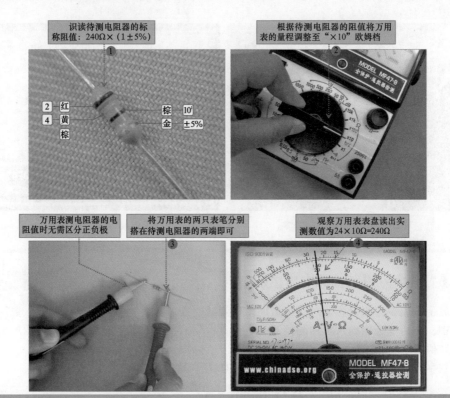

识读待测电阻器的标称阻值：240Ω×（1±5%）

根据待测电阻器的阻值将万用表的量程调整至"×10"欧姆档

万用表测电阻器的电阻值时无需区分正负极

将万用表的两只表笔分别搭在待测电阻器的两端即可

观察万用表表盘读出实测数值为24×10Ω=240Ω

2.1.5 指针万用表检测直流电压的案例训练

使用指针万用表检测开关电源电路输出的直流电压是否正常，测量前先确定测量时表笔的连接方法，然后根据电路板中的标识调整万用表的量程，最后检测出直流电压值。

以指针万用表检测开关电源直流输出电压为例，将红表笔搭在 3.3V 输出端，将黑表笔搭在接地端，具体操作方法如图 2-23 所示。

图 2-23 指针万用表检测开关电源直流输出电压的具体操作方法

根据电路板上的标识，确定直流输出端插件的引脚功能

将万用表的量程拨至"直流10V"电压档

图 2-23　指针万用表检测开关电源直流输出电压的具体操作方法（续）

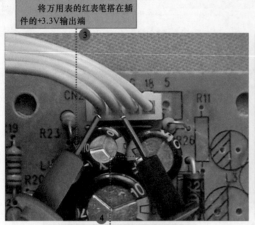

将万用表的红表笔搭在插件的+3.3V输出端 ③

观察万用表指针的指向，读出实测数值为直流3.3V ⑤

④ 接通开关电源电路的供电，并将万用表的黑表笔搭在插件的接地端

2.1.6　数字万用表检测电容量的案例训练

使用数字万用表检测电容量时，可借助附加测试器进行。首先将附加测试器插入数字万用表的表笔插孔中，再将电容器插入附加测试器的电容量检测插孔中，数字万用表液晶显示屏上即可显示出相应的数值。

使用数字万用表检测电容量的具体操作方法如图 2-24 所示。

图 2-24　使用数字万用表检测电容量的具体操作方法

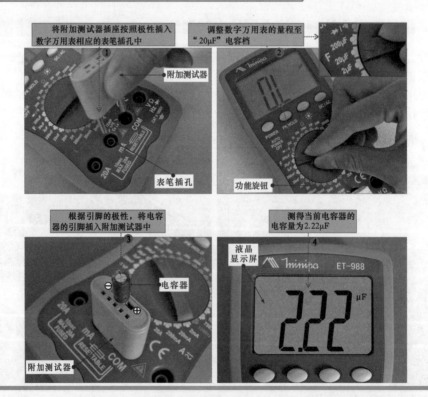

① 将附加测试器插座按照极性插入数字万用表相应的表笔插孔中

附加测试器

表笔插孔

② 调整数字万用表的量程至"20μF"电容档

功能旋钮

③ 根据引脚的极性，将电容器的引脚插入附加测试器中

电容器

附加测试器

④ 测得当前电容器的电容量为2.22μF

液晶显示屏

2.1.7　数字万用表检测交流电流的案例训练

使用数字万用表检测交流电流时，根据实际电路选择合适的交流电流量程，然后断开被测电路，将万用表的红、黑表笔串联到被测电路中，此时即可通过显示屏读出测量的交流电流值。

以检测吸尘器驱动电动机回路中的交流电流为例，具体操作方法如图 2-25 所示。

图 2-25　数字万用表检测吸尘器驱动电动机回路中的交流电流的具体操作方法

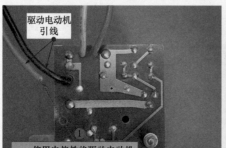

驱动电动机引线

使用电烙铁将驱动电动机引线与电路板连接端焊开

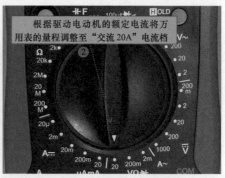

根据驱动电动机的额定电流将万用表的量程调整至"交流 20A"电流档

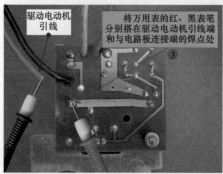

驱动电动机引线

将万用表的红、黑表笔分别搭在驱动电动机引线端和与电路板连接端的焊点处

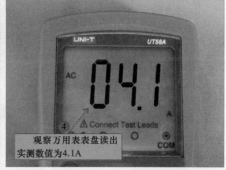

观察万用表表盘读出实测数值为 4.1A

｜提示说明｜

在使用数字万用表检测交流电流时不要用手指碰触万用表表笔的金属部位，要将裸露的电线放在绝缘物体上，以防电流过大引起触电。

在测量电流值时，小电流和大电流的表笔插孔不相同，检测电流大于 200mA 时，要将红表笔连接在标识有 10A 的表笔插孔中，如图 2-26 所示。

检测小电流时的红表笔插孔

检测大电流时的红表笔插孔

图 2-26　检测电流值时万用表的表笔插孔

2.1.8 数字万用表检测交流电压的案例训练

使用数字万用表检测交流电压时，需要将万用表并联接入电路中，将黑表笔和红表笔分别插入插座的两个插孔中，此时检测的数值即为该电路的交流电压值。

以数字万用表检测市电插座输出交流电压为例，具体操作方法如图 2-27 所示。

图 2-27 数字万用表检测市电插座输出交流电压的具体操作方法

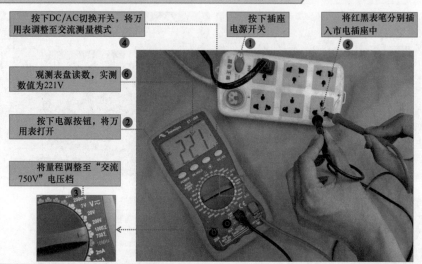

按下DC/AC切换开关，将万用表调整至交流测量模式 ④

观测表盘读数，实测数值为221V ⑥

按下电源按钮，将万用表打开 ②

将量程调整至"交流750V"电压档 ③

按下插座电源开关 ①

将红黑表笔分别插入市电插座中 ⑤

2.2 示波器的特点与使用规范

2.2.1 示波器的特点

示波器是一种先进的测量仪表，是维修人员不可或缺的新型装备。它可以将电路中的电压波形、电流波形在示波器上直接显示出来，为家电维修提供更多的检测手段，能够使检修者提高维修效率，尽快找到故障点。

示波器的种类有很多，可以根据示波器的测量功能、显示信号的数量、波形的显示器件和测量范围等来进行分类。根据示波器的测量功能进行分类，可以分为模拟示波器和数字示波器两种。图 2-28 所示为模拟示波器和数字示波器的外部结构。

图 2-28 模拟示波器和数字示波器的外部结构

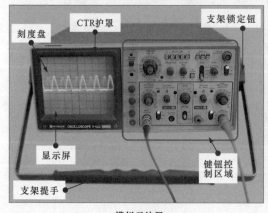

刻度盘
CTR护罩
支架锁定钮
显示屏
键钮控制区域
支架提手

模拟示波器

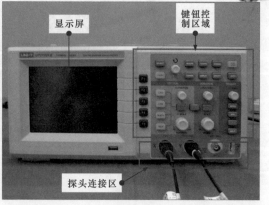

显示屏
键钮控制区域
探头连接区

数字示波器

　　键钮控制区域在示波器的右侧，对检测到的波形的调节主要通过该区域实现。模拟示波器操作键钮各有各的功能，图 2-29 所示为典型模拟示波器的键钮分布图。

　　数字示波器的功能比模拟示波器的功能强，其键钮的功能也比较复杂，主要可以分为菜单键、探头连接区、垂直控制区、水平控制区、触发控制区、菜单功能区和其他按键。图 2-30 所示为典型数字示波器的键钮分布图。

图 2-29　典型模拟示波器的键钮分布图

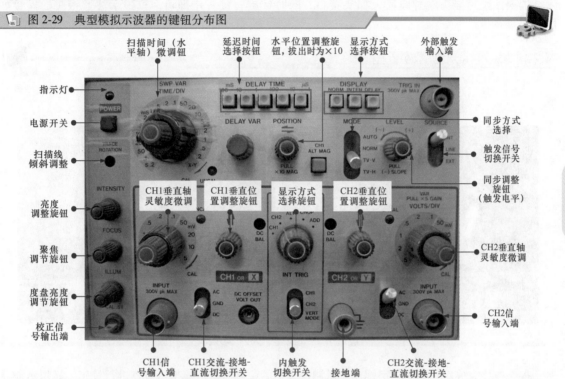

23

图 2-30　典型数字示波器的键钮分布图

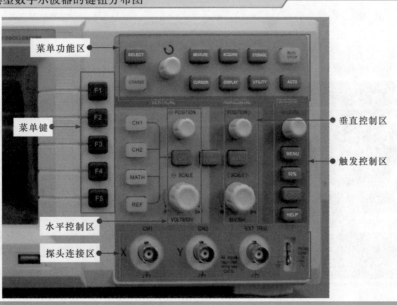

2.2.2　示波器的使用规范

1　模拟示波器的使用规范

在使用模拟示波器前，需要先将模拟示波器的探头进行连接。选择以 CH2 通道为例，将模拟示波器测试线的接头座对应插入探头接口，顺时针旋转接头座即可。模拟示波器探头的连接如图 2-31 所示。

图 2-31　模拟示波器探头的连接

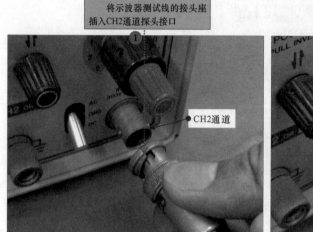

探头连接完成后，使用一字螺丝刀微调探头上的调整钮，对模拟示波器进行校正。模拟示波器的校正方法如图 2-32 所示。

图 2-32　模拟示波器的校正方法

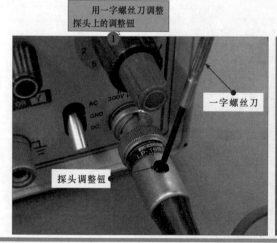
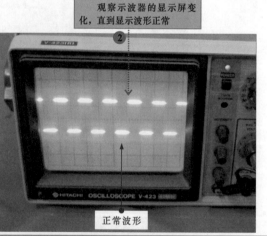

模拟示波器校正完毕后，就可以进行信号波形的测量了。将模拟示波器的接地夹接地，探头接高频调幅信号输出端，连接模拟示波器与信号源的示意图如图 2-33 所示。

图 2-33　连接模拟示波器与信号源的示意图

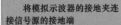

将模拟示波器的接地夹连接信号源的接地端

将模拟示波器的探头连接信号源高频调幅信号输出端

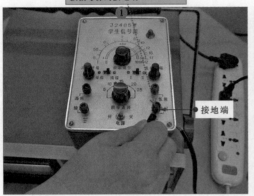

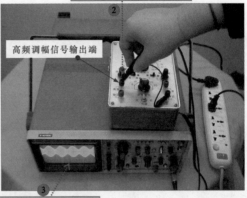

高频调幅信号输出端

接地端

观察检测到的波形

2　数字示波器的使用规范

在使用数字示波器进行检测时，首先要将数字示波器的探头连接被测部位，使信号接入示波器中，数字示波器信号的接入方式如图 2-34 所示。

图 2-34　数字示波器信号的接入方式

将黑鳄鱼夹与数字示波器的接地端进行连接

将信号源测试线中的红鳄鱼夹与数字示波器的探头连接

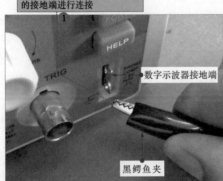

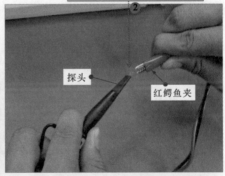

数字示波器接地端

黑鳄鱼夹

探头

红鳄鱼夹

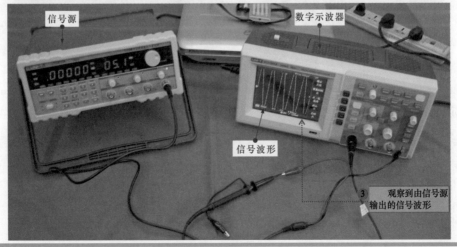

信号源

数字示波器

信号波形

观察到由信号源输出的信号波形

数字示波器用于电子产品维修时，应先将电子产品拆开，再将数字示波器的探头接到电路中的元器件上（搭在元器件的引脚或引线上），对波形进行检测，彩色电视机中晶振信号的检测如图 2-35 所示。

图 2-35　彩色电视机中晶振信号的检测

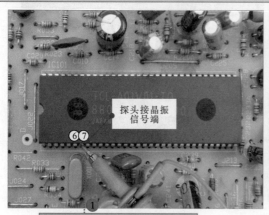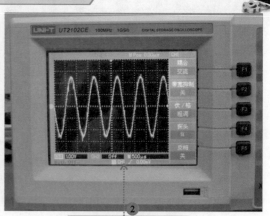

将数字示波器的接地夹接地端，用探头搭在被测元器件的引脚上

调整示波器，使屏幕上显示晶振信号波形

2.2.3　模拟示波器测量波形的调整训练

观察模拟示波器的波形，可通过调整扫描时间（水平轴）微调旋钮和亮度调整旋钮，使波形变清晰，调整旋钮的具体操作如图 2-36 所示。

图 2-36　调整旋钮的具体操作

扫一扫看视频

调节扫描时间（水平轴）微调旋钮

调节亮度调整旋钮

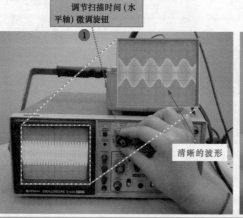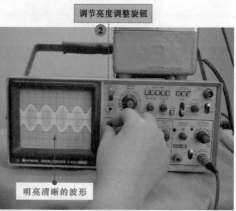

清晰的波形

明亮清晰的波形

调整旋钮后，波形清晰，若发现有波形不同步（跳跃闪烁）的情况，可调节同步调整旋钮，使波形稳定，如图 2-37 所示。

2.2.4　数字示波器测量波形的调整训练

通常信号波形的调整可以分为水平位置与周期的调整、垂直位置与幅度的调整。

（1）信号波形水平位置与周期的调整

数字示波器屏幕上显示的波形，主要可以分为水平系统和垂直系统两部分，其中水平系统是指波形在水平刻度线上的位置或周期，垂直系统是指波形在垂直刻度线上的位置或幅度。

图 2-37 调节同步调整旋钮

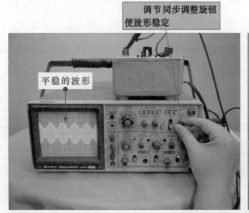
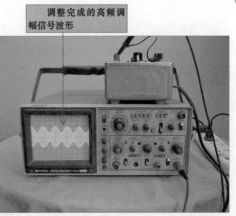

图 2-38 所示为数字示波器显示波形垂直位置和水平位置的调整旋钮。其中，可调节波形水平位置和周期的旋钮称为水平位置调整旋钮和水平时间轴旋钮；可调节波形垂直位置和幅度的旋钮称为垂直位置调整旋钮和垂直幅度旋钮。

图 2-38 数字示波器显示波形垂直位置和水平位置的调整旋钮

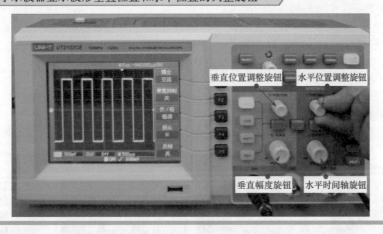

信号波形水平位置的调整是由水平位置调整旋钮控制的，如图 2-39 所示。

图 2-39 信号波形水平位置的调整

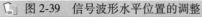
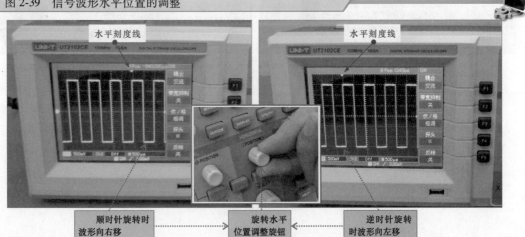

　　若信号波形的宽度（即周期）过宽或过窄时，则可使用水平时间轴旋钮进行调整，如图2-40所示。

图 2-40　信号波形周期的调整

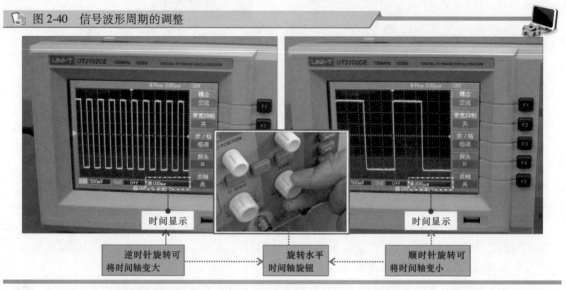

逆时针旋转可　→　旋转水平　←　顺时针旋转可
将时间轴变大　　　时间轴旋钮　　　将时间轴变小

（2）信号波形垂直位置与幅度的调整

　　数字示波器显示的波形，垂直位置的调整是由垂直位置调整旋钮控制的，而垂直幅度的调整，则是由垂直幅度旋钮控制的。信号波形垂直位置和垂直幅度的调整如图2-41所示。

图 2-41　信号波形垂直位置和垂直幅度的调整

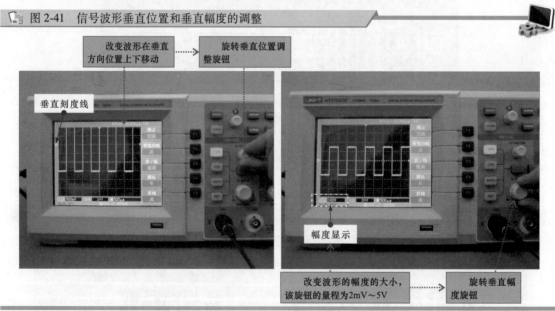

改变波形在垂直　→　旋转垂直位置调
方向位置上下移动　　整旋钮

垂直刻度线

幅度显示

改变波形的幅度的大小，　→　旋转垂直幅
该旋钮的量程为2mV～5V　　度旋钮

第**3**章 电子电路识图基础入门

3.1 电子电路中的基本标识与图形符号

3.1.1 电子电路中的基本标识

当我们拿到一张电子电路图时，首先会看到图中包含了很多横线、竖线、小黑点以及符号、文字的标识等信息，这些信息实际上就是这张电路图的重要"识读信息"，例如，图3-1所示为简单电子电路图的基本标识。

图 3-1 简单电子电路图的基本标识

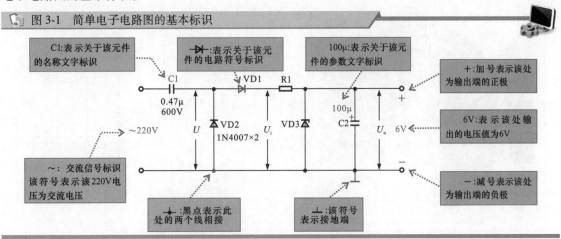

图3-1中，每个图形符号或文字、线段都体现了该电路中的重要内容，也是我们识读该电路图的所有依据来源，例如，图中"~"则直观地告诉我们这个电路左端的电压是交流的，又如，图中右侧的"6V"文字标识则明确地表示了该电路右侧输出的电压值为6V（直流，一般电压值前没有交直流符号时，默认为直流）等。

由此可见，了解电子电路中的基本标识符号是我们学习识图的关键，下面我们以表格的形式（见表3-1）列出电子电路中常见的基本标识符号，以供大家学习和参考。而在图3-1中体现的关于各种电子元器件的标准电路符号，将在下一节中具体介绍。

表 3-1 常见电子电路中的基本标识符号

名称	符号	标识	名称	符号	标识
交流	AC	$\sim$	交叉不相连的导线		
直流	DC	- - - -	交叉相连的导线		
交直流	AC/DC		丁字路口连接的导线		或
正极		+	力或电流等按箭头方向传送		→
负极		-	信号输出端		或
接地	GND	⊥ 或 ↓	信号输入端		或
导线的连接点		●	信号输入、输出端		或

3.1.2　电子电路中的图形符号

电子元器件是构成电子产品的最小单元，换句话说，任何电子产品都是由不同的电子元器件按照电路规则组合而成的。因此，识读电子产品电路图，掌握不同元器件在电路图中的电路表示符号以及各元器件的基本功能特点是学习电路识图的第一步。这就相当于我们学习文章之初，必须先识字，只有将常用文字的写法和所表达的意思掌握了，才能进一步读懂文章。

图 3-2 所示为典型电子产品电路图中图形符号与实物对应关系。由图中可知，熟悉电子元器件的基本图形符号是识读电子产品电路的基本技能。

图 3-2　典型电子产品电路图中图形符号与实物对应关系

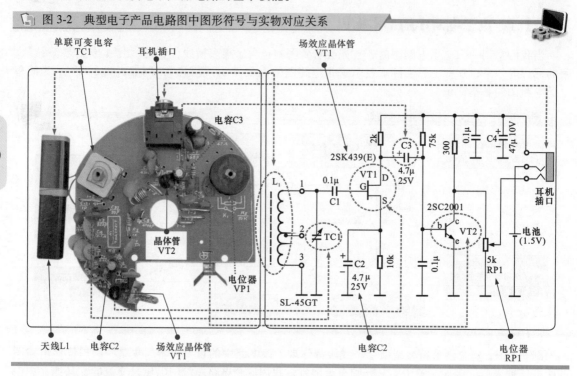

为了方便大家阅读和记忆，下面我们将常用电子元器件的基本图形符号以表格的形式予以介绍。

1　电阻类图形符号与实物对照

扫一扫看视频

电阻器是电子设备中利用最多的电子元器件。电阻器的主要功能是通过分压电路提供其他元器件所需要的电压，而通过限流电路提供所需的电流，常见电阻器的图形符号、文字符号及功能见表 3-2。

表 3-2　常见电阻器的图形符号、文字符号及功能

种类及外形结构	图形符号	文字符号	功　能
普通电阻器		R	普通电阻器在电路中一般起限流和分压的作用
压敏电阻器		R 或 MY	压敏电阻器具有过电压保护和抑制浪涌电流的功能

（续）

种类及外形结构		图形符号	文字符号	功　能
热敏 电阻器		（θ 符号）	R 或 MZ 或 MF	热敏电阻器的阻值随温度变化，可用作温度检测元件
湿敏 电阻器		（虚线框符号）	R 或 MS	湿敏电阻器的阻值随周围环境湿度变化，常用作湿度检测元件
光敏 电阻器		（光敏符号）	R 或 MG	光敏电阻器的阻值随光照的强弱变化，常用于光检测元件
气敏 电阻器		（气敏符号）	R 或 MQ	气敏电阻器是利用金属氧化物半导体表面吸收某种气体分子时，会发生氧化反应或还原反应使电阻值改变的特性而制成的电阻器
可变 电阻器		（可变符号）	RP	可变电阻器主要是通过改变电阻值改变分压大小

扫一扫看视频

2　电容类图形符号与实物对照

　　电容器是一种可以储存电荷的元器件，两个极片可以积存电荷。任何一种电子产品中都少不了电容器。电容器具有通交流隔直流的作用，还常作为平滑滤波元件和谐振元件。常见电容器的图形符号、文字符号及功能见表 3-3。

表 3-3　常见电容器的图形符号、文字符号及功能

种类及外形结构		图形符号	文字符号	功　能
无极性 电容器		（无极性符号）	C	耦合、平滑滤波、移相、谐振
有极性 电容器		（有极性符号）	C	耦合、平滑滤波

31

（续）

种类及外形结构		图形符号	文字符号	功 能
单联可变电容器			C	用于调谐电路
双联可变电容器		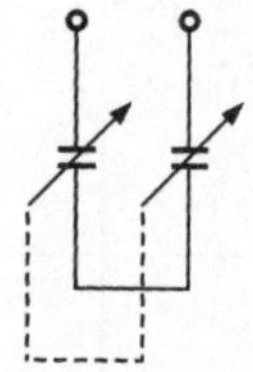	C	用于调谐电路，容量范围：最小 > 7pF，最大 < 1100pF；直流工作电压：100V 以上；运用频率：低频、高频
四联可变电容器		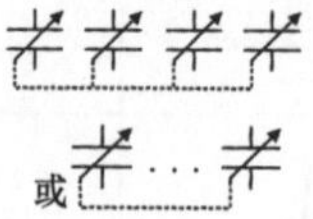 或	C	四联可变电容器的内部包含有4个可变电容器，4个电容器可同步调整
微调电容器			C	微调和调谐回路中的谐振频率

3 电感类图形符号与实物对照

普通的电感器俗称线圈。电感元件也是一种储能元件或阻流元件，它可以把电能转换成为磁能存储起来，常用于滤波和谐振元件。常见电感器的图形符号、文字符号及功能见表3-4。

表3-4 常见电感器的图形符号、文字符号及功能

种类及外形结构		图形符号	文字符号	功 能
空心线圈			L	分频、滤波、谐振
磁棒、磁环线圈			L	分频、滤波、谐振
固定色环、色码电感器			L	分频、滤波、谐振

（续）

种类及外形结构		图形符号	文字符号	功　能
微调电感器			L	滤波、谐振

4　二极管类图形符号与实物对照

二极管是典型的半导体器件，具有单向导电的特性。常见二极管的图形符号、文字符号及功能见表 3-5。

扫一扫看视频

33

表 3-5　常见二极管的图形符号、文字符号及功能

种类及外形结构		图形符号	文字符号	功　能
整流二极管			VD	整流（该符号左侧为正极、右侧为负极）
检波二极管			VD	检波（该符号左侧为正极、右侧为负极）
稳压二极管		或+ -	VS 或 ZD	稳压（该符号左侧为正极、右侧为负极）
发光二极管			VL	指示电路的工作状态
光敏二极管			VD	当光敏二极管受到光照射时，二极管反向阻抗会随之变化（随着光照射的增强，反向阻抗会由大到小）
变容二极管		或	VD	变容二极管在电路中起电容器的作用。被广泛地用于超高频电路中的参量放大器、电子调谐及倍频器等高频和微波电路中
双向触发二极管	DB3		VD	双向触发二极管是具有对称性的两端半导体器件。常用来触发双向晶闸管，或用于过电压保护、定时、移相电路

5　晶体管类图形符号与实物对照

半导体晶体管是各种电子设备中的信号放大器元件，其特点就是在一定的条件下具有电流的放大作用。常见的晶体管有 NPN 型晶体管和 PNP 型晶体管，其图形符号、文字标识及功能见表 3-6。

表 3-6 晶体管的图形符号、文字标识及功能

种类及外形结构		图形符号	文字符号	功　能
NPN 型晶体管			VT	电流放大、振荡、电子开关、可变电阻等
PNP 型晶体管			VT	电流放大、振荡、电子开关、可变电阻等

6 场效应晶体管类图形符号与实物对照

　　场效应晶体管简称 FET，也属于半导体器件。常见的场效应管有结型场效应晶体管和绝缘栅型场效应晶体管，其图形符号、文字符号及说明见表 3-7。

表 3-7 场效应晶体管的图形符号、文字符号及说明

名称	符　　号		外　形	文字符号	说　　明
	N 沟道	P 沟道			
结型场效应晶体管	结型N沟道	结型P沟道		VT 或（V 或 Q 为旧标识）	结型场效应晶体管是利用沟道两边的耗尽层宽窄，改变沟道导电特性来控制漏极电流的。常应用于电压放大、恒流源、阻抗变换、可变电阻、电子开关等电路中
绝缘栅型场效应晶体管	MOS耗尽型单栅N沟道	MOS耗尽型单栅P沟道		VT 或（V 或 Q 为旧标识）	绝缘栅型场效应晶体管是利用感应电荷的多少，改变沟道导电特性来控制漏极电流的。它与结型场效应晶体管的外形相同，只是型号标记不同。常应用于电压放大、恒流源、阻抗变换、可变电阻、电子开关等电路中
	MOS增强型单栅N沟道	MOS增强型单栅P沟道			
	MOS耗尽型双栅N沟道	MOS耗尽型双栅P沟道			

7 晶闸管类图形符号与实物对照

晶闸管又叫可控硅，即可控整流器件，也属于半导体器件。常用的晶闸管有单向晶闸管和双向晶闸管，单结晶体管的特性与晶闸管相近，其图形符号、文字符号及说明见表 3-8。

表 3-8 晶闸管的图形符号、文字符号及说明

种类及外形结构		图形符号	文字符号	说　明
单向晶闸管		阳极 A 门极 G 阴极 K	VS	无触点开关，阳极受控
单向晶闸管		阳极 A 门极 G 阴极 K		阴极受控
可关断晶闸管		阳极 A 门极 G 阴极 K		阴极受控
双向晶闸管		第二电极 T2 门极 G 第一电极 T1	VS	无触点双向开关

8 变压器类图形符号与实物对照

变压器由铁心（或磁心）和线圈组成，它实质上是一组互感线圈，在电子产品中常制成变换电压和电流的变压器，常见的有低频变压器、高频变压器和中频变压器。常见变压器的图形符号、文字符号及说明见表 3-9。

表 3-9　常见变压器的图形符号、文字符号及说明

种类及外形结构		图形符号	文字符号	说　明
普通电源变压器		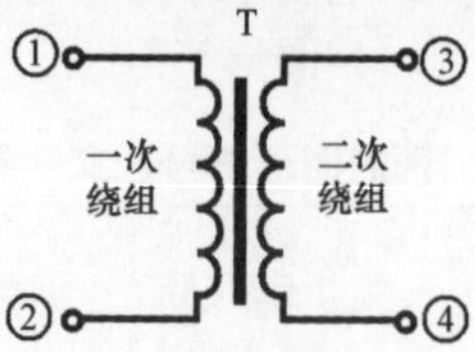	T	电压变换、电源隔离
双绕组变压器		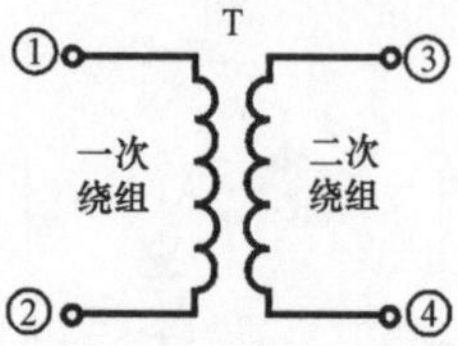	T	绕组之间无铁心
给出瞬时电压极性的带铁心变压器		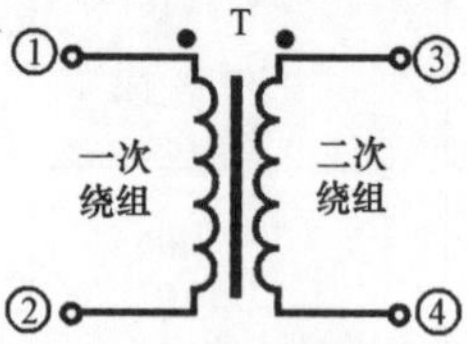	T	变压器的一次和二次线圈的一端画有一个小黑点，表示①、③端的极性相同，即当①为正时，③也为正；①为负时，③也为负
音频变压器		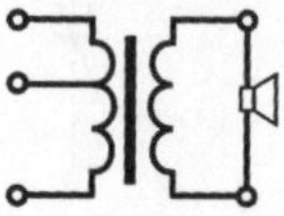	T	信号传输与分配、阻抗匹配等
中频变压器		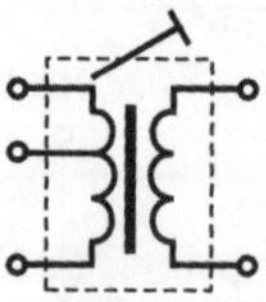	T	选频、耦合
带铁心三绕组变压器		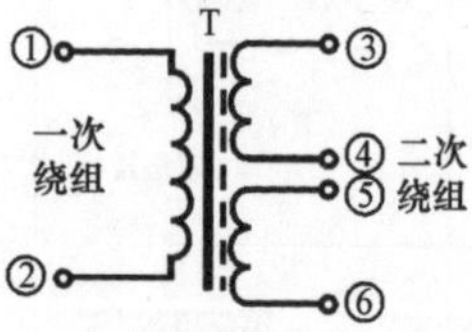	T	有两组二次绕组：③~④和⑤~⑥绕组。图中间部分垂直实线表示铁心，虚线表示变压器的一次和二次绕组之间设有一个屏蔽层
有中心抽头的变压器		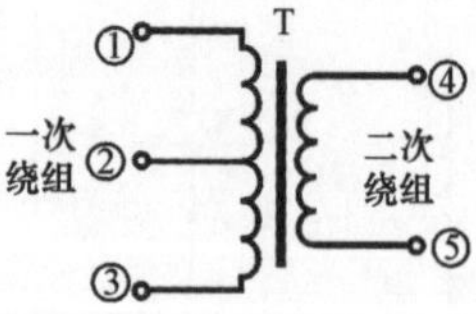	T	该变压器的一次绕组有一个抽头，将一次绕组分为①~②、②~③两个绕组。这样可以变换输出与输入电压比
自耦变压器		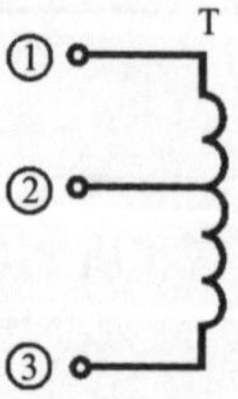	T	该变压器只有一个绕组，其中②为抽头。应用时，若②~③之间为一次绕组，①~③之间为二次绕组，它是一个升压器；当①~③之间为一次绕组，②~③之间为二次绕组，它是一个降压器

9 集成电路类图形符号与实物对照

集成电路是利用半导体工艺将电阻器、电容器、晶体管等组成的单元电路制作在一片半导体材料或绝缘基板上，形成一个完整的电路，并封装在特制的外壳之中。常见集成电路的图形符号、文字符号及说明见表 3-10。

表 3-10　常见集成电路的图形符号、文字符号及说明

种类及外形结构	图形符号	文字符号	说　明
运算放大器		IC 或 U	一般左侧两引脚为输入端，右侧为输出端
双运算放大器		IC 或 U	左侧为输入端，右侧为输出端，三角形指向传输方向
时基电路		IC 或 U	能产生时间基准信号、完成各种定时或延迟功能非线性模拟集成电路
集成稳压器		IC 或 U	能够将不稳定的直流电压变为稳定的直流电压的集成电路，多应用于电源电路中
触发器		IC 或 U	符号左为输入端，右为输出端
数模转换器		IC 或 U	符号左为输入端，右为输出端
模数转换器		IC 或 U	符号左为输入端，右为输出端
音频功率放大器		IC 或 U	具有对音频信号进行放大功能的集成电路，多应用于音频电路中
数字图像处理器		IC 或 U	大规模的集成电路

（续）

种类及外形结构	图形符号	文字符号	说　明
微处理器	IC	 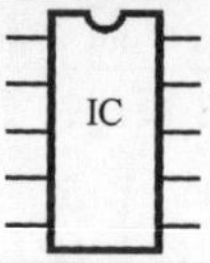 IC 或 U	大规模的集成电路

10　其他常用电子器件图形符号与实物对照

电子产品电路中常用的电子器件多种多样，除了上述列出的 9 大类型外，了解一些其他常用电子器件的图形符号对识图也十分必要，例如常用的桥式整流堆、晶体振荡器、电池、扬声器、光电耦合器和熔断器等，其对应的图形符号、文字符号及说明见表 3-11。

表 3-11　其他常用电子器件的图形符号、文字符号及说明

种类及外形结构	图形符号	文字符号	说　明
桥式整流堆		  VD	其符号右为直流正输出端，左为直流负输出端，上下为交流输入端
晶体振荡器		  Y 或 Z	时钟电路中作为振荡器件
电池		  BAT	通常在电路中作为直流电源使用
扬声器		  BL	电声器件，常在电路中作为输出负载使用
光电耦合器		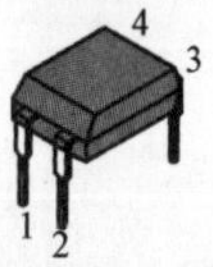 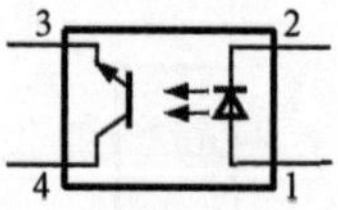 IC	开关电源电路中常用器件（误差反馈）
熔断器（熔丝）		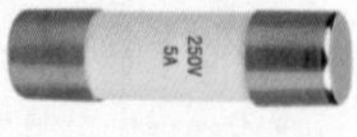 FU	当电路中出现过电流和过载情况时，会迅速熔断，保护电路

3.2　基本识图方法与技巧

3.2.1　基本识图方法

1　从元器件入手识图

如图 3-3 所示，在电子产品的电路板上有不同外形、不同种类的电子元器件，其所对应的文字标识、电路图形符号及相关参数都标注在元器件的旁边。电子元器件是构成电子产品的基础，任何

电子产品都是由不同的电子元器件按照电路规则组合而成的。因此，了解电子元器件的基本知识，掌握不同元器件在电路图中的电路图形符号及各元器件的基本功能特点是学习电路识图的第一步。

图 3-3　电路板上电子元器件的电路图形符号和相关参数标注

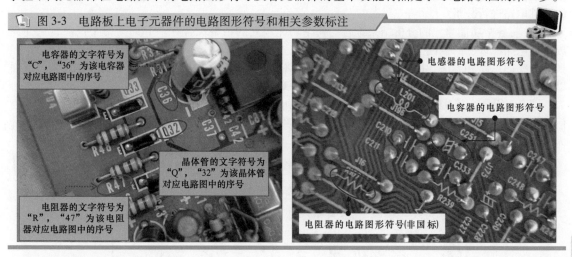

电容器的文字符号为
"C"，"36"为该电容器
对应电路图中的序号

电感器的电路图形符号

电容器的电路图形符号

晶体管的文字符号为
"Q"，"32"为该晶体管
对应电路图中的序号

电阻器的文字符号为
"R"，"47"为该电阻
器对应电路图中的序号

电阻器的电路图形符号(非国标)

2　从单元电路入手识图

单元电路就是由常用元器件、简单电路及基本放大电路构成的可以实现一些基本功能的电路，是整机电路中的单元模块，如串并联电路、RC 电路、LC 电路、放大器、振荡器等。如果说电路图形符号在整机电路中相当于一篇"文章"中的"文字"，那么单元电路就是"文章"中的一个段落。简单电路和基本放大电路则是构成段落的词组或短句。因此从电源电路入手，了解简单电路、基本放大电路的结构、功能、使用原则及应用注意事项对于电路识图非常有帮助。

3　从整机入手识图

电子产品的整机电路是由许多单元电路构成的。在了解单元电路的结构和工作原理的同时，弄清电子产品所实现的功能及各单元电路之间的关联，对于熟悉电子产品的结构和工作原理非常重要。例如，在影音产品中，包含有音频、视频、供电及各种控制等多种信号，如果不注意各单元电路之间的关联，单从某一个单元电路入手很难弄清整个产品的结构特点和信号走向。因此，从整机入手，找出关联，厘清顺序是最终读懂电路图的关键。

3.2.2　整机电路的识图方法

要了解一个整机电路的结构和工作原理，首先要了解整机的构成，再分别了解各个单元电路的结构，最后将各单元电路相互连接起来，并读懂整机各部分的信号变换过程，就完成了识图。

电子产品的整机电路原理图是由一个个的基本单元电路经过一定的方式连接起来构成的，是最重要的电路图，不能漏掉任何一个元器件，甚至不能缺少一个引脚的连接点。根据接线关系可以看到各单元电路之间的信号流程及信号变换过程，对熟悉整机结构是很有帮助的。整机电路原理图的识读可以按照如下四个步骤进行：

1）了解电子产品功能。一个电子产品的电路图是为了完成和实现这个产品的整体功能而设计的，首先搞清楚产品电路的整体功能和主要技术指标，便可以在宏观上对该电路图有一个基本的认识。电子产品的功能可以根据名称了解，比如，收音机是接收电台信号，处理后将信号还原并输出声音的信息处理设备；电风扇则是将电能转换为驱动扇叶转动机械能的设备。

2）找到整个电路图的总输入端和总输出端。整机电路原理图一般是按照信号处理流程为顺序绘制的，按照一般人的读书习惯，通常输入端画在左侧，信号处理为中间主要部分，输出端则位于整张电路图的最右侧部分。比较复杂的电路，输入与输出的部位无定则。因此，分析整机电路原理图可先找出整个电路图的总输入端和总输出端，即可判断出电路图的信号处理流程和方向。

3）以主要元器件为核心将整机电路原理图"化整为零"。在掌握整个电路原理图大致流程的基础上，根据电路中的核心元件将整机划分成一个一个的功能单元，然后将这些功能单元对应学过的基础电路进行分析。

4）将各个功能单元的分析结果综合。每个功能单元的结果综合在一起即为整个产品，从而完成整机电路原理图的识读。分析整机电路原理图，简单地说就是了解功用、找到两头、化整为零、聚零为整的思路和方法。用整机原理指导具体电路分析、用具体电路分析诠释整机工作原理。下面以超外差调幅（AM）收音机为例介绍整机电路原理图的识读方法。

图3-4所示为超外差调幅（AM）收音机整机电路原理图及划分。根据电路功能找到天线端为信号接收端，即输入端，最后输出声音的右侧音频信号为输出端，根据电路中的几个核心元件划分为五个功能模块。

图 3-4　超外差调幅（AM）收音机整机电路原理图及划分

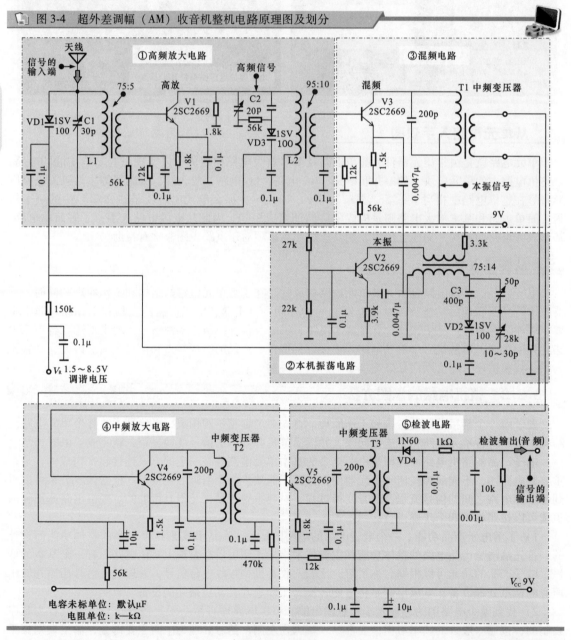

上述整机电路原理图示出了组成收音机的各个部分，下面对上述划分的几个功能模块进行逐一识读，以了解电路构成、工作原理及各主要元器件的功能。

（1）AM 收音机的高频放大电路

图 3-5 所示为 AM 收音机的高频放大电路。其功能是放大天线接收的微弱信号，此外还具有选频功能。

图 3-5　AM 收音机的高频放大电路

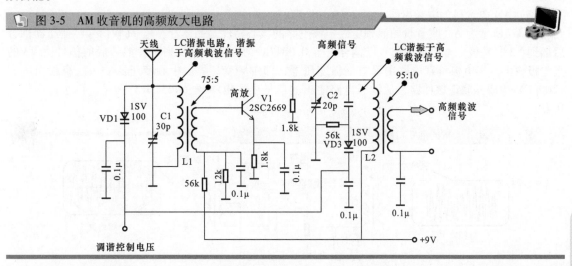

从图 3-5 中可见，该放大电路的核心器件是晶体管 V1（高频晶体管），信号由基极输入，放大后的信号由集电极输出并经谐振变压器耦合到混频电路。天线感应的信号加到 L1、C1 和 VD1 组成的谐振电路上，改变绕组 L1 的并联电容，就可以改变谐振频率。该电路采用变容二极管的电调谐方式，变容二极管 VD1 在电路中相当于一个电容，电容量随加在其上的反向电压变化，改变电压，就可以改变谐振频率。此外，高频放大电路输出变压器一次绕组的并联电容也使用变容二极管 VD3，与 VD1 同步变化，C1 和 C2 是微调电容器，能微调谐振点。高频放大电路的直流通路如下：

1）+9V 经变压器绕组 L2 为晶体管 V1 的集电极提供直流偏压。

2）+9V 经 56kΩ 电阻与 12kΩ 电阻分压形成直流电压，再经高频输入变压器二次绕组为晶体管 V1 的基极提供直流偏压。

3）晶体管 V1 发射极接电阻 1.8kΩ 作为电流负反馈元件，以便稳定晶体管的直流工作点，与该电阻并联的 0.1μF 电容为去耦电容，消除放大电路的交流负反馈，提高交流信号的增益。

（2）AM 收音机的本机振荡电路

图 3-6 所示为 AM 收音机的本机振荡电路。该电路采用变压器耦合方式，形成正反馈电路。其振荡频率由 LC 谐振电路决定，在 LC 谐振电路中也采用了变容二极管 VD2，调谐控制电压加到变容二极管的负端，使变容二极管的结电容与高放电路中的谐振频率同步变化。改变调谐控制电压，

图 3-6　AM 收音机的本机振荡电路

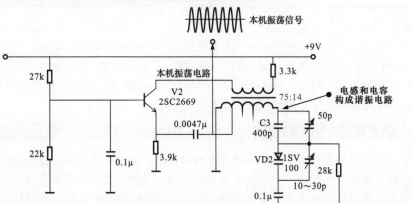

VD2 的结电容会随之变化，本机振荡电路产生的信号频率也会变化。当变频输入信号的谐振频率增加时，本机振荡电路的输出频率也同步增加，使高频载波与本振频率始终相差 465kHz。中频信号的频率为 465kHz。

（3）AM 收音机的混频电路

图 3-7 所示为 AM 收音机的混频电路。该电路的核心器件是晶体管 V3。高频信号经变压器耦合后加到 V3 的基极。本机振荡信号经耦合电容 0.0047μF 加到 V3 的发射极。混频后的信号由 V3 的集电极输出，集电极负载电路中设有谐振变压器，即中频变压器。中频变压器的一次绕组与电容（200pF）构成并联谐振回路，从混频电路输出的信号中选出中频（465kHz）信号，再送往中频变压器。

图 3-7　AM 收音机的混频电路

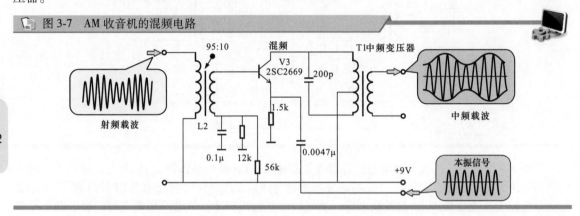

（4）AM 收音机的中频放大电路

图 3-8 所示为 AM 收音机的中频放大电路，输入电路和输出电路都采用变压器耦合方法。中频放大电路的主体是晶体管 V4，中心频率被调整到 465kHz，可以有效地排除其他信号的干扰和噪声。

图 3-8　AM 收音机的中频放大电路

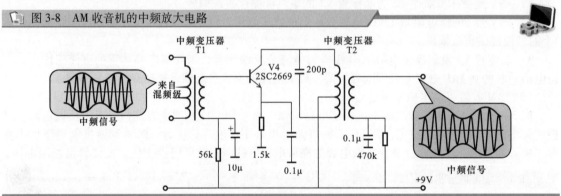

（5）AM 收音机的检波电路

图 3-9 所示为 AM 收音机的检波电路。从图中可见，检波电路与中放电路制作在一起，V5 是中放电路的放大晶体管。经该晶体管放大后的中频信号由中频变压器 T3 选频，再由变压器的二次侧将中频载波送到检波电路。检波电路中的二极管 VD4 将中频载波信号的负极性部分检出，再经 RC 低通滤波器滤除中频载波信号，取出低频音频信号输出。

3.2.3　单元电路的识图方法

一个电子产品的电路原理图是由很多单元电路组成的。例如，一部收音机的电路原理图是由高频放大器、本机振荡器、混频器、中频放大器、检波器、低频放大器等部分构成的；一部录音机的电路原理图则是由话筒信号放大器、录音均衡放大器、偏磁/消磁振荡器、放音均衡放大器、音频功率放大器等部分构成的。要熟悉这些产品电路的结构和工作原理，就应首先学会识读组成整机电路的各个单元电路。识读单元电路原理图一般可按如下步骤进行。

图 3-9　AM 收音机的检波电路

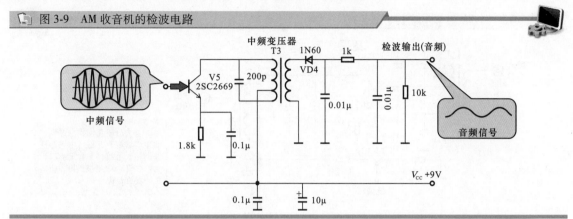

1　先识读直流供电过程

电子产品工作一般都离不开电源供电，识读时，可首先分析直流电压供给电路，可将电路图中的所有电容器看成开路（电容器具有隔直特性），将所有电感器看成短路（电感器具有通直的特性），单元电路原理图直流供电部分的识读如图 3-10 所示。

图 3-10　单元电路原理图直流供电部分的识读

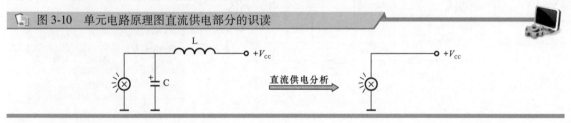

2　再识读交流信号传输过程

识读交流信号传输过程就是分析信号在该单元电路中如何从输入端传输到输出端，并通过了解信号在这一传输过程中受到的处理（如放大、衰减、变换等）即可了解单元电路的信号流程。

3　通过了解核心元件在电路中的功能完成电路识读

对电路中元器件作用的分析非常关键，能不能看懂电路的工作原理其实就是能不能搞懂电路中各元器件的作用。图 3-11 所示为典型调频收音机中频放大电路。

图 3-11　典型调频收音机中频放大电路

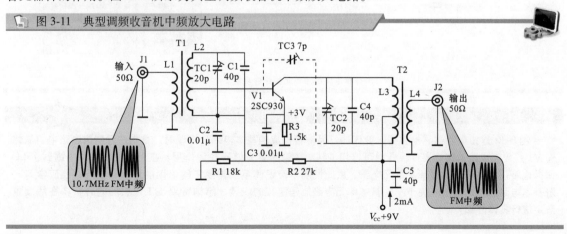

中频放大单元电路的识读方法如图 3-12 所示。

图 3-12 中频放大单元电路的识读方法

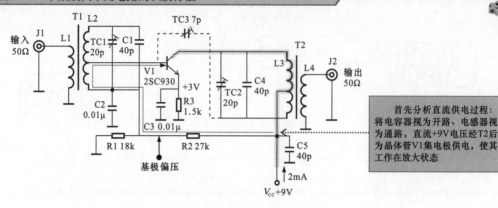

a) 分析电路中的直流供电通道

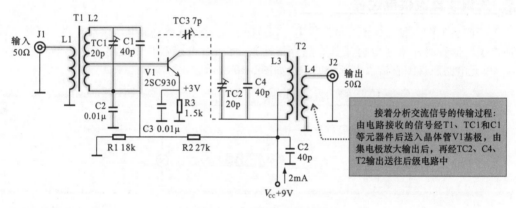

b) 分析电路中主信号的传输过程

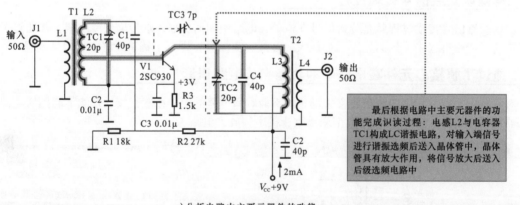

c) 分析电路中主要元器件的功能

| 提示说明 |

　　图 3-12 是由电阻器、电容器、变压器、晶体管构成的基本电路。识读时，首先注意到该电路中的晶体管 V1 是放大电路的核心器件，此时可以初步判断该电路具有信号放大作用。在上述识读过程中提到了 LC 谐振电路、信号放大器等基本单元电路，由此说明学习识读不仅需要了解识读的步骤和技巧，还应学习一些基本电路的基本知识。关于一些基本单元电路信号流程的识读、结构特点及工作原理的分析将在后续章节中进行具体介绍。

第 **4** 章 基本功能单元电路

4.1 电源电路

4.1.1 电源电路的特点

电源电路是为家电产品各单元电路提供工作电压的电路，该电路的电压以交流电源为主，交流电压在电源电路中被整流、滤波后，输出直流电压，为家电产品中的各部分单元电路提供电压。

了解电源电路的特征，需要识别电源电路中的主要组成器件。以影碟机为例，图 4-1 所示为典型影碟机电源电路中各主要组成器件。由图中可看出，该电源电路主要由熔断器、互感滤波器、桥式整流电路、滤波电容器、起动电阻器、开关变压器、开关振荡集成电路、光电耦合器以及误差检测电路等组成。

4.1.2 电源电路的工作过程与识图分析

在了解了电源电路的特征之后，我们接下来顺着信号流程对电源电路进行识读，首先对电源电路进行功能划分，再对各个功能电路进行逐一识读。

图 4-2 所示为对影碟机电源电路进行划分。由图中可看出，该电源电路可分为交流输入和整流滤波电路、开关振荡电路以及二次整流输出电路。

图 4-3 所示为对电源电路中的交流输入和整流滤波电路部分进行识读。

图 4-4 所示为对电源电路中开关振荡电路部分进行识读。

图 4-5 所示为对电源电路中二次整流输出电路部分进行识读。

图 4-1　典型影像机电源电路中各主要组成器件

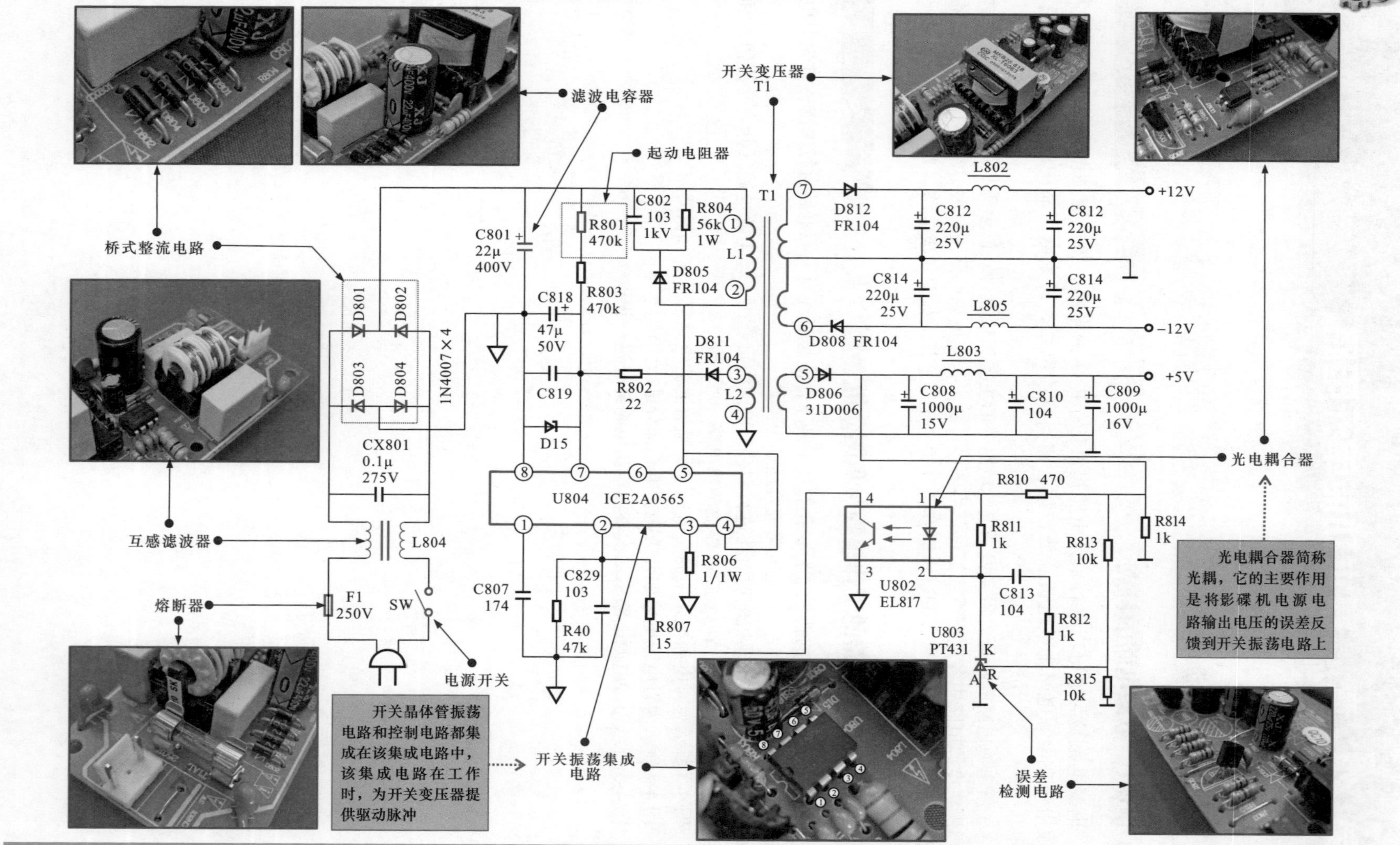

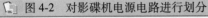
图 4-2　对影碟机电源电路进行划分

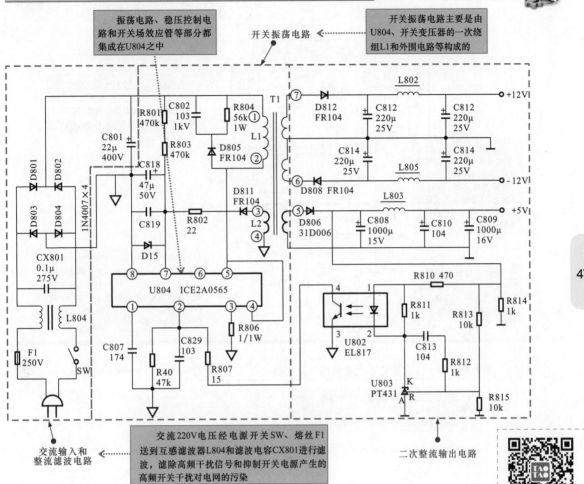

振荡电路、稳压控制电路和开关场效应管等部分都集成在U804之中

开关振荡电路

开关振荡电路主要是由U804、开关变压器的一次绕组L1和外围电路等构成的

交流输入和整流滤波电路

交流220V电压经电源开关SW、熔丝F1送到互感滤波器L804和滤波电容CX801进行滤波，滤除高频干扰信号和抑制开关电源产生的高频开关干扰对电网的污染

二次整流输出电路

47

扫一扫看视频

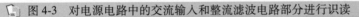
图 4-3　对电源电路中的交流输入和整流滤波电路部分进行识读

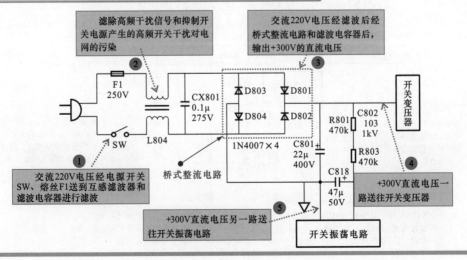

滤除高频干扰信号和抑制开关电源产生的高频开关干扰对电网的污染

交流220V电压经滤波后经桥式整流电路和滤波电容器后，输出+300V的直流电压

交流220V电压经电源开关SW、熔丝F1送到互感滤波器和滤波电容器进行滤波

桥式整流电路

+300V直流电压一路送往开关变压器

+300V直流电压另一路送往开关振荡电路

开关振荡电路

📄 图 4-4　对电源电路中开关振荡电路部分进行识读

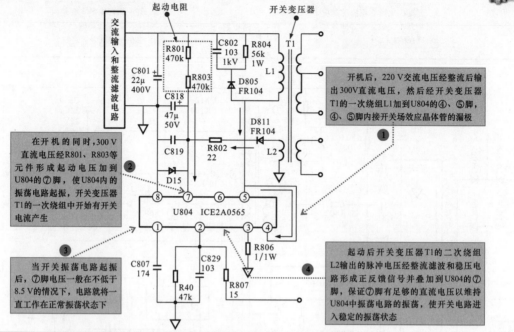

在开机的同时，300 V 直流电压经R801、R803等元件形成起动电压加到U804的⑦脚，使U804内的振荡电路起振，开关变压器T1的一次绕组中开始有开关电流产生

②

开机后，220 V交流电压经整流后输出300V直流电压，然后经开关变压器T1的一次绕组L1加到U804的④、⑤脚，④、⑤脚内接开关场效应晶体管的漏极

①

当开关振荡电路起振后，⑦脚电压一般在不低于8.5 V的情况下，电路就将一直工作在正常振荡状态下

③

起动后开关变压器T1的二次绕组L2输出的脉冲电压经整流滤波和稳压电路形成正反馈信号并叠加到U804的⑦脚，保证⑦脚有足够的直流电压以维持U804中振荡电路的振荡，使开关电路进入稳定的振荡状态

④

48

📄 图 4-5　对电源电路中二次整流输出电路部分进行识读

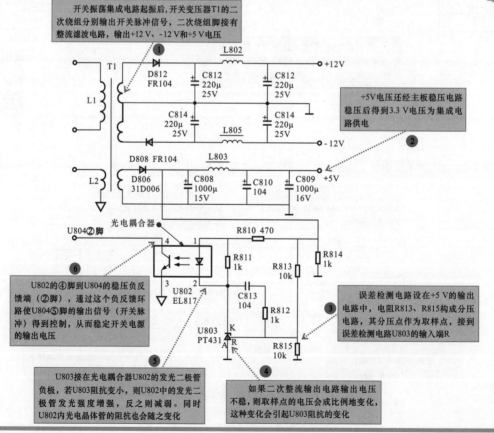

开关振荡集成电路起振后，开关变压器T1的二次绕组分别输出开关脉冲信号，二次绕组脚接有整流滤波电路，输出+12 V、-12 V和+5 V电压

①

+5V电压还经主板稳压电路稳压后得到3.3 V电压为集成电路供电

②

U802的④脚到U804的稳压负反馈端（②脚），通过这个负反馈环路使U804⑤脚的输出信号（开关脉冲）得到控制，从而稳定开关电源的输出电压

⑥

误差检测电路设在+5 V的输出电路中，电阻R813、R815构成分压电路，其分压点作为取样点，接到误差检测电路U803的输入端R

③

U803接在光电耦合器U802的发光二极管负极，若U803阻抗变小，则U802中的发光二极管发光强度增强，反之则减弱。同时U802内光电晶体管的阻抗也会随之变化

⑤

如果二次整流输出电路输出电压不稳，则取样点的电压会成比例地变化，这种变化会引起U803阻抗的变化

④

4.2　驱动电路

4.2.1　驱动电路的特点

　　驱动电路通常位于主电路和控制电路之间，主要用来对控制电路中的信号进行放大。图 4-6 所示为典型光控电动机驱动电路及实装图。其中光敏电阻器在有光和无光的情况下其阻抗有很大差别，将它接在控制晶体管 VT1 的基极电路中，光照强度的不同，VT1 的基极电流也不同，经 VT2、VT3 放大后就可以驱动电动机。

　　图 4-6　典型光控电动机驱动电路及实装图

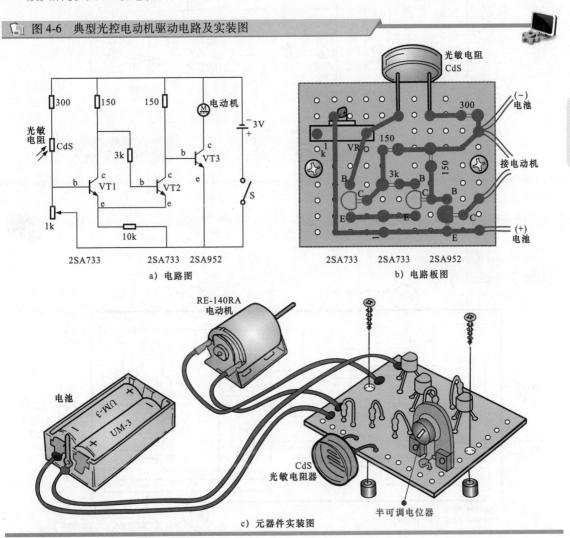

a）电路图　　　　　　　　　　　　b）电路板图

c）元器件实装图

　　除了晶体管控制的驱动电路外，晶闸管控制的驱动电路形式也非常常见。图 4-7 所示为晶闸管控制的电动机驱动电路。

　　此外，还有很多电子产品将驱动电路主要集成在集成电路中，图 4-8 所示为简单直流电动机驱动集成电路（TA8409S、TA8409F）。

📖 图 4-7 晶闸管控制的电动机驱动电路

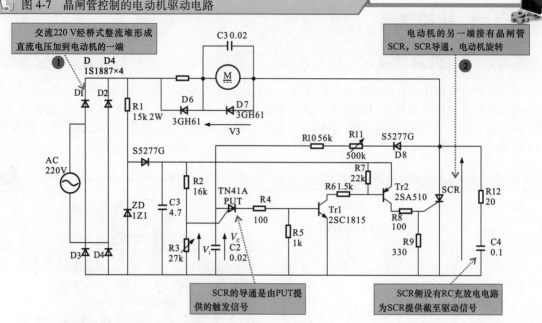

交流220 V经桥式整流堆形成直流电压加到电动机的一端 **1**

电动机的另一端接有晶闸管SCR，SCR导通，电动机旋转 **2**

SCR的导通是由PUT提供的触发信号

SCR侧设有RC充放电电路为SCR提供截至驱动信号

📖 图 4-8 简单直流电动机驱动集成电路

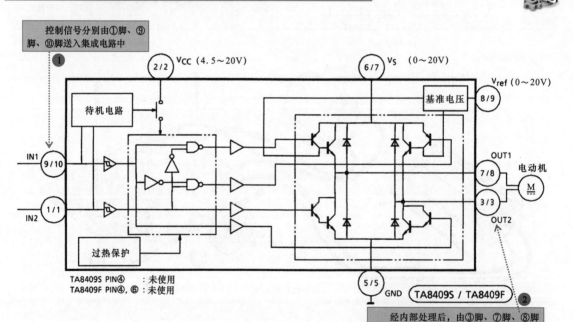

控制信号分别由①脚、⑨脚、⑩脚送入集成电路中 **1**

TA8409S PIN④ ：未使用
TA8409F PIN④、⑥：未使用

经内部处理后，由③脚、⑦脚、⑧脚输出驱动信号，去驱动电动机旋转 **2**

4.2.2　驱动电路的工作过程与识图分析

　　在了解了驱动电路的特征之后，我们接下来顺着信号流程对驱动电路进行识读。以录音机为例，图4-9所示为对录音机中的直流电动机驱动电路进行识读。它采用电压反馈的方式完成对直流电动机速度的微调控制。

图 4-9 对录音机中的直流电动机驱动电路进行识读

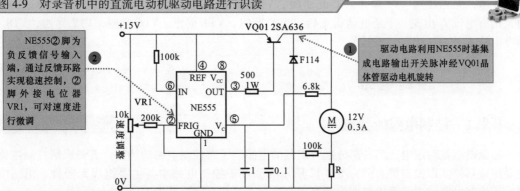

NE555②脚为负反馈信号输入端，通过反馈环路实现稳速控制，②脚外接电位器VR1，可对速度进行微调

驱动电路利用NE555时基集成电路输出开关脉冲经VQ01晶体管驱动电机旋转

| 相关资料 |

还有一种直流电动机驱动电路是采用速度反馈的方式，如图 4-10 所示。

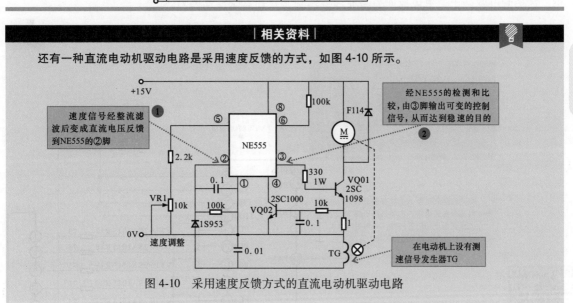

速度信号经整流滤波后变成直流电压反馈到NE555的②脚

经NE555的检测和比较，由③脚输出可变的控制信号，从而达到稳速的目的

在电动机上设有测速信号发生器TG

图 4-10 采用速度反馈方式的直流电动机驱动电路

图 4-11 所示为对玩具车中常用的驱动电路进行识读。由图中可看出，该驱动电路是一种光控

图 4-11 对玩具车中常用的驱动电路进行识读

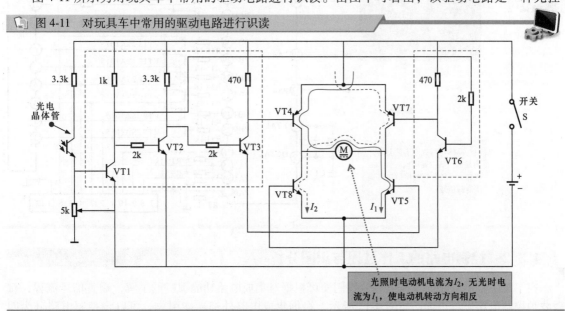

光照时电动机电流为I_2，无光时电流为I_1，使电动机转动方向相反

双向旋转的电动机驱动电路。光电晶体管接在 VT1 的基极电路中，有光照时光电晶体管有电流，则 VT1 导通；无光照则 VT1 截止。有光照时，VT1 导通，VT2 截止，VT3 导通，VT4 导通，VT5 导通，则有电流 I_1 出现，于是电动机正转；无光照时，VT1 截止，VT6 导通，VT7 导通，VT8 导通，则有电流 I_2 出现，电动机反转。

4.3 控制电路

4.3.1 控制电路的特点

控制电路是对家电产品各部分进行控制的电路。了解控制电路的特征，需要识别控制电路中的主要组成器件。以微波炉为例，图 4-12 所示为微波炉控制电路中各主要组成元器件。由图中可看出，该控制电路的主要组成部件为微处理器控制芯片和晶体振荡器。

图 4-12 微波炉控制电路中各主要组成元器件

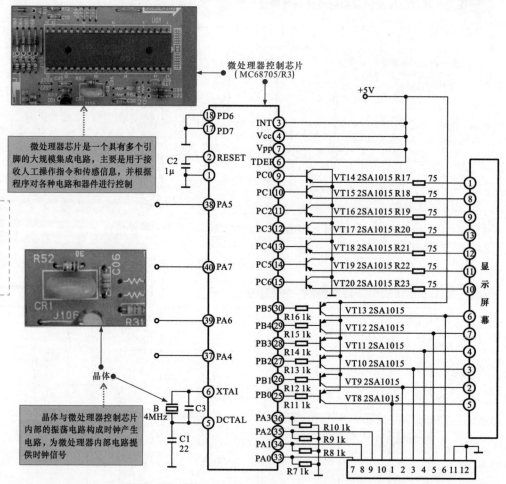

4.3.2 控制电路的工作过程与识图分析

在了解了控制电路的特征之后，我们便可根据对集成电路功能引脚的了解，顺着信号流程，对微波炉控制电路进行识读，如图 4-13 所示。根据集成电路外部功能引脚，可以将控制电路分为四个部分，即供电端、复位电路、振荡电路、操作显示电路。

图 4-13 对微波炉控制电路进行识读

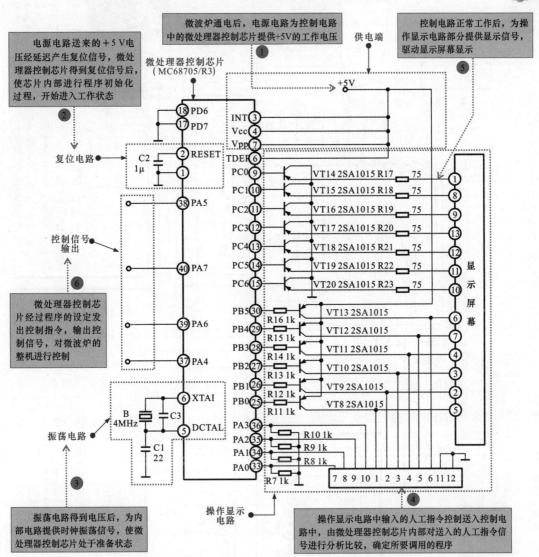

4.4 信号处理电路

4.4.1 信号处理电路的特点

信号处理电路主要是将信号源发出的信号进行放大、检波等，从而达到家电产品所需的信号。了解信号处理电路的特征，需要识别信号处理电路中的主要组成器件。彩色电视机音频信号处理电路中的各主要组成元器件如图 4-14 所示。由图中可看出，彩色电视机音频信号处理电路主要由音频功率放大器、扬声器、电视信号接收电路、消音控制电路、音频信号处理集成电路、外部输入插口等器件组成。

54

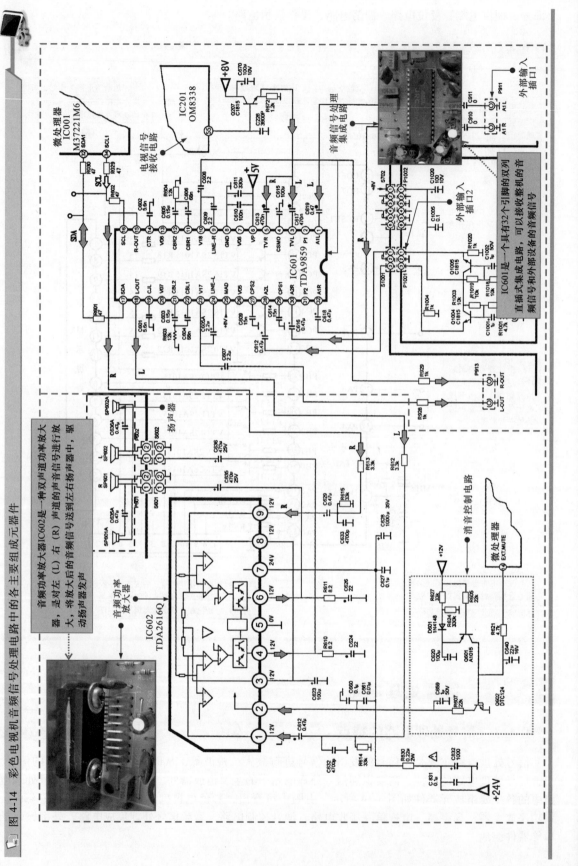

图 4-14 彩色电视机音频信号处理电路中的各主要组成元器件

4.4.2　信号处理电路的工作过程与识图分析

在了解了信号处理电路的特征之后，我们便可顺着信号流程，结合集成电路的引脚功能完成对信号处理电路的识读分析。仍以彩色电视机音频信号处理电路为例进行说明。首先根据信号处理过程将音频信号处理电路划分为两个部分，即音频信号处理部分和音频功率放大部分。

图 4-15 所示为对音频信号处理电路部分的识读，该部分电路以音频信号处理集成电路 TDA9859 为核心。

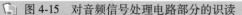

图 4-15　对音频信号处理电路部分的识读

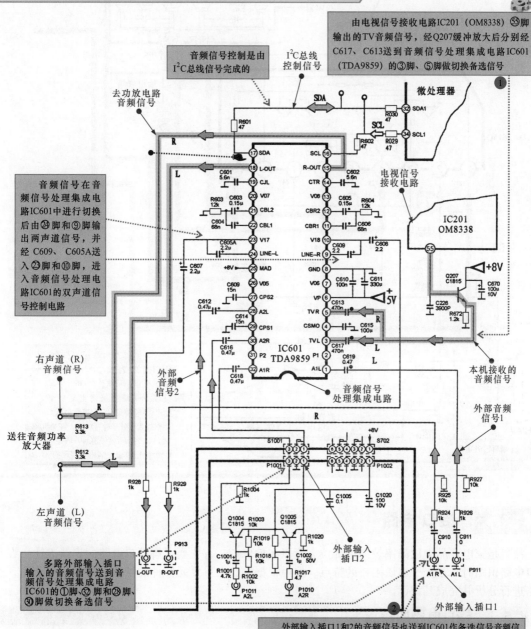

图 4-16 所示为对音频功率放大电路部分的识读，该部分电路以音频功率放大器 TDA2616Q 为核心。

图 4-16　对音频功率放大电路部分的识读

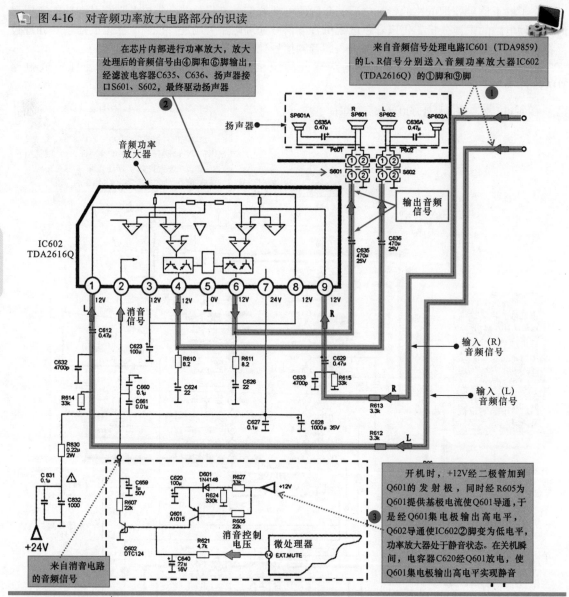

56

4.5　接口电路

接口是家电产品中故障率较高的部位，所以在检修前，首先要了解接口电路的识读方法。在对接口电路识图时，首先了解该接口的特点，然后根据电路中重要元器件的特点，顺着信号流程，对电路进行分析并完成其识读。

4.5.1　接口电路的特点

接口电路是家电产品中进行数据输入、输出的重要元件，通过它可以实现家电产品之间的数据传输与转换。

以平板电视机为例，其接口电路是指用于连接各种外部设备或信号的电路，是平板电视机与外部设备之间进行连接的信号通道。图 4-17 所示为典型平板电视机接口电路框图。

图 4-17　典型平板电视机接口电路框图

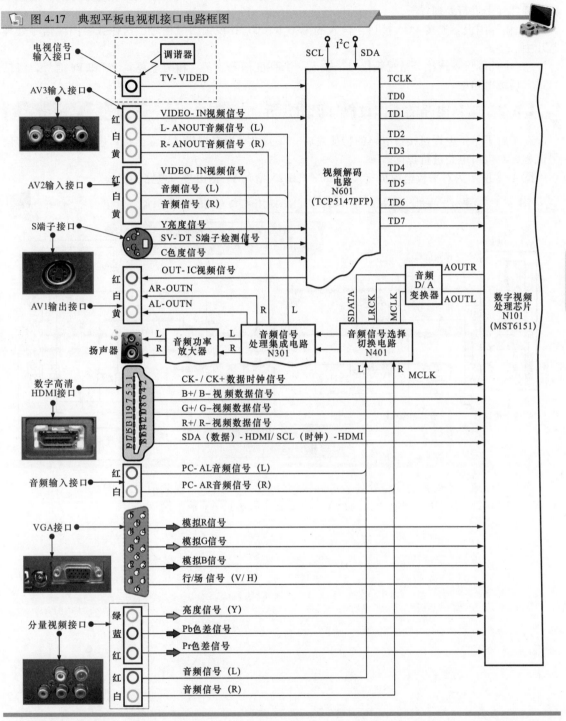

由图可知，液晶电视机的接口主要有：AV 接口、S 端子接口、HDMI 接口、VGA 接口以及分量视频接口。

1）外部设备连接 AV 接口，输入音频信号和视频信号，其中将音频信号由接口送往音频信号处理集成电路中，视频信号由接口送往视频解码电路中，最终由 AV 输出接口输出。

2）由外围设备连接 S 端子（S-VIDEO），输入亮度信号（Y）、色度信号（C），送往视频解码电路中。

3）由外围设备连接数字高清 HDMI 接口，传输的是数字化视频/音频信号，送往数字视频/音频处理芯片中进行处理。

4）由外围设备连接 VGA 接口，输入的模拟 R、G、B 视频图像信号，送往数字图像信号处理芯片中。

5）由外围设备连接分量视频接口，输入一个亮度信号（Y）和两个色差 Pb 和 Pr 信号，将信号送入后极电路中。

4.5.2　接口电路的工作过程与识图分析

在了解了平板电视机接口电路的特征之后，我们以平板电视机 AV 输出接口电路为例，顺着信号流程，对接口电路进行识读。

图 4-18 所示为对平板电视机（厦华 LC—32U25 型）AV 输出接口电路的识读。

图 4-18　对平板电视机（厦华 LC—32U25 型）AV 输出接口电路的识读

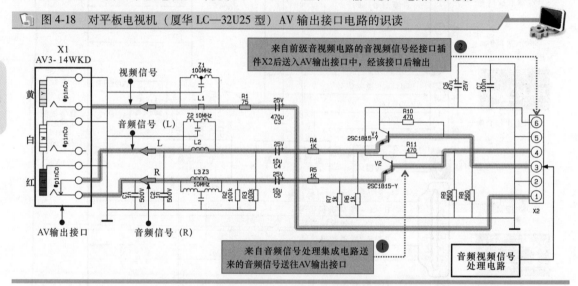

由图中可知，音视频信号经处理后送到接插件 X2 中。其中，视频信号经 R1、C3、L1 后送到 AV 输出接口 X1；L、R 音频信号分别经 V1、V2 放大后送到 AV 输出接口。

第5章 电器组网基础入门

5.1 智能电器网络系统

5.1.1 智能电器网络系统的特点

图 5-1 所示为智能电器网络控制系统。智能电器可以依托互联网，通过自动检测、手机终端遥控等多种控制方式实现对智能家电产品的自动控制。

图 5-1 智能电器网络控制系统

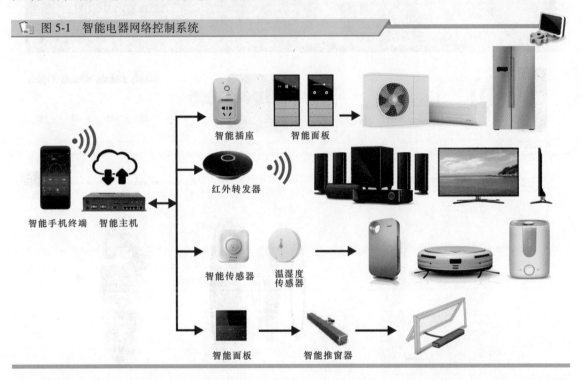

图 5-2 所示为智能电器照明控制系统。智能照明可以通过遥控等智能控制方式实现对住宅内灯光的控制。例如，远程启动或关闭住宅内的指定照明设备。在确保节能环保的同时为住户提供舒适、方便的体验。

5.1.2 智能电器网络系统的主要设备

1 智能主机

智能主机是整个智能家居系统的控制核心。其内部集成有智能网关及相关控制电路。可实现对智能家居系统内各设备信息的采集处理、集中控制、远程控制及联动控制等功能。

图 5-3 所示为小米出品的米家多功能智能网关（智能主机），该设备类似智能主机，是一个家庭的小型智能处理中心，它可以联动多种智能或自动产品，实现感应、定时开关、异常情况报警等功能。

图 5-2　智能电器照明控制系统

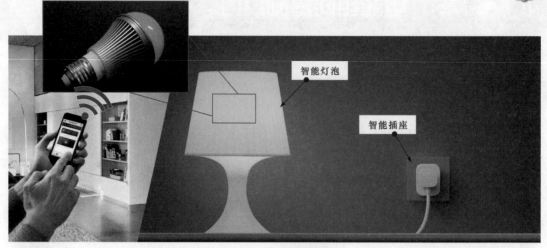

智能灯泡

智能插座

智能控制终端　　　　智能主机　　　　　智能面板　　　　　智能灯泡

图 5-3　米家多功能智能网关

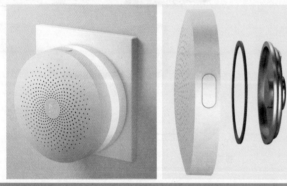

2　红外转发器

图 5-4 所示为典型红外转发器的控制特点。红外转发器内部主要包括红外接收、发射模块和无线接收模块。它是将智能主机发出的无线射频信号转换成可以控制家电的红外遥控信号，从而实现无线设备对红外信号覆盖范围内的家电设备的集中控制。

图 5-4　典型红外转发器的控制特点

红外遥控信号

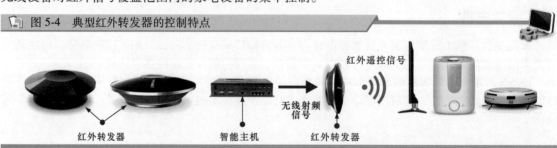

红外转发器　　　　　智能主机　　　无线射频信号　　红外转发器

3　温湿度传感器

图 5-5 所示为温湿度传感器，温湿度传感器可以自动检测住宅内的温湿度，一旦空气过于干燥便会自动启动联动的智能空气加湿器工作。同样，温湿度传感器也可以搭配智能空调，在用户的远程操控下设定起动或停机的时间。

📄 图 5-5　温湿度传感器

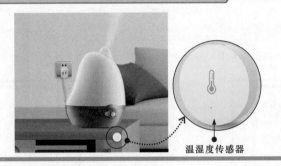

温湿度传感器

4　人体传感器

图 5-6 所示为人体传感器，人体传感器又称热释人体感应开关。它是基于红外线技术的自动控制产品，当人进入感应范围时，专用传感器探测到人体红外光谱的变化，从而自动接通负载，当人离开后，自动延时关闭负载。人体传感器常应用于智能照明和智能安防系统中。

📄 图 5-6　人体传感器

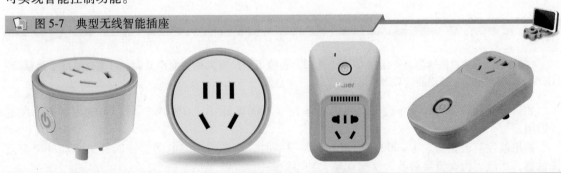

人体传感器

人体传感器的安装位置

人体传感器的安装位置

人体传感器的安装位置

5　智能插座

智能插座种类多样，图 5-7 所示为典型无线智能插座。该类型插座使用方便，无需电路改造即可实现智能控制功能。

📄 图 5-7　典型无线智能插座

5.2　智能电器组网

5.2.1　智能开关的安装布线

图 5-8 所示为智能开关的接线方式。单联智能开关只有一路（L1）输出，双联智能开关有两路（L1、L2）输出，而三联智能开关有三路（L1、L2、L3）输出。

📄 图 5-8　智能开关的接线方式

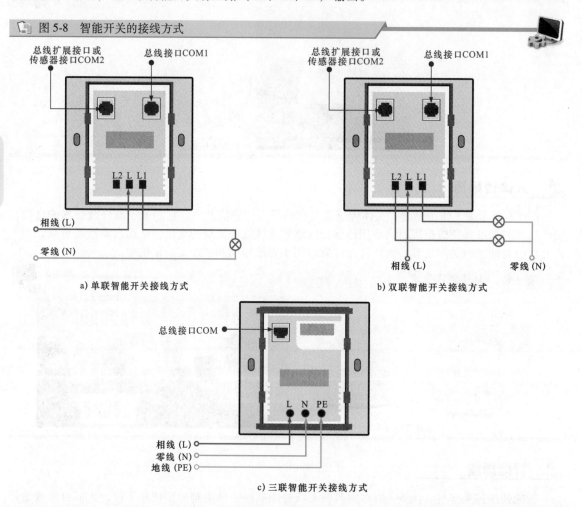

a) 单联智能开关接线方式

b) 双联智能开关接线方式

c) 三联智能开关接线方式

| 提示说明 |

接线时，通信总线水晶头连接在 COM1 端口。当临近安装有其他智能产品时，可通过总线扩展接口 COM2 连接到相邻智能产品的 COM1 端口。

如果被控制设备为大功率设备（额定功率大于 1000W 而小于 2000W）时，可选用智能插座进行控制。

如果被控制设备为大于 2000W 的超大功率设备时，需要选用继电器型智能开关驱动一个交流接触器，然后再由交流接触器转接驱动超大功率设备。

图 5-9 所示为智能开关与超大功率设备的接线方式。

图 5-9 智能开关与超大功率设备的接线方式

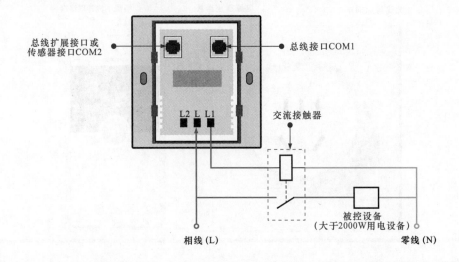

5.2.2 智能插座的安装布线

智能插座常用于对家电电源的智能控制。智能插座面板提供一个"开/关按钮",方便手动操作。

图 5-10 所示为智能插座接线示意图。智能插座接线端口的上方为通信总线接口,用以连接通信总线插头,而强电接线与传统插座的接线方式类似。

图 5-10 智能插座接线示意图

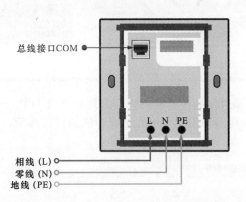

图 5-11 所示为无线智能插座的安装使用方法。使用时将无线智能插座直接插接到电源插座面板的相应供电接口,并与智能终端设备的管理软件进行配置连接后,便可以通过智能手机管理终端实现对无线智能插座的设置与使用管理。

5.2.3 智能插座的安装组网

以 MINI K 无线智能插座为例进行说明。首先,将无线智能插座插入电源供电插座面板的供电端口。图 5-12 所示为插入无线智能插座,此时无线智能插座尚未与智能终端管理软件匹配连接,所以无线智能插座上方的"开关/复位键"处的指示灯显示为红色。

图 5-11　无线智能插座的安装使用方法

无线智能插座　　电源插座面板　　智能手机管理终端

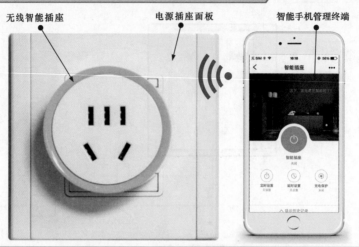

图 5-12　插入无线智能插座

开关/复位键

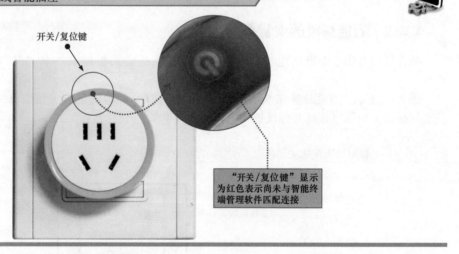

"开关/复位键"显示为红色表示尚未与智能终端管理软件匹配连接

此时，使用智能手机下载无线智能插座的终端管理软件（APP），启动管理软件后，在管理软件中的"添加设备"界面找到需要匹配连接的无线智能插座，然后，根据提示完成设备的匹配连接（见图5-13）。

图 5-13　匹配连接无线智能插座

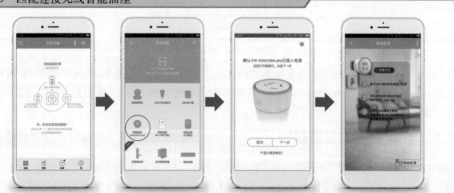

通常，管理软件提供直连和 AP 配置两种连接方式。直连即将无线智能插座作为一个 WiFi 热点，由智能手机与热点连接的方式实现对智能插座的控制。AP 配置模式则是将设备作为一个接入点添加到设备管理中。

无线智能插座匹配连接完成，即可通过智能手机终端管理软件实现对电源插座的定时开启/关闭的设置、延时开启/关闭的设置及充电保护等管理功能。

5.2.4 智能家电组网连接

目前，很多品牌家电都开发了智能联网控制功能。将具备智能联网控制功能的家电产品安装到位后，通过其附带的智能家电联网控制 APP，即可启动联网控制功能。以海尔热水器为例，将海尔热水器安装到位后，使用手机扫描机身上的二维码（见图 5-14）。

图 5-14 扫描海尔热水器机身上的二维码

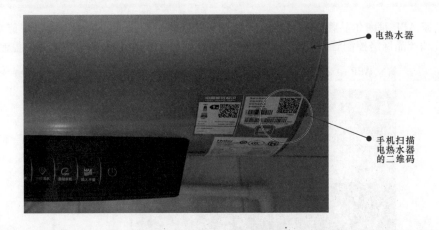

电热水器

手机扫描
电热水器
的二维码

如图 5-15 所示，根据提示，下载海尔智家 APP 程序。

图 5-15 下载海尔智家 APP 程序

下载海尔智家APP

　　如图 5-16 所示，通过海尔智家 APP 绑定当前海尔热水器后，即可实现对当前热水器的网络管理。

　　图 5-16　通过海尔智家 APP 绑定海尔热水器

　　海尔智家 APP 是海尔品牌互联网智能家电设备的网络管理软件，可实现海尔智能家电的互联网售后服务和产品网络控制管理。图 5-17 所示为海尔智家 APP 中对所绑定热水器的控制界面。

　　图 5-17　海尔智家 APP 中对所绑定热水器的控制界面

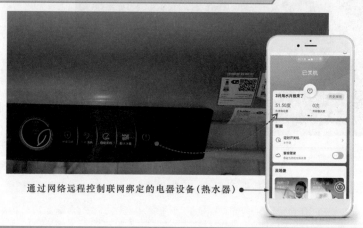

　　如果还需要添加绑定其他电器设备，可在海尔智家 APP 程序中单击"添加设备"选项即可完成其他智能电器设备的添加（见图 5-18）。

　　图 5-18　添加智能电器设备

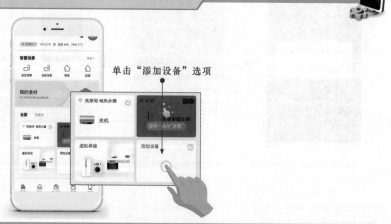

通常,添加智能电器设备有两种方式:一种是通过扫描电器设备的图式二维码来实现电器设备的绑定添加(见图 5-19)。当单击"添加设备"选项后即会弹出扫描图式二维码的窗口,使用手机直接扫描待添加电器设备的图式二维码即可。

图 5-19　扫描待添加电器设备的图式二维码

单击"始终允许"后将扫码窗口对准待绑定设备的图式二维码即可完成联网绑定

另一种是手动添加电器设备(见图 5-20)。若取消扫码添加方式,即可通过手动添加的方式,在设备选项面板中手动选择相应的电器设备完成添加绑定。

图 5-20　手动添加绑定电器设备

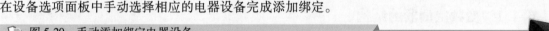

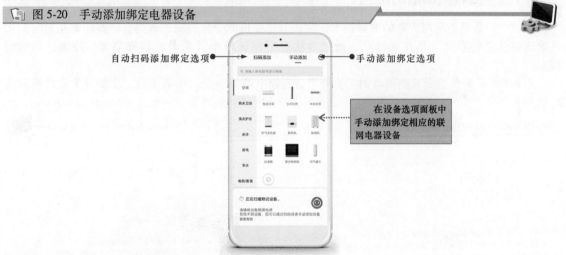

自动扫码添加绑定选项●

●手动添加绑定选项

在设备选项面板中手动添加绑定相应的联网电器设备

実战篇

第 **6** 章　变频空调器和互联网空调器的故障检测与维修

6.1　变频空调器和互联网空调器的结构

空调器是一种为家庭、办公室等空间区域提供空气调节和处理的设备，其主要功能是对空气中的温度、湿度、纯净度及空气流速等进行调节。

6.1.1　变频空调器的结构

变频空调器是指利用成熟的变频技术，实现对压缩机的变频控制。该类空调器能够在短时间内迅速达到设定的温度，并在低转速、低耗能状态下保证较小的温差，具有节能、环保、高效的特点。

图 6-1 所示为典型变频空调器的实物外形。变频空调器从结构组成来看，主要分为室内机和室外机两大部分。

📄 图 6-1　典型变频空调器的实物外形

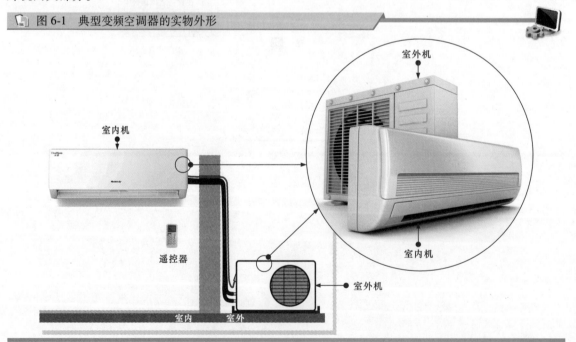

1 室内机的结构

变频空调器的室内机主要用来接收人工指令，并对室外机提供电源和控制信号。

将变频空调器室内机进行拆解，即可看到其内部结构组成。图 6-2 所示为典型变频空调器室内机的结构分解图。

图 6-2 典型变频空调器室内机的结构分解图

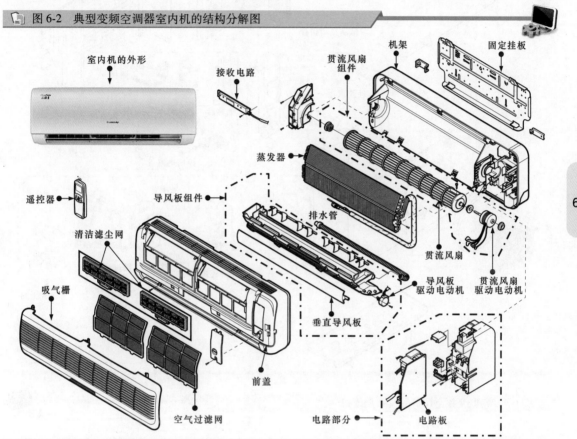

从图中可以看到，变频空调器室内机内部设有空气过滤部分、蒸发器、电路部分、贯流风扇组件、导风板组件等。

2 室外机的结构

变频空调器的室外机主要用来控制压缩机为制冷剂提供循环动力，与室内机配合，将室内的能量转移到室外，达到对室内制冷或制热的目的。

将变频空调器室外机进行拆解，即可看到其内部结构组成。图 6-3 所示为典型变频空调器室外机的结构分解图。

可以看到，变频空调器室外机主要由变频压缩机、冷凝器、闸阀和节流组件（电磁四通阀、截止阀、毛细管、干燥过滤器）、电路部分（控制电路板、电源电路板和变频电路板）、轴流风扇组件等。

变频压缩机是变频空调器中最为重要的部件，是变频空调器制冷剂循环的动力源，使制冷剂在变频空调器的制冷管路中形成循环，图 6-4 所示为典型变频空调器的变频压缩机。

📄 图 6-3 典型变频空调器室外机的结构分解图

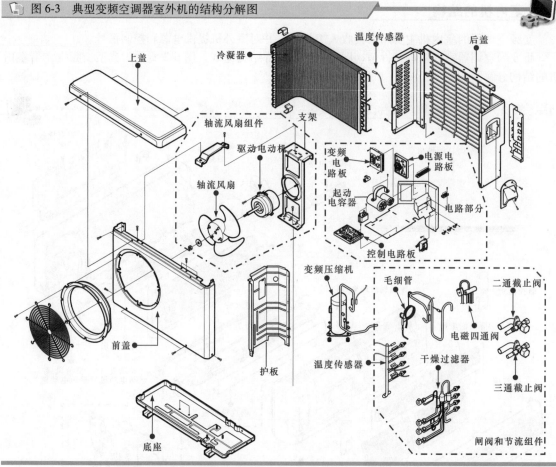

📄 图 6-4 典型变频空调器的变频压缩机

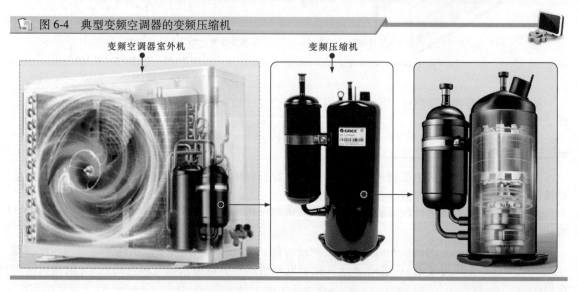

变频空调器室外机的电路部分主要包括主电路板、变频电路板和一些电气部件，如图 6-5 所示。通常主电路板位于压缩机正上方；变频电路板位于压缩机上方侧面的固定支架上；一些电气部件也通常安装在压缩机附近的固定支架上，位置较为分散，通过引线及插件连接到主电路板上。

图 6-5 典型变频空调器室外机电路部分的结构

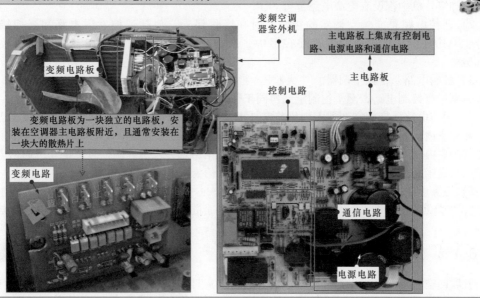

变频空调器室外机

主电路板上集成有控制电路、电源电路和通信电路

主电路板

控制电路

变频电路板

变频电路板为一块独立的电路板,安装在空调器主电路板附近,且通常安装在一块大的散热片上

变频电路

通信电路

电源电路

3 电路结构

变频空调器的电路部分包括室内机电路板和室外机电路板两部分,如图 6-6 所示。为了便于理解变频空调器的信号处理过程,我们通常将变频空调器的电路划分成 5 个单元电路模块,即电源电路、遥控电路、控制电路、通信电路、变频电路。

图 6-6 典型变频空调器的电路结构

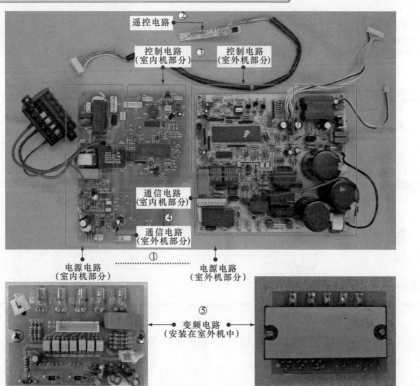

遥控电路 ②

控制电路
(室内机部分) ③

控制电路
(室外机部分)

通信电路
(室内机部分)

通信电路
(室外机部分) ④

电源电路
(室内机部分)

电源电路
(室外机部分)

①

变频电路
(安装在室外机中) ⑤

1）电源电路是为变频空调器整机的电气系统提供基本工作条件的单元电路。在变频空调器的室内机和室外机中都设有电源电路部分。

2）遥控电路是变频空调器的指令发射和接收部分，包括遥控发射电路和遥控接收电路两部分，其中遥控发射电路设置在遥控器中，遥控接收电路一般安装在室内机前面板靠右侧边缘部分。

3）控制电路是变频空调器的"大脑"，是整机的智能控制核心。在变频空调器的室内机和室外机分别设有控制电路，两个控制电路协同工作，实现整机控制。

4）通信电路是变频空调器室内机与室外机之间进行数据传递和协同工作的桥梁。因此，在变频空调器室内机和室外机电路中都设有通信电路。通信电路主要由光电耦合器和一些阻容元件构成。其中室内机通信电路用来接收室外机送来的数据信息并发送控制信号；室外机通信电路用来接收室内机送来的控制信号并发送室外机的各种数据信息。

5）变频电路是变频空调器中特有的单元电路，主要功能是在控制电路作用下，产生变频控制信号，驱动变频压缩机工作，并对变频压缩机的转速进行实时调节，实现恒温制冷、制热并节能环保的作用。

6.1.2 互联网空调器的结构

互联网空调器是指可以通过互联网进行远程或实时操控的空调器，例如，可远程操作空调器的启停，可与智能手机、电视等建立关联互动，实现智能的互动网络，实时控制空调器的运行状态等。

图 6-7 所示为典型互联网空调器的实物外形及功能示意图。在结构上，互联网空调器是在变频空调器的基础上添加了智能家居控制模块，即在室内机电路部分增加无线连接模块（主要有 WiFi 模块、ZigBee 模块等），用于实现智能互联的功能。

图 6-7　典型互联网空调器的实物外形及功能示意图

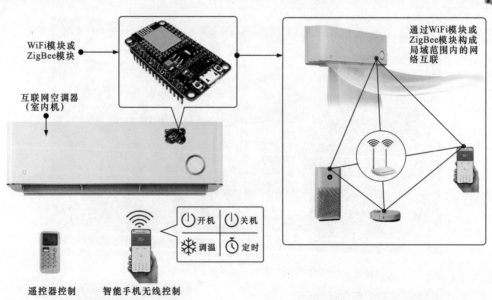

图 6-8 所示为典型互联网空调器的电路板，与普通变频空调器的区别在于其室内机电路板上设有专门的 WiFi 模块连接插口。

图 6-8　典型互联网空调器的电路板（内置 WiFi 模块）

风机电源接口　　风机信号接口　WiFi模块接口　室内机管路温度传感器接口
显示屏接口　　应急开关接口

步进电动机接口

室内机环境温度传感器接口

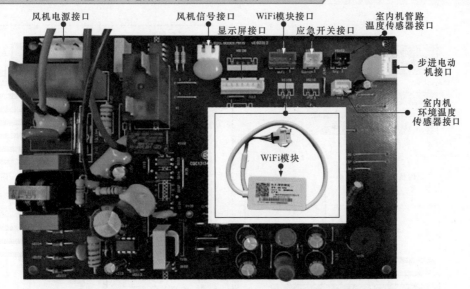

WiFi模块

强制运行短接插座　　室外机环境温度传感器接口　室外机管路温度传感器接口

压缩机排气环境温度传感器接口

310V

12V

15V

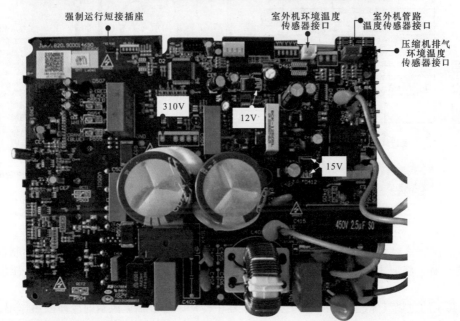

6.2　变频空调器和互联网空调器的工作原理

6.2.1　空调器的制冷/制热原理

空调器用于在一定区域范围内环境温度、湿度等的调节，因此实现制冷或制热是其最基本的功能。

1　空调器的制冷原理

空调器由电磁四通阀控制制冷系统中制冷剂的流向，从而实现制冷—制热切换。图 6-9 所示为空调器的制冷原理。

📖 图 6-9　空调器的制冷原理

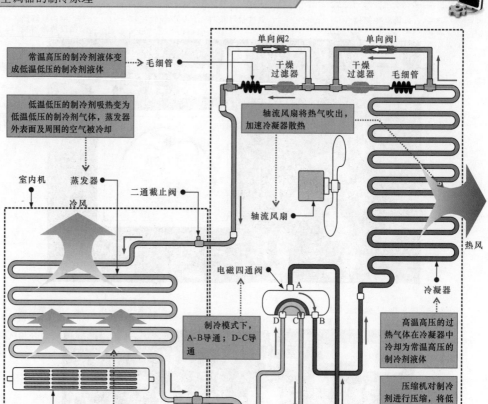

空调器在制冷时，电磁四通阀不动作，管口 A 与 B 导通，管口 D 与 C 导通，制冷剂在压缩机中被压缩，将原本低温低压的制冷剂气体压缩成高温高压的过热气体后，由压缩机排气口排出。

高温高压的过热气体经电磁四通阀送入冷凝器中冷却，通过轴流风扇的冷却散热作用，过热的制冷剂由气态变为液态。

当冷却后的常温高压制冷剂液体流过时，单向阀 1 导通，单向阀 2 截止，因此制冷剂液体经单向阀 1 后，再经干燥过滤器、毛细管节流降压。低温低压的制冷剂液体由二通截止阀送入室内机。

制冷剂液体在室内机的蒸发器中吸热气化，周围空气的温度下降，冷风即被贯流风扇吹入室内，使室内温度下降。气化后的制冷剂气体再经三通截止阀送回室外机中。制冷剂气体经电磁四通阀由压缩机吸气口回到压缩机中再次被压缩，以维持制冷循环。

■2　空调器的制热原理

在制热模式下，电磁四通阀动作，制冷剂循环正好与制冷时相反。图 6-10 所示为空调器的制热原理。

图 6-10 空调器的制热原理

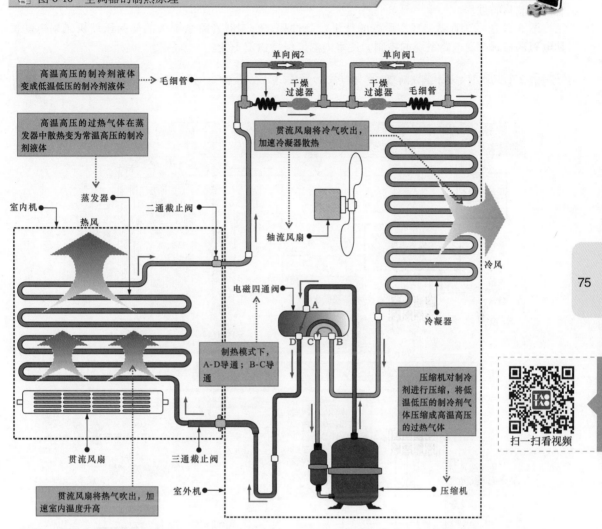

空调器在制热时，电磁四通阀动作，管口 A 与 D 导通，管口 B 与 C 导通，经压缩机压缩的高温高压过热气体由压缩机的排气口排出，再经电磁四通阀直接将过热气体送入室内机的蒸发器中。此时，室内机的蒸发器就相当于冷凝器的作用，过热气体通过室内机蒸发器散热，散出的热量由贯流风扇从出风口吹出，使室内升温。

过热气体散热变成常温高压的液体，再由室内机送回到室外机中。此时，在制热循环中，根据制冷剂的流向，单向阀 2 导通，单向阀 1 截止。制冷剂液体经单向阀 2、干燥过滤器及毛细管等节流降压后，被送入室外机的冷凝器中。

与室内机蒸发器的功能正好相反，这时冷凝器的作用就相当于制冷时室内机蒸发器的作用，低温低压的制冷剂液体在这里完成气化过程，制冷剂液体从外界吸收大量的热，重新变为饱和蒸气，并由轴流风扇将冷气由室外机吹出。制冷剂气体最后由电磁四通阀返回压缩机的吸气口，继续下一次制热循环。

6.2.2 变频空调器的整机控制原理

变频空调器是由系统控制电路与管路系统协同工作实现制冷、制热目的的。变频空调器整机的工作过程就是由电路部分控制变频压缩机工作，再由变频压缩机带动整机管路系统工作，从而实现制冷或制热的过程。

图 6-11 所示为典型变频空调器的整机控制过程。空调器管路系统中的变频压缩机风扇电动机和电磁四通阀都受电路系统的控制，使室内温度保持恒定不变。

图 6-11　典型变频空调器的整机控制过程

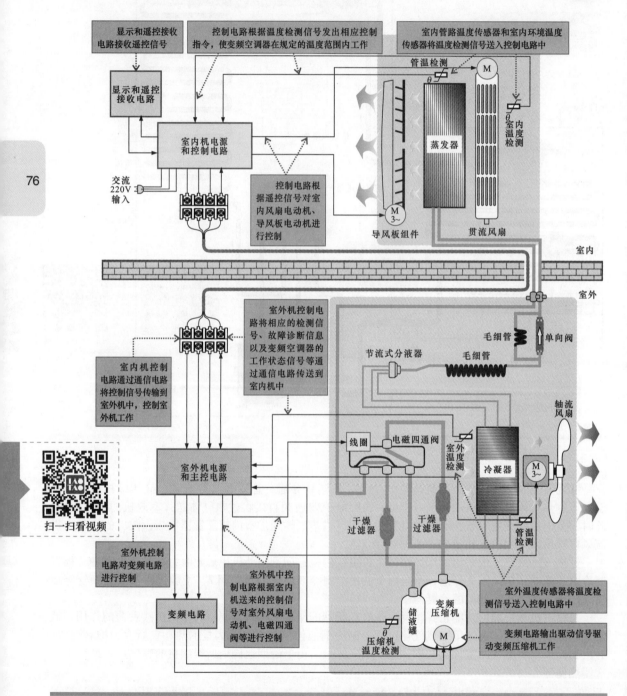

扫一扫看视频

在室内机中，由遥控接收电路接收遥控信号，控制电路根据遥控信号对室内风扇电动机、导风板电动机进行控制，并通过通信电路将控制信号传输到室外机中，控制室外机工作。

同时室内机控制电路接收室内环境温度传感器和室内管路温度传感器送来的温度检测信号，并随时向室外机发出相应的控制指令，室外机根据室内机的指令对变频压缩机进行变频控制。

在室外机中，控制电路根据室内机通信电路送来的控制信号对室外风扇电动机、电磁四通阀等进行控制，并控制变频电路输出驱动信号驱动变频压缩机工作。

同时室外机控制电路接收室外温度传感器送来的温度检测信号，并将相应的检测信号、故障诊断信息以及变频空调器的工作状态信息等通过通信电路传送到室内机中。

图 6-12 所示为典型变频空调器室内机控制原理框图。

图 6-12 典型变频空调器室内机控制原理框图

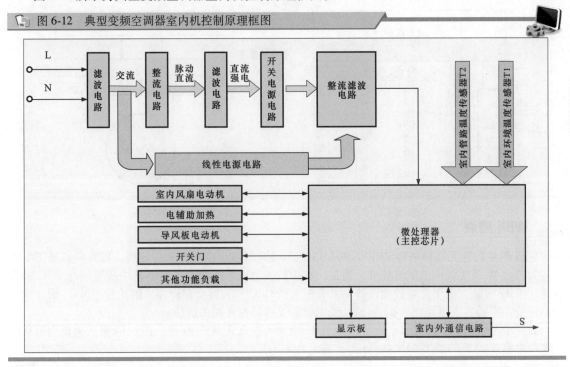

77

变频空调器室内机控制电路中的微处理器通过采集空调器室内环境温度传感器 T1 的温度信号、室内蒸发器传感器（管路温度传感器）T2 的温度信号，同时接收显示板遥控设定信息，并通过室内外通信电路接收空调室外信息后，经微处理器内部处理，输出对应控制信号完成对室内机负载（室内风扇电动机、电辅助加热、导风板电动机等）的控制。

图 6-13 所示为典型变频空调器室外机控制原理框图。

变频空调器室外机电路板上的微处理器通过室内机通信电路接收空调器室内信息，同时采集室外环境温度传感器 T4 温度、室外管路温度传感器（冷凝器管温）T3 温度、压缩机排气温度传感器 Tp 温度、压缩机回气温度传感器 Th 温度、室外机电流、室外机直流电压等数据，同时将交流电压转化为直流电压，控制室外机负载（室外风扇电动机、四通阀或电子膨胀阀、变频压缩机运转频率等），从而达到快速制冷和制热的效果。

6.2.3　互联网空调器的智能控制方式

互联网空调器通过在空调中内置智能家居控制模块，实现了空调器联网，用智能手机、平板电脑等智能终端便能够对空调器进行远程或近程操控。

因此，互联网空调器的智能控制方式核心在于智能家居控制模块部分。目前，互联网空调器中所采用的智能家居控制模块一般有 WiFi 模块和 ZigBee 模块两种。

📄 图 6-13 典型变频空调器室外机控制原理框图

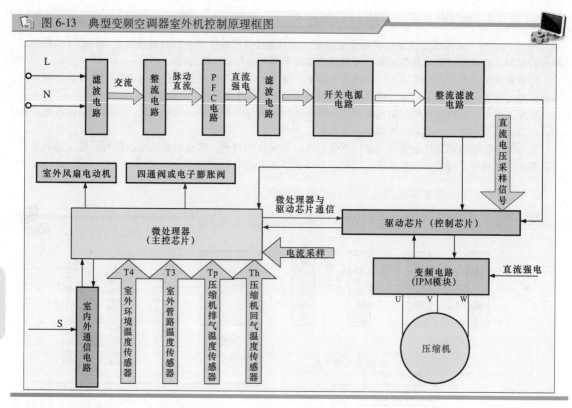

1 WiFi 模块

WiFi 模块内置无线网络协议 IEEE 802. 11b. g. n 协议栈以及 TCP/IP 协议栈，可将串口或 TTL 电平转为符合 WiFi 无线网络通信标准。通常，在手机、笔记本电脑或平板电脑中所采用的 WiFi 模块为通用 WiFi 模块。由于此类智能设备都具有强大的 CPU 和大容量存储器，因此普通 WiFi 模块属于网络设备，需要在主机添加 WiFi 驱动，使用时需要遵循网络相关的协议。

而对于互联网空调器而言，所使用的 WiFi 模块为嵌入式 WiFi 模块。图 6-14 所示为典型互联网空调器中嵌入式 WiFi 模块的实物外形。

📄 图 6-14 典型互联网空调器中嵌入式 WiFi 模块的实物外形

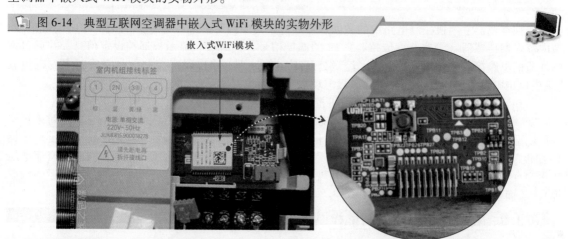

嵌入式 WiFi 模块软硬件集成度高，在模块中集成了射频收发器、MAC、WiFi 驱动、WiFi 协议、无线安全协议等。通过嵌入式 WiFi 模块，互联网空调器可以直接接入互联网，实现 APP 操控以及和互联网云端的对接，实现网络化和智能化。目前，大多数智能家电单品多采用嵌入式 WiFi 模块。

图 6-15 所示为嵌入式 WiFi 模块的功能框图。WiFi 模块工作时，从天线接收到的无线信号，首先经滤波器滤波后进行选频，然后再次进行滤波后进入射频功放，放大后的无线信号送入嵌入式 WiFi 模块内。嵌入式 WiFi 模块对无线信号进行处理后，通过接口送给 CPU，CPU 将这些数据送给一些软件或应用程序。应用程序或软件将 CPU 送来的数据加工处理后送到显示器上显示，并将一些数据进行保存。

图 6-15 嵌入式 WiFi 模块的功能框图

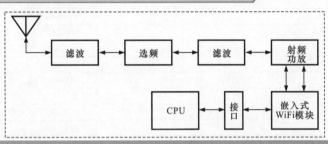

用户的一些网络控制和操作以及一些数据由应用程序通过 CPU 处理控制，再通过接口送给嵌入式 WiFi 模块，通过嵌入式 WiFi 模块再把这些数据变换成适合发送的数据信号，输出到射频功放进行功率放大，然后经过滤波、选频、再次滤波，将数据信号送到天线上发射出去。

相关资料

WiFi 芯片到 CPU 之间的数据通过接口进行传输。接口分为软接口和硬接口。软接口多用于程序之间进行互连和传输数据信号。硬接口用于不同芯片之间的互连，传送不同的电平信号，这些电平信号就是网络传输数据。

常用的接口主要有 USB 接口、WAN 接口、UART 接口、I²S 总线、I²C 总线、SPI 接口、SDIO 接口（SD 型的扩展接口）等，用于 WiFi 和 CPU 间的数据传输虽然采用的接口可能不同，但在两个芯片之间都是通过接口进行命令、操作及控制等信息传输。

2 ZigBee 模块

Zigbee 模块是基于 IEEE 802.15.4 标准的低功耗网络协议。与 WiFi 模块相比，其具有低速、低功耗、自组网的特点，多用于工业控制、环境监测、智能家居等物联网领域。

图 6-16 所示为采用 ZigBee 模块互联网空调器外围电路框图。一个完整的 ZigBee 互联网空调器系统需要由一个协调器、一个或多个路由器及许多个终端节点组成，从而完成网络的搭建，实现路径的分配和数据采集及传输。

图 6-16 采用 ZigBee 模块互联网空调器外围电路框图

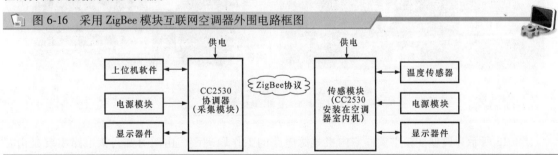

互联网空调器系统外围电路的结构是星状网络结构，由一个协调器（采集模块）、一个传感模块（终端节点）组成。

协调器（采集模块）通过接口与上位机软件连接，传感模块安装在空调器室内机上，通过温度传感器实时监测室内温度，温度数据以无线方式发送给协调器（采集模块），然后通过接口传递到上位机软件，由此实现联网远程观测温度或远程设定空调器温度。

79

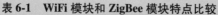

相关资料

WiFi 模块和 ZigBee 模块特点比较见表 6-1。

表 6-1   WiFi 模块和 ZigBee 模块特点比较

特 点		WiFi	ZigBee
相同点		两者都是短距离的无线通信技术，都是使用 2.4GHz 频段，都是采用 DSSS 技术	
不同点	硬件内存需求	1MB+	32~64KB+（硬件需求低）
	电池供电上电可持续时间	1~5 天	100~1000 天（功耗低）
	传输距离	1~100m	1~1000m（距离长）
	网络带宽	11000KB/s	20~250KB/s（带宽低、传输慢）
	组网能力	组网能力较弱	组网能力强，可以连接 65000 多个节点
	容错能力	低	高
	连接是否需要输入密码	每次添加新设备都需要输入密码	添加新设备无需手动输入密码
	普及度	高	较低

6.2.4 电源电路分析

电源电路是为变频空调器、互联网空调器整机的电气系统提供基本工作条件的单元电路。在变频空调器的室内机和室外机中都设有电源电路部分，如图 6-17 所示。

图 6-17   变频空调器中的电源电路

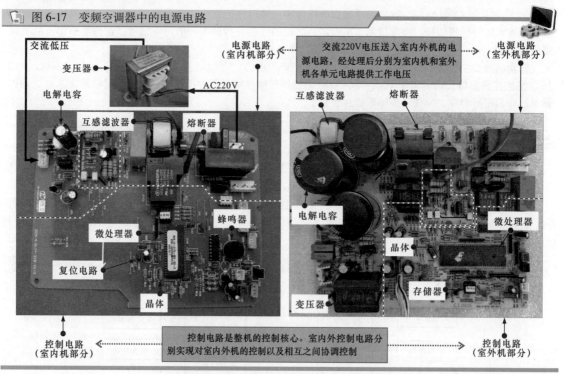

图 6-18 所示为典型变频空调器室内机电源电路的工作原理图。由图可知，该电路主要是由互感滤波器 L05，降压变压器，桥式整流电路（D02、D08、D09、D10），三端稳压器 IC03（LM7805）等构成的。

空调器开机后，交流 220V 为室内机供电，先经滤波电容 C07 和互感滤波器 L05 滤波处理后，经熔断器 F01 分别送入室外机电源电路和室内机电源电路板中的降压变压器。

室内机电源电路中的降压变压器将输入的交流 220V 电压进行降压处理后输出交流低压电，再经桥式整流电路以及滤波电容后，输出 +12V 的直流电压，为其他元器件以及电路板提供工作电压。

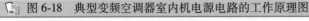

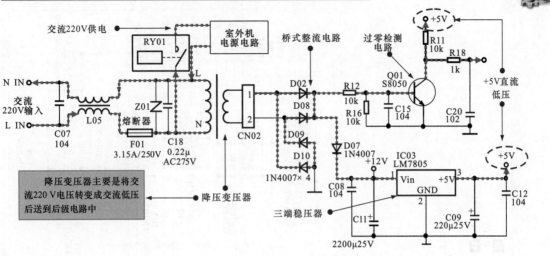

图 6-18　典型变频空调器室内机电源电路的工作原理图

　　+12V 直流电压经三端稳压器内部稳压后输出 +5V 电压，为变频空调器室内机各个电路提供工作电压。

　　桥式整流电路的输出为过零检测电路提供 100Hz 的脉动电压，经 Q01 形成 100Hz 脉冲作为电源同步信号送给微处理器。

　　图 6-19 所示为典型变频空调器室外机电源电路的工作原理图。

6.2.5　遥控电路分析

　　遥控电路是变频空调器的指令发射和接收部分，包括遥控发射电路和遥控接收电路两部分，其中遥控发射电路设置在遥控器中，遥控接收电路一般安装在室内机前面板靠右侧边缘部分。

　　图 6-20 所示为典型变频空调器室内机遥控接收电路。

　　由图中可知，该变频空调器（海信 KFR—35W/06ABP 型）的遥控接收电路主要是由遥控接收器、发光二极管等元器件构成的。

　　遥控接收器的②脚为 5V 的工作电压，①脚输出遥控信号并送往微处理器中，为控制电路输入人工指令信号，使变频空调器执行人工指令，同时控制电路输出的显示驱动信号，送往发光二极管中，显示变频空调器的工作状态。其中发光二极管 D3 是用来显示空调器的电源状态；D2 是用来显示空调器的定时状态；D5 和 D1 分别用来显示空调器的正常运行和高效运行状态。

　　图 6-21 所示为典型变频空调器中遥控器的电路图。由图可知，该遥控器电路（海信 KFR-35W/06ABP 型）主要是由微处理器、操作矩阵电路和红外发光二极管等构成的。

　　由图可知，遥控器通电后，其内部电路开始工作，用户通过操作按键（SW1～SW18）输入人工指令，该指令经微处理器处理后，形成控制指令，然后经数字编码和调制后由 19 脚输出经晶体管 V1、V2 放大后去驱动红外发光二极管 LED1 和 LED2，红外发光二极管 LED1 和 LED2 通过辐射窗口将控制信号发射出去，并由遥控电路接收。

6.2.6　控制电路分析

　　控制电路是变频空调器的"大脑"部分，是整机的智能控制核心。在变频空调器的室内机和室外机分别设有控制电路，两个控制电路协同工作，实现整机控制。

　　图 6-22 所示为海信 KFR-35GW/06ABP 型变频空调器的室内机控制电路原理图。该电路是以微处理器 IC08（TMP87CH46N）为核心的自动控制电路。

　　图 6-23 所示为海信 KFR-35GW/06 ABP 型变频空调器室外机的控制电路原理图。该电路是以微处理器 U02（TMP88PS49N）为核心的自动控制电路。

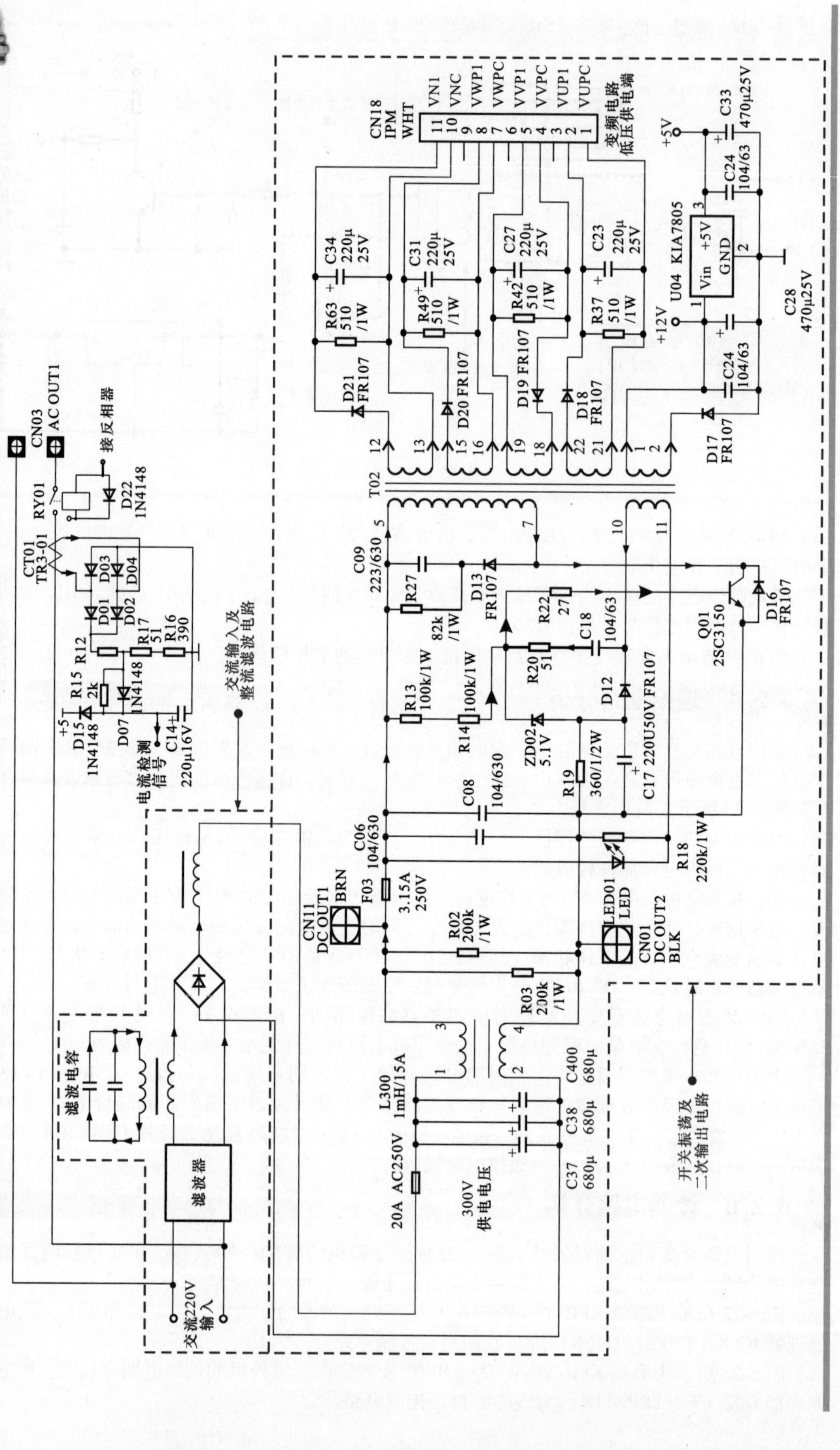

图 6-19 典型变频空调器室外机电源电路的工作原理图

图 6-20 典型变频空调器室内机遥控接收电路

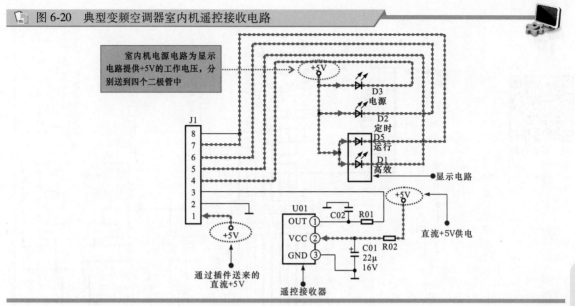

图 6-21 典型变频空调器中遥控器的电路图

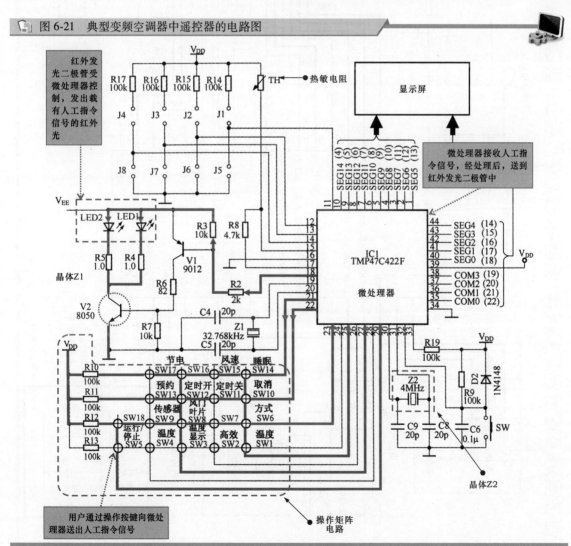

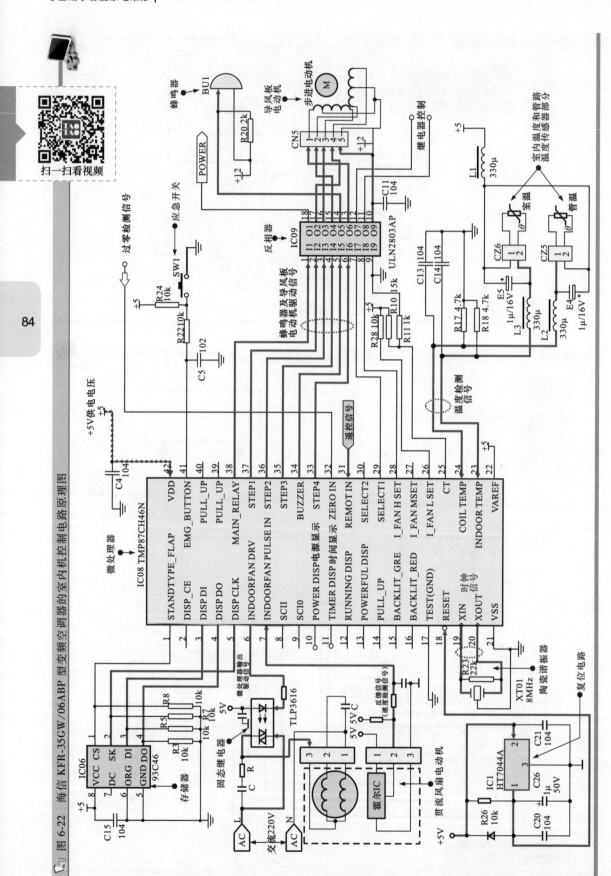

扫一扫看视频

图 6-22 海信 KFR-35GW/06ABP 型变频空调器的室内机控制电路原理图

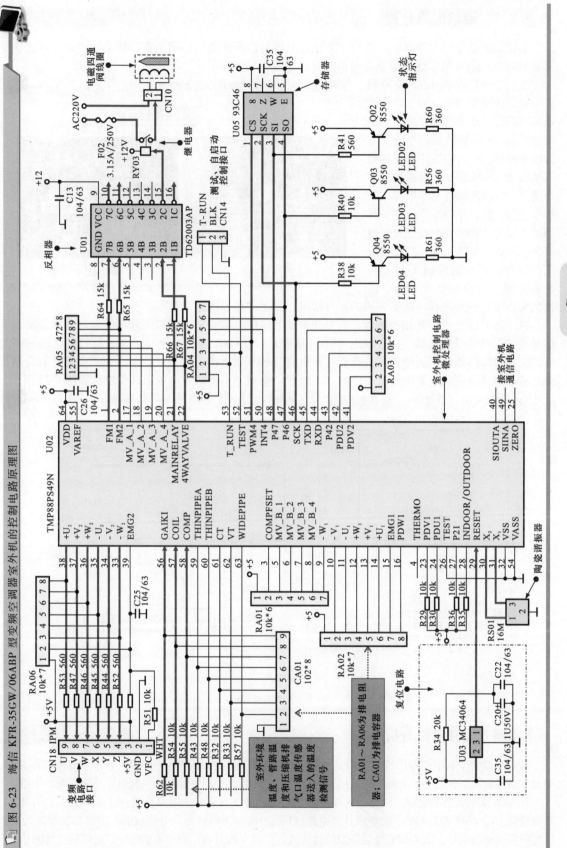

图 6-23 海信 KFR-35GW/06ABP 型变频空调器室外机的控制电路原理图

6.2.7 通信电路分析

通信电路是变频空调器室内机与室外机之间进行数据传递和协同工作的桥梁，因此，在变频空调器室内机和室外机电路中都设有通信电路，如图6-24所示。

变频空调器的室内机和室外机都设有微处理器控制电路，两个微处理器的协调动作共同完成对空调器的控制，室内机微处理器作为主控微处理器，它的主要任务是接收人工指令，主要是接收遥控器的工作指令，室内机微处理器根据人工指令进行工作，并将工作指令传动到室外机的微处理器，由室外机对变频压缩机、室外风机、四通阀等进行控制。同时室外机要将工作状态回报给室内机微处理器，以

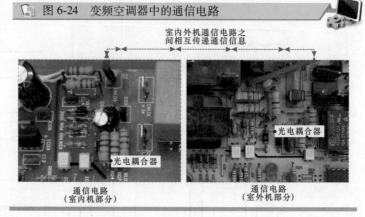

图6-24 变频空调器中的通信电路

便使室内主控微处理器掌握室外机的运行情况，并通过显示屏进行显示。

两个微处理器之间互相传输信息的电路被称为通信电路。室内机和室外机的微处理器分别设有信号发送端和信号接收端，并分别用RXD（接收）和TXD（发送）字符表示。信息的传输通道是借助交流电源的线路，而两个位处理器都是由直流+5V供电的，为此在空调器中采用光电耦合器使微处理器电路与交流电源电路进行隔离，不接触。变频空调器的室内外机通信电路如图6-25所示。

图6-25 变频空调器的室内外机通信电路（美的KFR-26（33）GW）

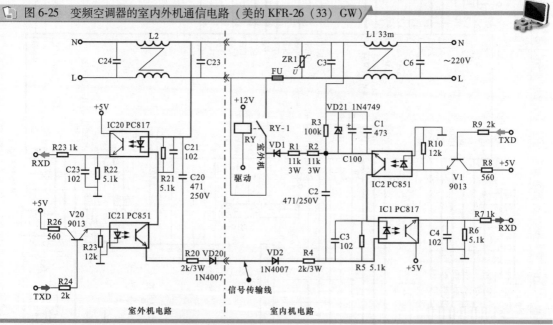

6.2.8 变频电路分析

变频电路是变频空调器中特有的单元电路，主要功能是在控制电路的作用下，产生变频控制信号，驱动变频压缩机工作，并对变频压缩机的转速进行实时调节，实现恒温制冷、制热并节能环保的作用。

图6-26所示为典型变频空调器的室外机变频电路。可以看到，该电路主要是由逻辑控制芯片IC11、变频模块U1、晶体Z1（8M）、过电流检测电路（U2A、R32~R40）等部分构成的。主要功能就是为变频压缩机提供驱动信号，用来调节变频压缩机的转速，实现变频空调器制冷剂的循环，完成热交换的功能。

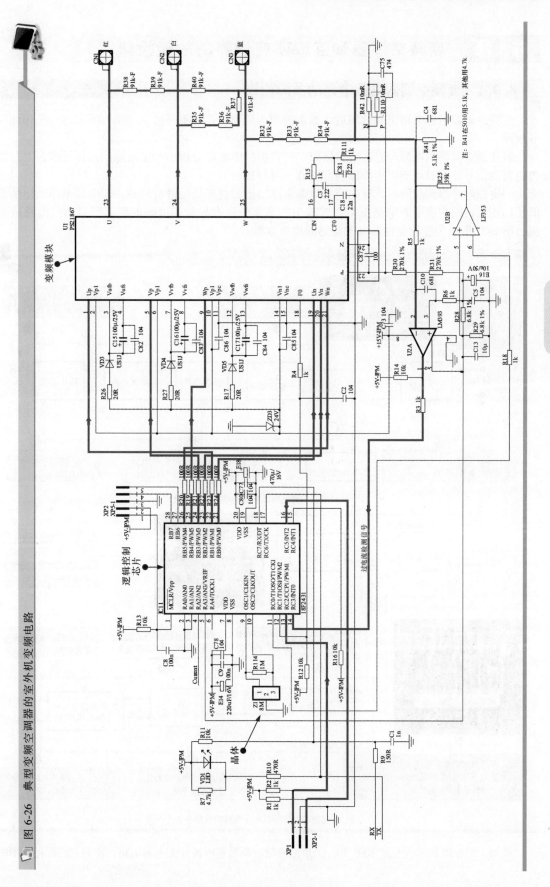

图 6-26 典型变频空调器的室外机变频电路

6.3 变频空调器和互联网空调器的故障检修

6.3.1 变频空调器电源电路的故障检修

变频空调器电源电路出现故障后，通常表现为变频空调器不开机、压缩机不工作、操作无反应等故障。

对变频空调器的电源电路进行检修时，可依据故障现象分析出产生故障的具体原因，并根据电源电路的信号流程对可能产生故障的部件逐一进行排查。

当电源电路出现故障时，首先应对电源电路输出的直流低压进行检测，若电源电路输出的直流低压均正常，则表明电源电路正常；若输出的直流低压有异常，可顺电路流程对前级电路进行检测，图 6-27 所示为变频空调器电源电路的检修分析。

📄 图 6-27 变频空调器电源电路的检修分析

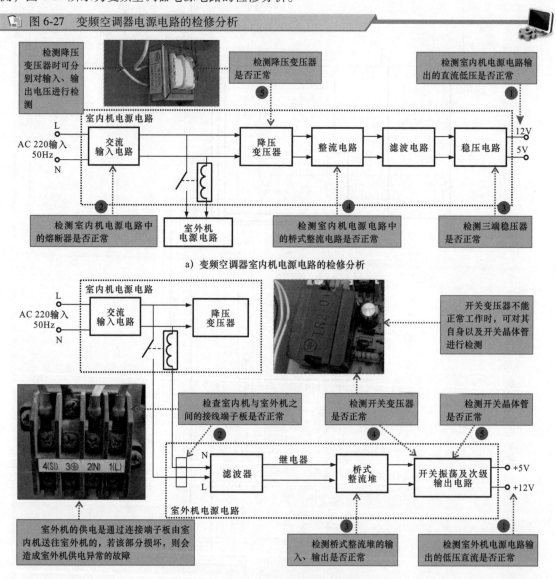

a) 变频空调器室内机电源电路的检修分析

b) 变频空调器室外机电源电路的检修分析

例如，图 6-28 所示为长虹 KFR-50L-Q1B 型变频空调器室内机开关电源电路，检测点已标记在图中。

图 6-28 长虹 KFR-50L-Q1B 型变频空调器室内机开关电源电路

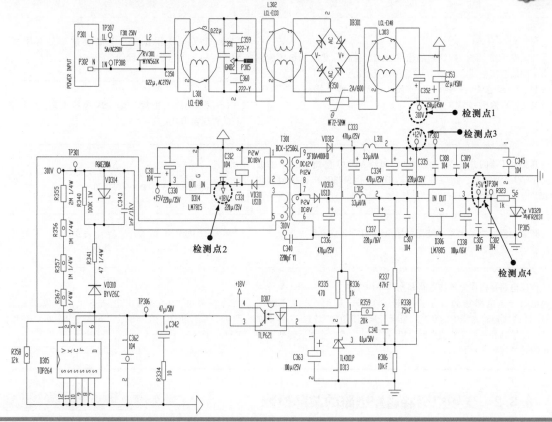

长虹 KFR-50L-Q1B 型变频空调器室内机开关电源电路的故障检修项目对照表见表 6-2。

表 6-2 长虹 KFR-50L-Q1B 型变频空调器室内机开关电源电路的故障检修项目对照表

检修说明	对于该空调器电源和控制电路的检修，重点检测电源电路的输出、电源电路中的易损元器件	
检修分析		检修内容
该电路最上端为交流电源输入电路，该电路是由多级滤波和整流电路构成的，它将交流 220V 电源变成直流 310V 电源，再为开关电源等电路供电。该电路有效地防止了电网中的干扰脉冲，同时也阻止了开关电源中产生的脉冲对电网的辐射。在检修电源电路时，310V 电压是电路中检测的重点		一般若 310V 正常，则表明交流电源输入电路部分正常
		若无 310V 电压，首先应排查交流电源输入电路部分，重点查熔断器 F301、过电压保护器桥式整流电路、滤波电容 C352 等
电路下部分为开关电源电路，其功能是将直流 310V 电压变成稳定的 +12V、+15V 和 +5V 电压为控制电路供电。310V 电压在为开关变压器一次绕组供电的同时，经降压电阻为开关振荡集成电路 D305 的 1 脚提供电源电压，使之能启动振荡。310V 经开关变压器一次绕组为开关振荡集成电路中的开关场效应晶体管漏极 D 供电。开关振荡集成电路启振后，由 D305 的 6 脚（D）产生开关电流，使开关变压器一次绕组中形成开关电流，于是二次绕组也会感应频率相同的开关脉冲		若在 310V 电源正常的前提下，开关电源电路不起振，则应重点检测降压电阻 R367、R357、R356、R355，开关振荡集成电路 D305，VD310，R341 等器件

89

（续）

检修分析	检修内容
开关变压器三路二次绕组的输出分别经整流、滤波和稳压后输出不同的直流电压。其中1、2绕组的输出经 VD311 整流，再经 C311、C312 滤波后形成+18V 直流。+18V 再经三端稳压器 D314（LM7815）输出+15V 直流电压	若+18V 电压不正常，应重点查开关变压器、VD311、C311、C312 等器件
	若+15V 电压不正常，但+18V 电压正常，应重查三端稳压器 D314
开关变压器的二次 6~7 绕组的输出经 VD313 整流，C336 滤波后再经 LC 滤波后，由三端稳压器 D306（LM7805）稳压后输出+5V 电压	若+5V 电压不正常，应查开关变压器、VD313、C336、L312、C337、D306 等器件
开关变压器的二次 8~9 绕组的输出经 VD312 整流和 π 型滤波器滤波后形成+12V 电压	若+12V 电压不正常，应查开关变压器、VD312、C333、L311、C334、C335 等器件
稳压电路是由误差取样电路和光耦等构成的。+12V 和+5V 分别经电阻分压电路送到误差检测电路 TL431 上。误差电压通过 TL431 变成控制光耦中的发光二极管，从而通过光耦 D307 将误差信号反馈到开关振荡集成电路 D305 的 3 脚，通过控制振荡电路的输出脉冲进行稳压控制	若开关电源电路输出电压不稳，则应重点查 TL431，分压电阻 R337、R338、R306、R335、R336，D307，D305 等

6.3.2 变频空调器遥控电路的故障检修

遥控接收电路和显示电路是变频空调器实现人机交互的部分，若该电路出现故障经常会引起控制失灵、显示异常等现象。对该电路进行检修时，可依据故障现象分析出产生故障的原因，并根据遥控电路的信号流程对可能产生故障的部件逐一进行排查。

当遥控电路出现故障时，首先应对遥控器中的发送部分进行检测，若该电路正常，再对室内机上的接收电路进行检测。图 6-29 所示为典型变频空调器遥控接收电路和显示电路的检修流程。

图 6-29　典型变频空调器遥控接收电路和显示电路的检修流程

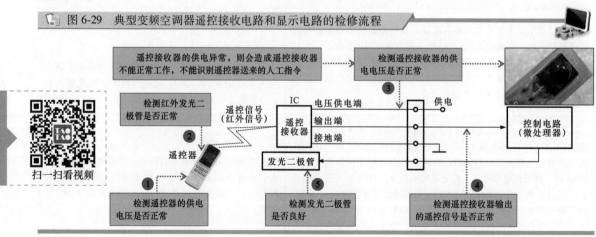

例如，用户反映空调器不能遥控开机，使用应急开关强行开机后，遥控器也不能控制空调器，但空调器的制冷、制热功能基本正常。

遥控器无法控制空调器的故障原因：一是遥控器损坏；二是室内机中的遥控接收电路异常。判断故障部位的最简单方法，就是使用同型号的遥控器进行测试，来快速有效地判断和区分出故障部位。

经初步检查，发现使用新遥控器也不能控制空调器，说明室内机中的遥控接收电路存在故障，应重点检测遥控接收电路（电路本身及其基本供电条件）。首先检查遥控接收电路与控制电路之间的插件连接及元器件引脚焊接是否牢固，确认无误，按图 6-30 所示，对遥控接收器电路进行检测。

📄 图 6-30　空调器不能遥控开机的检修方法

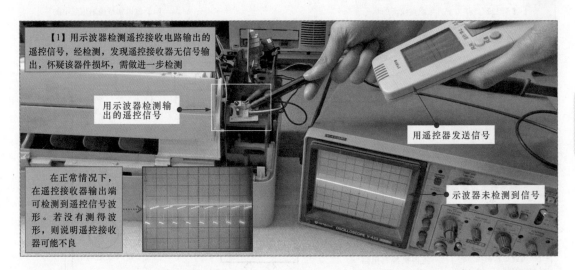

【1】用示波器检测遥控接收电路输出的遥控信号，经检测，发现遥控接收器无信号输出，怀疑该器件损坏，需做进一步检测

用示波器检测输出的遥控信号 →

用遥控器发送信号

在正常情况下，在遥控接收器输出端可检测到遥控信号波形。若没有测得波形，则说明遥控接收器可能不良

← 示波器未检测到信号

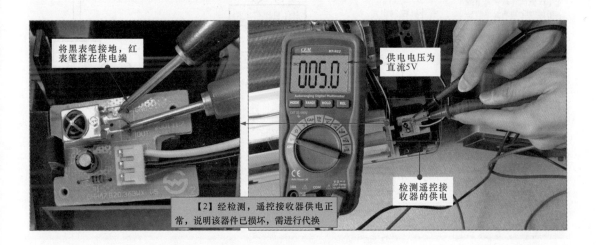

将黑表笔接地，红表笔搭在供电端

供电电压为直流5V

【2】经检测，遥控接收器供电正常，说明该器件已损坏，需进行代换

检测遥控接收器的供电

经过检测发现遥控接收器供电正常，但无信号波形输出，说明该器件已损坏。将损坏的器件用同规格接收器代换，代换后通电试机，遥控器可进行控制，故障被排除。

6.3.3　变频空调器控制电路的故障检修

控制电路是变频空调器中的关键电路，若该电路出现故障经常会引起变频空调器不起动、制冷/制热异常、控制失灵、操作或显示不正常等现象。

控制电路中各部件不正常都会引起控制电路故障，进而引起空调器出现不起动、制冷/制热异常、控制失灵、操作或显示不正常等现象，对该电路进行检修时，应首先采用观察法检查控制电路的主要元件有无明显损坏或元件脱焊、插口不良等现象，如出现上述情况则应立即更换或检修损坏的元器件，若从表面无法观测到故障点，则需根据控制电路的信号流程以及故障特点对可能引起故障的工作条件或主要部件逐一进行排查。

图 6-31 所示为典型变频空调器控制电路的检修分析。

📖 图 6-31　典型变频空调器控制电路的检修分析

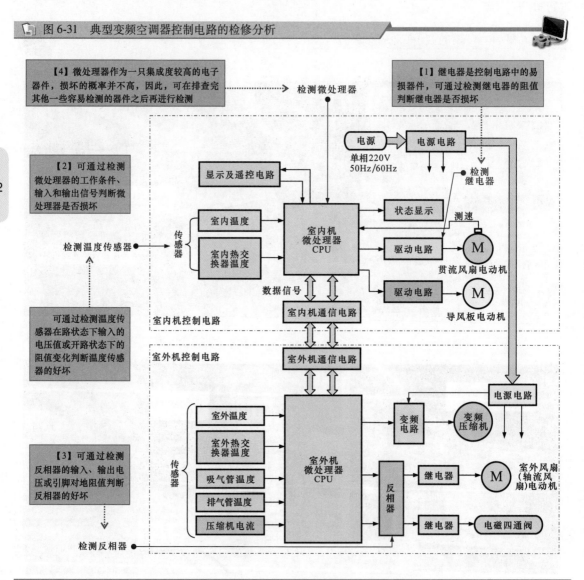

例如，图 6-32 所示为格力 FRD-35GWA 变频空调器室内机控制电路的检修示意图。可以看到，该变频空调器室内机控制电路主要是由微处理器（PC7580BCU1）、操作按键、继电器以及外围电路构成的。当该电路出现故障后，则会造成空调器室内机不工作，从而导致室外机无法正常被控制，空调器不能正常制冷/制热。对该电路进行检修时主要是对其供电及主要器件进行检测，排除故障器件。

格力 FRD-35GWA 变频空调器室内机控制电路的故障检修项目对照表见表 6-3。

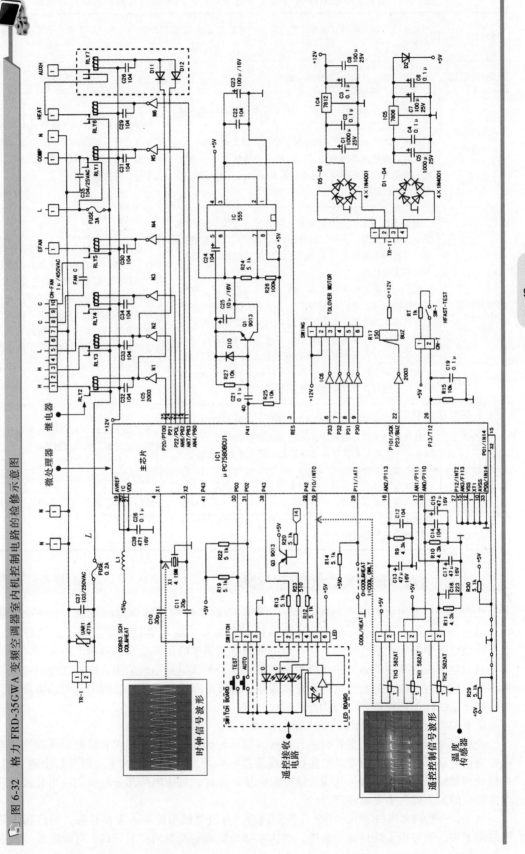

图 6-32 格力 FRD-35GW A 变频空调器室内机控制电路的检修示意图

表 6-3　格力 FRD-35GWA 变频空调器室内机控制电路的故障检修项目对照表

检修说明	对于该变频空调器室内机控制电路的检修，应重点检测电路中的供电电压、微处理器、遥控器、温度传感器等部分	
检修项目	检修分析	检修内容
供电电压	空调器正常工作时，交流 220V 市电通过电源线送入室内机，为其提供相应的工作电压 交流 220V 市电经变压器降压后输出两组交流低压，分别经桥式整流堆进行整流后，送往三端稳压器中，分别由三端稳压器 IC4 和 IC5 输出 12V 和 5V 电压，为其他功能部件进行供电	可借助万用表检测各路直流电压是否正常。若电压正常，可进入下一步检测；若无电压，则应顺信号流程逐级向前级检测，找到故障元器件，并更换
微处理器	微处理器 IC1 是室内机控制电路的核心器件，正常情况下，微处理器应有 5V 的供电电压、晶振提供的时钟信号。若这两个条件有一个不正常，则微处理器不能进入正常的工作状态 微处理器的工作条件正常，输入信号均正常时，则会将控制信号通过不同的引脚输出，分别去控制继电器的工作状态，通过对继电器的控制实现对功能部件的间接控制。若微处理器输出的信号正常时，而功能部件本身也正常时，则需要对控制继电器的触点部分进行检测。正常情况下，控制继电器在未通电时触点间的阻值为无穷大；通电后，触点间的阻值应为零欧姆	可借助万用表和示波器检测微处理器供电、复位、时钟三大基本工作条件，任何一个条件不正常，微处理器均无法正常工作 若微处理器三大条件均正常，则可检测微处理器输入和输出的信号。若输入的指令信号、检测信号均正常，无任何输出，则多为微处理器芯片内部损坏，需用同型号微处理器替换
遥控器	人工指令通过操作按键或遥控器送入微处理器中，由微处理器对其进行处理，并控制其他功能部件工作，若输入的人工信号异常则微处理器无法正常输出控制信号	通常按下遥控器时，可以在遥控接收器引脚端检测到相应的信号波形
温度传感器	温度传感器用于检测室内温度和管路的温度等，为微处理器提供温度信息。若空调器无法正常识别室内温度或管路温度时，应重点检查温度传感器的插件连接情况和传感器本身的性能是否正常	正常情况下温度传感器的阻值会随温度的变化发生变化

6.3.4　变频空调器通信电路的故障检修

　　当变频空调器的通信电路出现故障后，则会造成各种控制指令无法实现、室外机不能正常运行、运行一段时间后停机或开机即出现整机保护等故障，由于通信电路实现了室内外机的信号传送，若该电路中某一元器件损坏，均会造成变频空调器不能正常运行的故障。

　　通信电路是变频空调器中的重要数据传输电路，若该电路出现故障，则通常会引起空调器室外机不运行或运行一段时间后停机等不正常现象，对该电路进行检修时，可根据通信电路的信号流程对可能产生故障的部件逐一进行排查。

　　图 6-33 所示为变频空调器通信电路的检修分析。

　　变频空调器的室内机与室外机进行通信的信号为脉冲信号，用万用表检测应为跳变的电压，因此在通信电路中，室内机与室外机连接引线及接线盒处、通信光耦的输入侧和输出侧、室内/室外机微处理器输出或接收引脚上都应为跳变的电压。因此，对该电路部分的检测，可分段检测，跳变电压消失的地方即为主要的故障点。

　　例如，一台海尔 KFR-50LW/BP 变频空调器，开机整机不能进入工作状态，而且指示灯有闪烁的故障表现，通过指示灯显示的表现，查找本型号变频空调器的相关资料，可圈定故障范围是发生

94

在通信电路中。

图 6-34 所示为海尔 KFR-50LW/BP 变频空调器的室内机通信电路。

图 6-33　变频空调器通信电路的检修分析

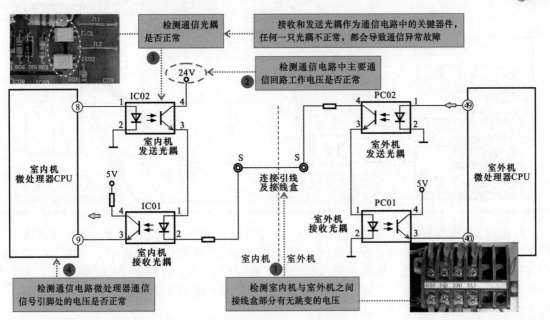

图 6-34　海尔 KFR-50LW/BP 变频空调器的室内机通信电路

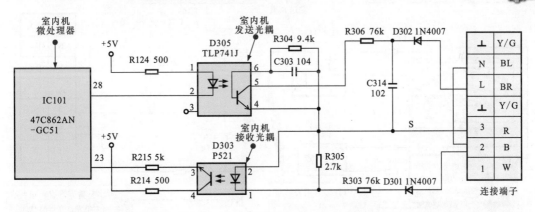

由图 6-34 可知，海尔 KFR-50LW/BP 变频空调器将通信电路的供电部分设置在室外机主板中通过接线端子与室内机相连，该变频空调器中的双向信息采用交叉线路的方式进行传递。

当室内机微处理器的 28 脚发送的脉冲通信信号为高电平时，室内机发送光耦 D305 内的发光二极管发光，光电晶体管导通。此时，由室外机的供电电压经接线端子的 L 端送入室内机发送光耦的 5 脚，由 4 脚输出并经 S 端送至室外机中形成供电回路。若检测 S 端与 L 端间的电压值正常，则表明室外机发送信号时该通路正常。

接下来，应对室内机的发送信号部分以及回路部分进行检测，若该部分通道出现问题，则应对该通道中的关键部件进行检测。

根据以上检修分析，我们可以首先检测室外机的发送通道是否正常，如图 6-35 所示。

95

📷 图 6-35　室外机发送通道的检测方法

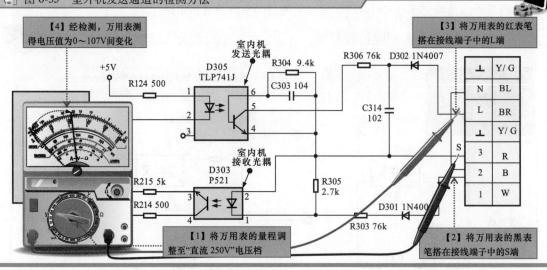

经检测，S 端与 L 端之间的电压在 0~107V 变化，表明室外机发送通道正常，接下来采用同样的方法对室内机发送通道进行检测。即万用表黑表笔搭在接线端子中的 S 端，红表笔搭在接线端子 N 端，经检测 S 端与 N 端之间的电压值为 0V 左右，并伴有小幅度的变化，表明室内机发送通道的回路出现了故障，接下来，先对主要部件进行检测，如室内机发送光耦，如图 6-36 所示。

📷 图 6-36　室内机发送光耦的检测方法

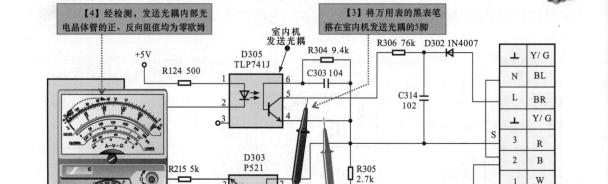

经检测，室内机的发送光耦中的 4 脚与 5 脚间短路，以同型号的发送光耦进行更换后，开机运行，故障排除。

┃ 提示说明 ┃

　　对变频空调器通信电路进行故障判别时，可以先从大方面入手，即先判断是室内机发送通道还是室外机发送通道的故障，若测出其中一路不通时，根据实际的检测数值及该回路中的电路结构，即可判断故障位置是室内机还是室外机，最后进一步检测该通道中的主要部件是否正常，并排除故障元器件。

6.3.5 变频空调器变频电路的故障检修

变频电路出现故障经常会引起变频空调器出现不制冷/制热、制冷或制热效果差、室内机出现故障代码、压缩机不工作等现象。

变频电路中各工作条件或主要部件不正常都会引起变频电路故障，进而引起变频空调器出现不制冷/制热、制冷/制热效果差、室内机出现故障代码等现象。对该电路进行检修时，应首先采用观察法检查变频电路的主要元件有无明显损坏或元件脱焊、插口不良等现象，如出现上述情况则应立即更换或检修损坏的元器件，若从表面无法观测到故障点，则需根据变频电路的信号流程以及故障特点对可能引起故障的工作条件或主要部件逐一进行排查。图 6-37 所示为典型变频空调器变频电路的检修分析。

例如，一台海信变频空调器通电后，室内机工作正常，但变频空调器无法制冷或制热，经观察室外机风扇运转正常，但变频压缩机不运转，且指示灯状态为"灭、闪、灭"。

根据故障现象可知，该变频空调器的室内机基本正常；室外机风扇运转正常，说明室内机与室外机的通信情况良好，低压供电情况正常；变频压缩机不运转，怀疑变频电路或供电部分出现故障，而室外机指示灯状态为"灭、闪、灭"，经查询该型号变频空调器的故障代码表可知，指示灯状态"灭、闪、灭"表示变频空调器智能功率模块保护，应重点检查智能功率模块及其检测保护电路。

图 6-37 典型变频空调器变频电路的检修分析

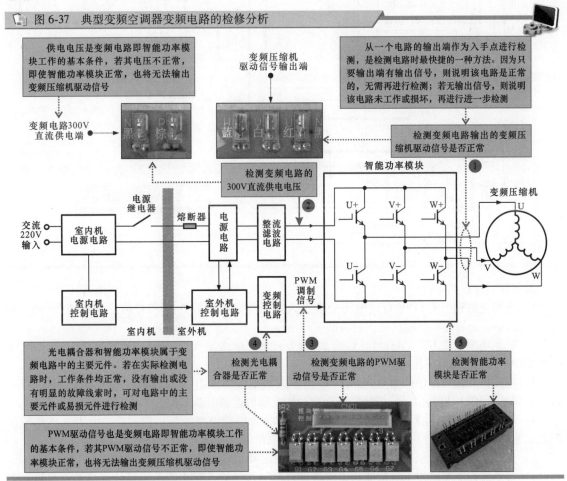

图 6-38 所示为海信 KFR-4539（5039）LW/BP 型变频空调器的变频电路。

图 6-38 海信 KFR-4539（5039）LW/BP 型变频空调器的变频电路

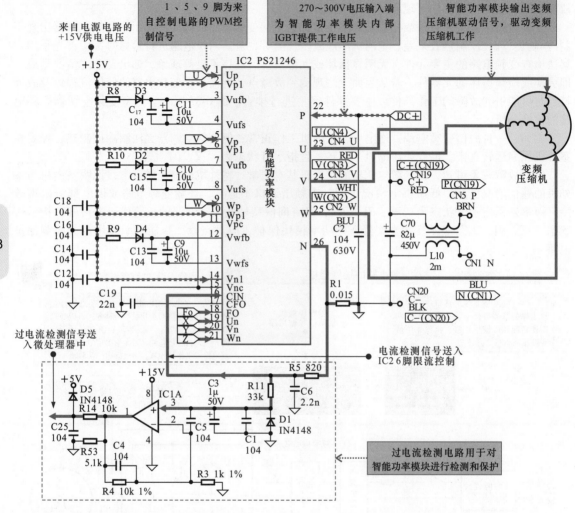

具体控制过程如下：

1）电源电路输出的 +15V 直流电压分别送入智能功率模块 IC2（PS21246）的 2 脚、6 脚、10 脚和 14 脚中，为智能功率模块提供所需的工作电压。

2）智能功率模块 IC2（PS21246）的 22 脚为 +300V 电压输入端（P），为该模块内的 IGBT 管提供工作电压，N 端经限流电阻 R1 接地。

3）室外机控制电路中的微处理器 CPU 为智能功率模块 IC2（PS21246）的 1 脚、5 脚、9 脚、18～21 脚提供 PWM 控制信号，控制智能功率模块内部的逻辑电路工作。

4）PWM 控制信号经智能功率模块 IC2（PS21246）内部电路的逻辑控制后，由 23～25 脚输出变频压缩机驱动信号，分别加到变频压缩机的三相绕组端。

5）变频压缩机在变频压缩机驱动信号的驱动下起动运转工作。

6）过电流检测电路用于对智能功率模块进行检测和保护，当智能功率模块内部的电流值过大时，R1 电阻上的压降升高，过电流检测电路便将过电流检测信号送往微处理器中，由微处理器对室外机电路实施保护控制，同时电流检测信号送到 IC2 的 6 脚进行限流控制。

根据以上检修分析，我们应先对智能功率模块的工作条件（即直流供电电压和 PWM 驱动信号）进行检测，以判断这些工作条件是否能够满足智能功率模块的正常工作。

图 6-39 所示为智能功率模块工作条件的检测。

图 6-39 智能功率模块工作条件的检测

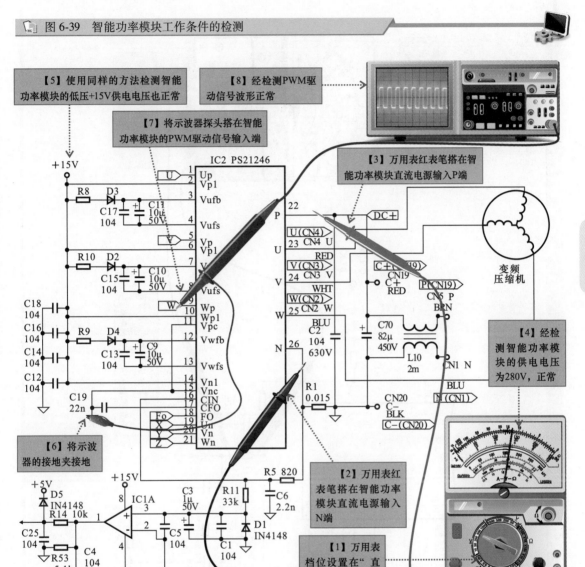

经检测智能功率模块的工作条件均正常，说明该变频空调器的供电电路以及控制电路均正常，此时需对智能功率模块的检测电路进行检测，检测时，由于无法推断该电流检测电路的电压值，因此可将变频空调器断电后，检测电流检测电路中的元器件是否损坏，查找故障点。

图 6-40 所示为智能功率模块电流检测电路的检测。

经检测，发现智能功率模块电流检测电路中的限流电阻 R11 的阻值小于其标称值 33kΩ，因此怀疑该电阻器已经损坏，将其更换后，重新对变频空调器开机试机操作，发现故障排除。

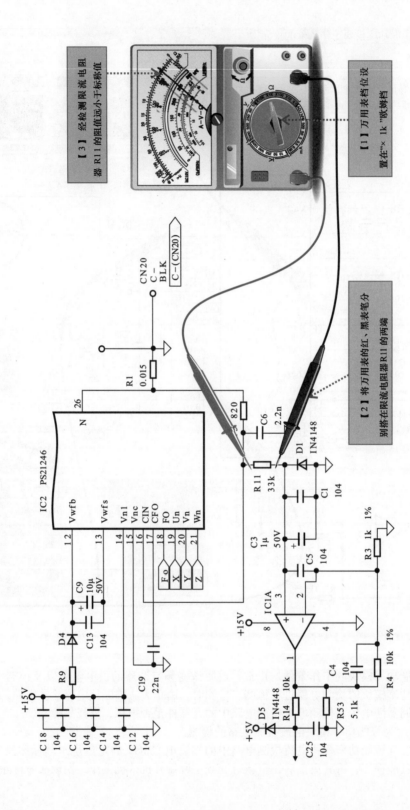

图 6-40　智能功率模块电流检测电路的检测

6.3.6　互联网空调器智能联网单元的故障检修

互联网空调器智能联网单元出现故障特点比较明显，判断较为直观，如常见的无法连接网络、搜索不到 WiFi、提示 "HF" 故障代码（WiFi 模块故障）等。

检修互联网空调器智能联网单元故障主要从软件故障和硬件故障两方面入手，如图 6-41 所示。

📖 **图 6-41　互联网空调器智能联网单元故障检修方法**

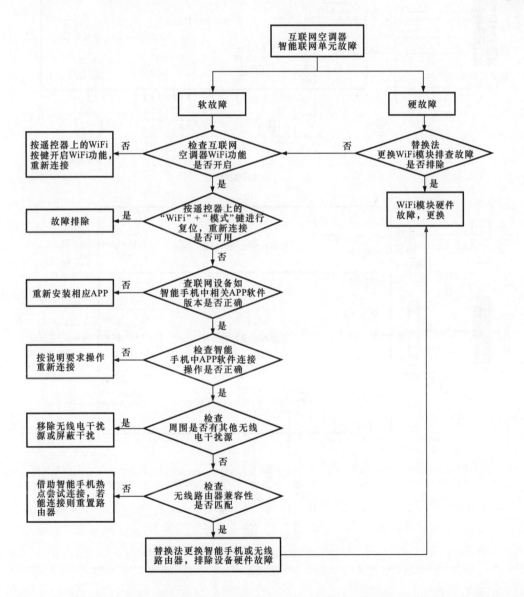

例如，一台米家互联网空调器，空调器无法连接 WiFi 入网，首先确认智能手机 APP 软件版本及连接操作正常、路由器正常，怀疑空调器本身的 WiFi 模块异常，根据图 6-42 所示接线图，找到接口 XS112 所连接 WiFi 模块，拔下 WiFi 模块，并用新的 WiFi 模块替换插入 XS112，重新连接正常，故障排除。

📷 图6-42　米家互联网空调器电路接线图

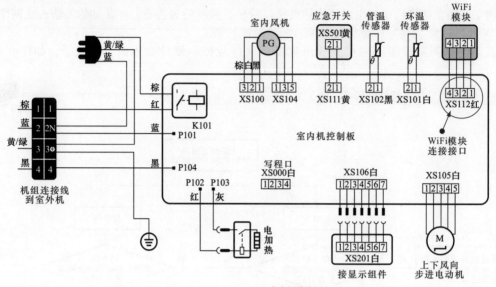

a) 室内机接线图

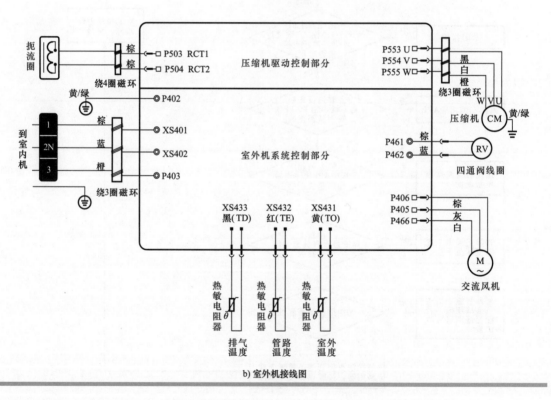

b) 室外机接线图

第7章 互联网电视和智慧屏的故障检测与维修

7.1 互联网电视和智慧屏的结构

互联网电视是以互联网为传输网络，以电视机为接收终端，向用户提供音频、视频以及图文信息等服务的电视形态。它也是一种集互联网、多媒体、通信等多种技术于一体，支持包括数字电视在内的多种交互式服务的崭新技术。互联网电视是在数字化和网络化背景下产生的，是互联网技术与电视技术结合的产物。互联网电视既保留了电视形象直观、生动灵活的表现特点，又具有了互联网按需获取的交互特征，是综合两种传播媒介优势而产生的一种新的传播形式。

智慧屏是在智能手机的基础上发展起来的，它将显示屏变成了可直接交互的大屏幕显示屏，而且具有智能手机的各项功能。

不管是互联网电视还是智慧屏，从结构上说都是以超大规模集成电路芯片为核心，外加多种接口的电路结构，其集成电路的型号也有很多。

7.1.1 互联网电视的结构

互联网电视可以简单理解为可以连接互联网的液晶电视，它是指以传统互联网或移动互联网为传输网络，以液晶电视机为接收终端，向用户提供视频及图文信息内容等服务的电视。

图7-1所示为典型互联网电视的外部结构。可以看到，从外观来看，该类电视机与普通液晶电视机几乎相同。

图 7-1 典型互联网电视的外部结构

显示屏　　后壳　　接口　　扫一扫看视频

互联网电视的内部主要由显示屏组件和电路板等电气部件构成，如图7-2所示。

1 显示屏组件

互联网电视和智慧屏的显示屏为液晶显示屏组件，其主要是由液晶屏、背光源等构成的，如图7-3所示。液晶屏主要用来显示彩色图像；液晶屏后面的背光源用来为液晶屏提供背光源，是显示图像不可缺少的部分，随着技术的不断发展，背光源有早期背光灯管、LED/OLED以及新型的量子点等；在液晶屏的上方和左侧通过特殊工艺安装有多组水平和垂直驱动电路，用来为液晶屏提供驱动信号。

图 7-2 典型互联网电视的内部结构

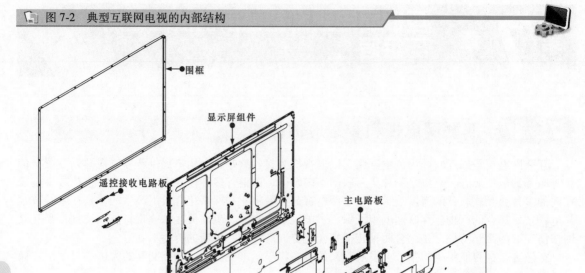

围框

显示屏组件

遥控接收电路板

主电路板

驱动板

电源板

操作显示电路板

图 7-3 液晶显示屏的内部结构

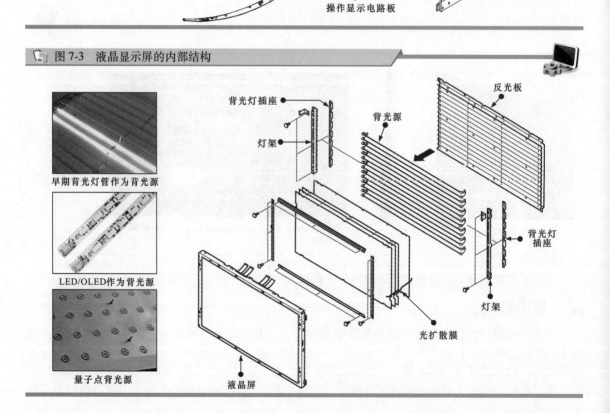

早期背光灯管作为背光源

LED/OLED作为背光源

量子点背光源

背光灯插座

灯架

反光板

背光源

背光灯插座

灯架

光扩散膜

液晶屏

2 电路板

电路板是互联网电视的重要组成部分。目前，互联网电视集成度越来越高，内部电路板主要由主电路板、电源板和驱动板构成，如图 7-4 所示。

图 7-4 典型互联网电视中的电路板

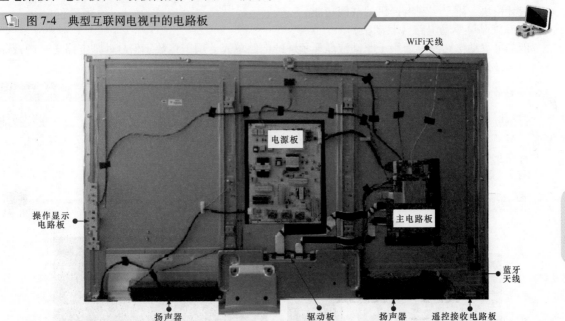

主电路板包括电视信号接收电路、智能电视芯片电路、音频功率放大电路、智能联网单元（一般为 WiFi 和蓝牙模块）、遥控接收电路、接口电路等，电源板一般集成电源电路和背光灯驱动电路。

（1）电视信号接收电路

电视信号接收电路主要用于接收天线或有线电视信号，并将信号进行处理后输出音频信号和视频图像信号。调谐器是该电路的特征器件，在主电路板接口或靠近边缘部分的金属盒子即为调谐器。

（2）智能电视芯片电路

智能电视芯片电路是集音频信号处理、视频信号处理、网络信号处理和系统控制等功能于一体的超大规模智能化芯片电路。

音频信号处理部分主要用来处理来自电视信号接收电路通道、外部音频接口部分输入的音频信号以及无线接收模块接收的音频信号，并驱动扬声器发声。音频信号处理电路主要由音频信号处理芯片、音频功率放大器和扬声器构成。

视频信号处理部分是处理视频图像信号的关键电路，互联网电视播放电视节目时显示出的所有景物、人物、图形、图像、字符等信息都与这个电路相关。在通常情况下，该电路主要是由视频解码器、数字图像处理芯片、图像存储器和时钟晶体等组成的。

系统控制电路部分是互联网电视整机的控制核心，电视机执行电视节目的播放、声音的输出、调台、搜台、调整音量、亮度设置等功能都是由该电路控制的。系统控制电路包括微处理器、用户存储器、时钟晶体等几部分。

（3）电源电路

电源电路是互联网电视中十分关键的电路，主要用于为电视机中各单元电路、电子元件及功能部件提供直流工作电压（5V、12V、36V），维持整机正常工作。

（4）背光灯驱动电路

背光灯驱动电路通过接口与液晶显示屏组件中的背光源连接，为其提供工作电压。

（5）接口电路

互联网电视的接口电路主要用于将电视机与各种外部设备或信号连接，是一个以实现数据或信号的接收和发送为目的的电路单元。互联网电视中的接口较多，主要包括 TV 输入接口（调谐器接口）、AV 输入接口、AV 输出接口、HDMI 接口、快速以太网接口 FE、网络接口 RJ45、耳机接口等。

（6）智能联网单元

智能联网单元是区分互联网电视与普通液晶电视机的重要部分，该电路部分主要采用 WiFi 模块和蓝牙模块，用于实现电视机的联网功能。

（7）液晶屏驱动电路（驱动板）

液晶屏驱动电路是专门用于驱动液晶显示屏的电路单元，用于将数字信号处理电路送来的液晶屏驱动信号进行转换处理，从而驱动液晶屏显示图像。

7.1.2 智慧屏的结构

智慧屏是一种采用了更智能更先进的处理器芯片的互联网电视，具有支持多屏互动、联控智能家居、AI 视觉识别、智慧语音、影音娱乐和信息共享等功能和特点，可作为智能家居控制中心、多设备交互中心以及信息共享中心等。

图 7-5 所示为典型智慧屏的实物外形。

图 7-5 典型智慧屏的实物外形

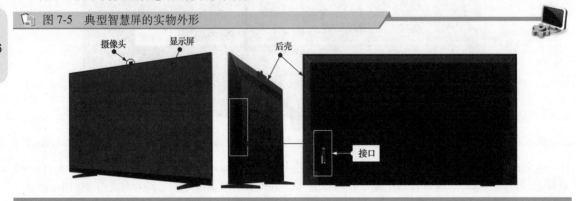

可以看到，相较于一般的互联网电视，智慧屏从结构上的明显区别在于摄像头部分。其特点是通过摄像头可以实现视频通话，如 AI 健身、体感游戏等，如图 7-6 所示。

图 7-6 智慧屏功能特点

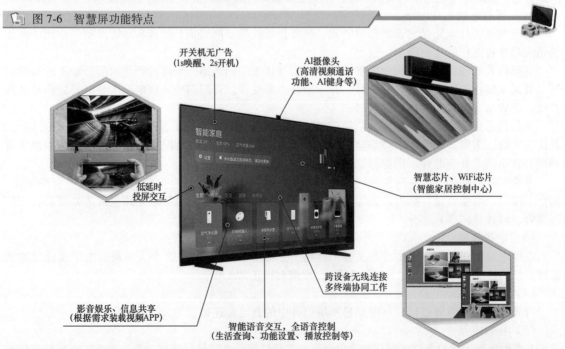

7.2 互联网电视和智慧屏的工作原理

7.2.1 互联网电视的整机工作原理

互联网电视中各种单元电路都不是独立存在的。在正常工作时，它们之间因相互传输各种信号而存在一定联系，也正是这种关联实现了信号的传递，从而实现互联网电视的基本功能。

图 7-7 所示为典型互联网电视的整机框图。

从图 7-7 可见，它是由智能电视芯片（SOC）MSD6A928 和多种外围接口电路以及液晶显示屏等部分构成的，智能电视芯片（主芯片）是一种超大规模集成电路，它将各种信号处理电路、电源管理、系统控制、数据处理等部分都集成其中，是一种智能电视信号处理芯片。

来自调谐器和解调器的电视信号（TS 信号和 IF 信号）送到智能电视芯片中进行处理，同时芯片经调谐器控制接口为调谐器提供 AGC（自动增益控制）和总线控制信号，使调谐器正常工作。

来自外部接口的复合视频信号（CVBS）和音频信号（R、L）送到智能电视芯片的音频、视频输入接口。

两路数字高清信号通过 HDMI 接口送入智能电视芯片中。

话筒信号经音频驱动电路送入智能电视芯片中。外部线路输入的音频信号经音频放大后也送入智能电视芯片。还有来自网络的电视信号及数据信号，经过网络接口和网络驱动也送入智能电视芯片中。

智能电视芯片在遥控信号和键盘操作信号的作用下，对各种信号源进行选择和切换。输入信号在存储器等电路的配合下完成数据处理，最后经显示信号接口去驱动液晶显示屏。

经智能电视芯片处理后的音频信号分三路输出，一路输出经音频功率放大器放大后分别驱动两个扬声器发声。另一路经耳机接口外接立体声耳机。第三路是经数字音频接口，分别通过光缆和同轴电缆向外输出数字音频信号。

该机采用充电电池为智能电视芯片和外围电路供电。机上设有充电接口和充电控制电路。电池的电压经开关电源和电源管理（含稳压电路）为芯片供电。同时，电源经逆变器为液晶显示屏的背光灯提供电源。

此外，该互联网电视还设有多个 USB 接口，用户可以通过 USB 设备与智能电视芯片相连，进行信息交换。

无线网络信号经 WiFi 天线和 WiFi 模块将信号送入主芯片中。此接口是接收无线网络信号的主要通道。

蓝牙信号经蓝牙天线和蓝牙模块与智能电视芯片相连进行蓝牙信号的传输。

7.2.2 互联网电视和智慧屏的智能控制方式

互联网电视和智慧屏主要采用 SOC 芯片实现数据信号处理和智能控制。SOC 芯片是一种智能电视芯片，它集成了各个模块的软硬件功能，是功能最为丰富的硬件芯片，集成了 CPU、GPU、RAM、ADC/DAC、Modem、高速 DSP 等部件和基带处理器，实现电视互联网、智慧控制功能的集成。

目前，应用到互联网电视和智慧屏中的 SOC 芯片主要有华为的海思 Hi3751 芯片，联发科的 S900 芯片、MT6750 芯片，晨星（MStar）的 MSD6A928 芯片、MSD6A938 芯片等，如图 7-8 所示。

以海思 Hi3751 芯片为例。Hi3751 芯片包括 Hi3751V310/V600/V500/V510 等系列。其中，Hi3751V600 芯片是一款高性能、高集成度的 4K2K 60Hz 智能电视芯片。该芯片集成了高性能 arm CortexA53 四核处理器、主频高达 1.2GHz，可支撑流畅智能的信号处理功能。集成高性能 mali-450 六核 GPU，支持 4K2K 图形渲染，可提供最佳的 4K2K UI 效果。同时集成海思专业的图形引擎 Imprex Engine，能输出高质量图像。该芯片具有强大的编解码能力，包括 h265 4K2K 60Hz 解码，MPEG4/MPEG2/VC1 高清解码能力，支持 H264/JPEG 编码。另外，该芯片还可提供丰富的音视频输入接口，支持 HDMI1.4/HDMI2.0/模拟 RF/CVBS/YPbPr/VGA 接口，兼容 DVB-C/DVB-T/DTMB 协议，支持大小卡解决方案。

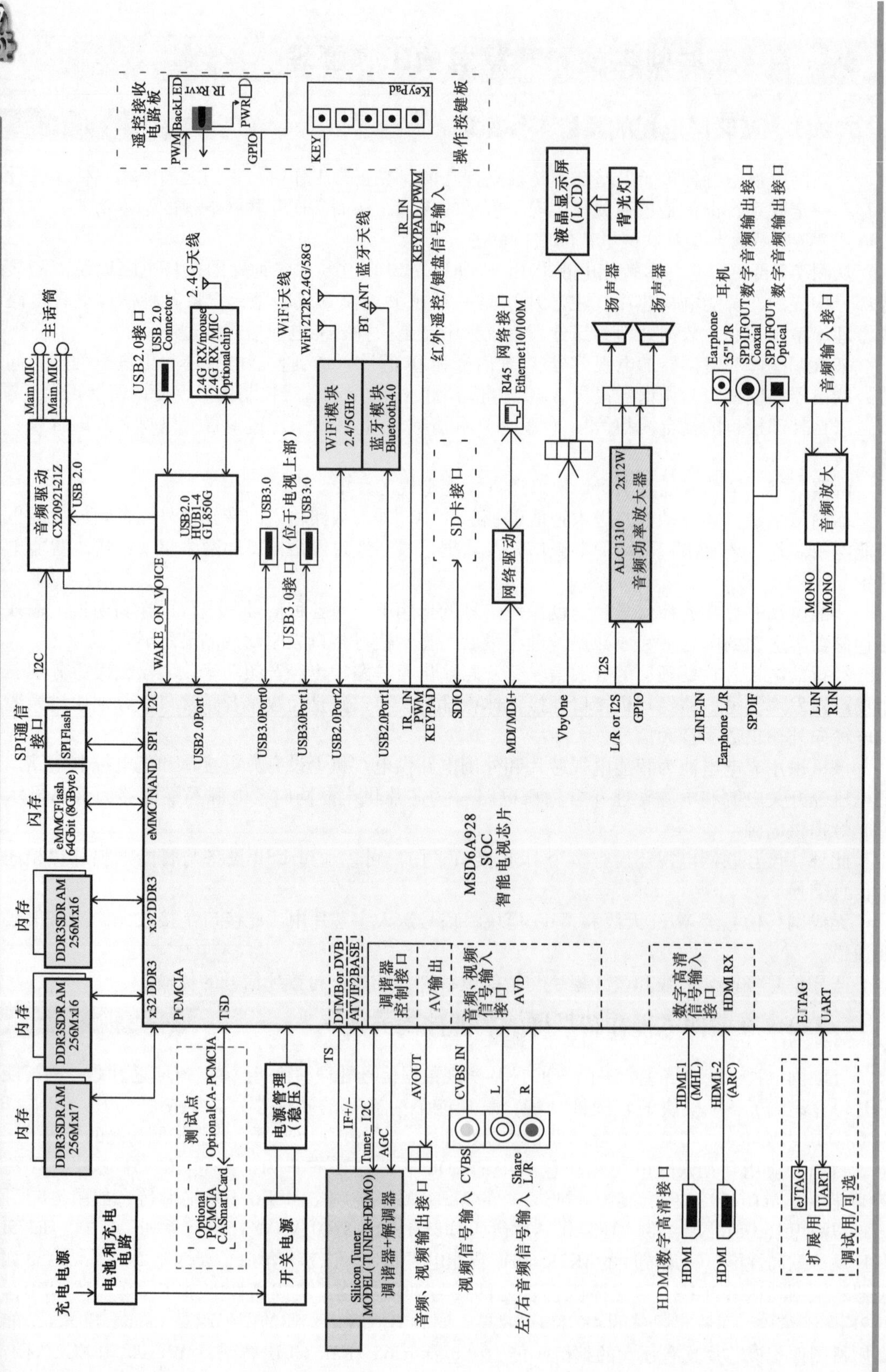

图 7-7 典型互联网电视的整机框图

遥控接收电路板

PWM BackLED
IR RX
PWR
GPIO PWRI

KeyPad
KEY
操作按键板

主话筒 Main MIC
Main MIC

音频驱动 CX20921Z
USB 2.0

USB2.0接口
USB 2.0 Connector
2.4G RX/mouse
2.4G RX /MIC
Optional chip
2.4G天线

WAKE ON VOICE

USB3.0接口 (位于电视上部)
USB3.0

WiFi天线
WiFi 2T2R 2.4G/58G
WiFi模块 2.4/5GHz
BT ANT 蓝牙天线
蓝牙模块 Bluetooth4.0

红外遥控/键盘信号输入

R45 网络接口 Ethernet10/100M
网络驱动

SD卡接口

液晶显示屏 (LCD)
背光灯

扬声器
扬声器
ALC1310 2x12W 音频功率放大器

Earphone 35"L/R 耳机
Coaxial SPDIFOUT 数字音频输出接口
Optical SPDIFOUT 数字音频输出接口

音频输入接口
MONO
MONO
音频放大
LIN
RIN

I2C
SPI通信接口 SPI Flash
闪存 eMMC/NAND SPI eMMCFlash 64Gbit (8GByte)

内存 DDR3SDRAM 256Mx16
内存 DDR3SDRAM 256Mx16
内存 DDR3SDRAM 256Mx17
x32DDR3

MSD6A928 SOC 智能电视芯片

USB2.0Port 0
USB3.0Port0
USB3.0Port1
USB2.0Port2
USB2.0Port1
IR_IN PWM KEYPAD
SDIO
MDI/MDI+
VbyOne
L/R or I2S
GPIO
LINE-IN
Earphone L/R
SPDIF
LIN
RIN

PCMCIA
TSD

DTMBor DVB1 ATVIF2BASE1
调谐器控制接口
AV输出 音频、视频输入接口 AVD
数字高清信号输入接口 HDMI RX
E.TAG
UART

Optional PCMCIA CASmartCard
测试点
OptionalCA-PCMCIA

电源管理 (稳压)
TS
IF+/-
Tuner_I2C
AGC
AVOUT

Silicon Tuner MODEL(TUNER+DEMO) 调谐器(器+解调器)

视频信号输入 CVBS
CVBS IN
L
R

左/右音频信号输入 Share L/R

HDMI数字高清接口
HDMI-1 (MHL)
HDMI-2 (ARC)
HDMI
HDMI

eJTAG UART
扩展用
调试用/可选

电池和充电电路
充电电源
开关电源

I2C
SP通信接口
I2C
x32 DDR3

图 7-8　几种智能电视芯片

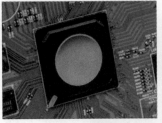

海思Hi3751芯片

联发科S900芯片

联发科MT6750芯片

晨星MSD6A928

晨星MSD6A938

图 7-9 所示为 Hi3751V600 芯片的应用框图。

图 7-9　Hi3751V600 芯片的应用框图

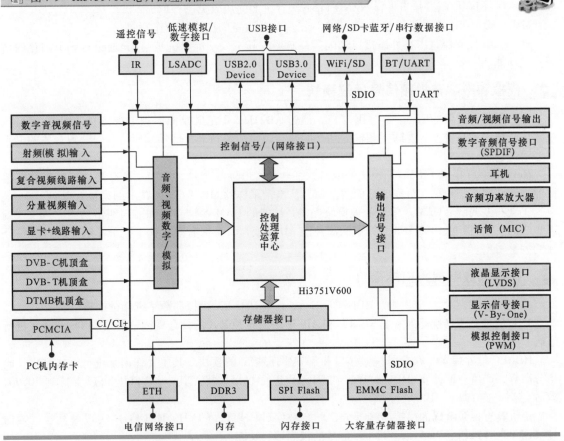

Hi3751V600 芯片功能十分强大，主要包括以下几种功能。

1 主芯片控制

（1）中央处理器（控制处理、运算中心）

在 Hi3751V600 主芯片控制系统中，采用 ARMCortex-A53 四核处理器，该处理器附带 32KB 指令缓存、32KB 数据缓存和 512KB L2 级缓存，最大支持 1.2GHz 工作频率。

（2）直接存储器访问控制器

直接存储器访问控制器直接在存储器和外设之间进行数据传输，避免处理器干涉并减少处理器中断处理。

直接存储器访问控制器在收到传输请求后根据中央处理器（CPU）对通道的配置启动总线主控制器，向存储器和外设发送地址和控制信号，并对传输数据计数，以中断方式向中央处理器报告传输状态。

2 低功耗控制

Hi3751V600 支持多种低功耗模式，通过低功耗控制处理器支持多种低功耗方式来动态降低芯片功耗。

3 多种存储器接口

Hi3751V600 提供 DDRC 内存控制器、NAND Flash 闪存控制器、SDIO/MMC 控制器和 SPI Flash 串行闪存控制器接口。

其中，DDRC 内存控制器可实现对 DDR3 SDRAM 动态存储器的存取控制。

NANDC 闪存控制器接口外接 NAND Flash 闪存进而完成数据的存取。

MMC/SD/SDIO 控制器用于对 SD/MMC 卡、SDIO 设备的读写等操作控制。

SPI Flash 控制器是串行外设接口和闪存控制器，其主要功能是完成 AHB 通道对 SPI 闪存的访问控制功能。

4 模拟和数字音视频信号处理模块

来自射频调谐器的信号送到 AIF 接口，通过 AIF Demod 完成模拟中频电视信号的解调，将音、视频信号解调到基带上，滤除视频输入信号的残留边带和音频干扰信号，使信号调整到合适的电平状态输出。

Hi3751V600 集成了 DVB-T 模式的地面数字电视信道接收芯片。该芯片具有高性能的多载波解调能力和前向纠错功能，可完成地面数字信号从基带采样到 MPEG-TS 流输出的完整处理。

正交幅度调制（QAM）信号处理模块提供高性能的 QAM 解调功能和前向纠错功能。该模块内部集成的 12bit 精度、40MSPS 采样率的高性能 AD 转换器，确保有线电视中频采样信号到 MPEG-TS 流的完整输出。

5 模拟和数字视频前端接口

Hi3751V600 芯片具有 TVD、HDDEC、Equator、HDMI RX 模拟和数字视频前端接口。

TVD 的最基本功能是对来自于 AFE 和 AIF 模块的各种制式的复合视频信号（CVBS 信号）进行解码。

HDDEC 是处理 YPbPr 分量视频接口和 VGA 图形接口的模块。其主要作用是进行制式判定、同步分离等，产生外同步 FVHDE 时序，在 VICAP 进行数据采集。其中，YPbPr 可以支持到 1080p，VGA 最高支持 1920 × 1200 分辨率。

该机具有视频解码的模拟前端部分，配合数字解码模块（TVD、HDDEC）实现对复合视频信号（CVBS、YPbPr、VGA、S-Video）信号的视频解码功能。

数字高清电视信号（HDMI RX）接口支持 3 路 HDMI 1.4 输入，1 路内置的 HDMI2.0 输入，也支持外接 HDMI2.0 芯片，这是一种高性能传输数字音视频数据的方式。

6 数据流接口

Hi3751V600 芯片数据流接口包括以太网接口、TSI 接口、CI/CI+接口和 DTMB 接口等。

其中，以太网接口可实现网络接口数据的接收和发送，支持全双工、半双工工作模式。

TSI 接口支持一个 MPEG2 数据压缩的传输流解析和解复用。支持 1 路并行 TS 流输入或 8 路 DVB TS 输入和 6 路内部 Memory TS 输入，还支持其中 7 路 TS 流同时处理。

另外，TS 流可通过 CI/CI+接口选择从内部 QAM 或从 TSI 模块输出至主芯片。DTMB 接口则为数字电视多媒体广播信号接口。

7 模拟和数字视频输出

Hi3751V600 芯片模拟和数字视频输出信号主要有驱动液晶显示屏的低压差分信号（LVDS）和显示器信号（V-By-One）。

其中，驱动液晶显示屏的低压差分信号（LVDS）采用极低的电压摆幅高速差动传输数据，可以实现点对点或一点对多点的连接，具有低功耗、低误码率、低串扰和低辐射等特点。该电路模块支持一路 RGB 数据输入，2 路 LVDS 数据输出，支持最大输出分辨率为 1920×1080。

显示器信号（V-By-One）是一种高速串口信号，目前的最高速度可达 4Gbit/s。本模块支持 1/2/4/8 支路工作模式，能够对 4K×2K 图像信号进行有效传输。

8 视频解码器模块

Hi3751V600 芯片中内置了多协议解码器和一个 JPEG/PGD 的解码器，用于处理数字视频图像信号。

视频解码和高分辨率处理器（Video Decoding Module For High Definition，VDH）最大支持 4K×2K（60 帧）解码的多协议视频解码。在结构上视频解码器模块由运行于 ARM 处理器的 VFMW（Video Firmware）和内嵌的硬件视频解码引擎构成。VFMW 从上层软件获得码流，并调用硬件视频解码引擎对其进行解析，从而生成解码图像序列。解码图像序列在上层软件的控制下，由 VDP 输出到显示器或其他设备。

JPEG（Joint Picture Expert Group）模块是图像解码模块，该模块在高清芯片中的作用是支持 JPEG 图像的解码。而 PGD（PNG and GIF Decoder）是一个硬件加速模块，用来配合软件完成 PNG（Portable Network Graphics）和 GIF（Grahpics Interchange Format）解码。

9 视频编码器模块

Hi3751V600 芯片中内置 JPEG 编码器和视频编解码单元（Video Encode and Decode Unit，VEDU），用于处理来自摄像头的数字图像信号。其中，JPEG 编码器由芯片内置的硬件加速单元 JPEG 和工作于 ARM 处理器上的软件 VFMW 两部分组成，可实现高达 6400 万像素的图片抓拍的编码或高清图像 MJPEG（Motion-JPEG）编码处理。

VEDU 支持 h264 编码，通过分时复用可以实现多码流编码。

10 图形处理模块

Hi3751V600 芯片中内置二维图形加速引擎（TDE）和专用 3D 加速引擎（GPU）。其中，二维图形加速引擎（TDE）利用硬件实现图形绘制，大大减小对 CPU 的占用，同时提高了内存带宽的资源利用率。而专用 3D 加速引擎（GPU）专门用于处理三维图像数据。

11 视频处理模块

Hi3751V600 芯片中的视频处理包括视频信号捕获模块（VICAP）、视频数据处理模块（VPSS）和视频信号显示器（VDP）。

其中，VICAP 可通过 TVD、HDDEC、HDMI_RX 接口接收视频数据，存入指定的内存区域。同时 VICAP 支持双通道输入的采集和 3D 图像的采集。

VPSS 是视频数据（包括对 4K 视频数据）的离线处理模块。处理时通过 AXI 总线从 DDR 中读取视频数据，依次经过场景切换检测、时域降噪（TNR）、去亮色串扰（CL/CC）、去隔行效应 DEI、空域降噪（SNR）、边缘平滑（ES）、水平清晰度改善（HSP）、图像缩放（ZME）等电路处理后，再通过 AXI 总线存入 DDR 内存，供 VDP 显示。VDP 具有丰富的视频输出接口，可实现多视频图形叠加、支持 4K 高清晰度视频显示。

12 音频处理模块

Hi3751V600 芯片中的音频处理部分包括音频输入和输出模块（AIAO）、数字信号处理模块（DSP）和音频编解码模块（AudioCodec）。

其中，AIAO 用以实现音频数据的存入或输出。而 DSP 可通过软件实现语音、音频的编解码及音效处理等功能。

AudioCodec 可实现高品质立体声耳机和立体声线性输出。支持 8~192kHz 的标准采样率，可支持两种采样率同时工作，并支持数字混音。

13 外围设备接口

Hi3751V600 集成有多种外围设备接口，用于进行各种外围设备连接或系统功能扩展。

其中，智能卡接口（Smart Card Interface，SCI）是连接外部智能卡读卡器的接口，该系统提供 2 个 SCI。CPU 通过 SCI 从智能卡中读取数据或向智能卡中写入数据，并完成接口的串并转换（从智能卡读取数据）和并串转换（向智能卡写入数据）。

红外接口是专用的红外遥控接收单元，主要用以接收红外数据。

LED/KeyPAD 控制器是连接操作显示板的接口。用以输入人工指令，并驱动 LED 显示工作状态。

USB 2.0 Host 控制器是 USB 传输接口。该系统提供了 3 个 USB 接口，支持高速数据传输 High-speed（480Mbit/s）、全速数据传输 Full-speed（12Mbit/s）和低速数据传输 Low-speed（1.5Mbit/s）三种数据传输形式。另外，USB 2.0 Host 控制器还包含一个扩展端口，可通过扩展端口扩展 USB 接口。

USB 3.0 Host 控制器提供 1 个 USB 3.0 接口，最高支持 5Gbit/s 传输速率的数据传输。该模块内页集成一个扩展端，可扩展 USB 接口或其他转接器。

通用输入输出接口 GPIO 则主要用于与外部设备相连，实现数据的输入和输出。

异步串行收发器 UART 提供 1 个异步串行通信接口，可以将来自外围设备的数据经过串并转换后送入系统内部总线，同时也可将内部数据经并串转换后输出到所连接的外围设备中。

I^2C 控制器是 I^2C 总线上的主设备，主要用于控制 CPU 对 I^2C 总线上设备的数据读写。

输出控制模块 PWM 主要用于脉宽调制信号的输出、话筒音量调节、电源调节等功能控制。

SPI 控制器的主要功能是实现数据的串并、并串转换，可以作为主机与外围设备进行同步串行通信。支持 SPI、TI 串行同步和精简串行（MicroWire）三种外设接口。

低速模拟数字转换器（LowSpeed Analog Digital Converter，LSADC）用于实现片内模拟信号转换成数字信号的驱动传输等功能。

7.2.3　电视信号接收电路分析

从前面的互联网电视框图可见，处理电视信号的超大规模集成芯片具有多种规格的视频图像信号和伴音信号接口。例如，它可以直接输入数字高清电视信号（HDMI），还可以输入多种格式的视频图像信号，以及各种数字电视机顶盒接收的信号。与此同时，外接调谐器和解调电路还可以接收模拟射频（RF）信号。

图 7-10 所示为典型互联网电视的电视信号接收电路。从图可见，JA0T4 是射频接收端，它可以外接天线，接收射频信号。射频信号经耦合电容和电感，再经互感滤波器 L8T1，滤除外界信号

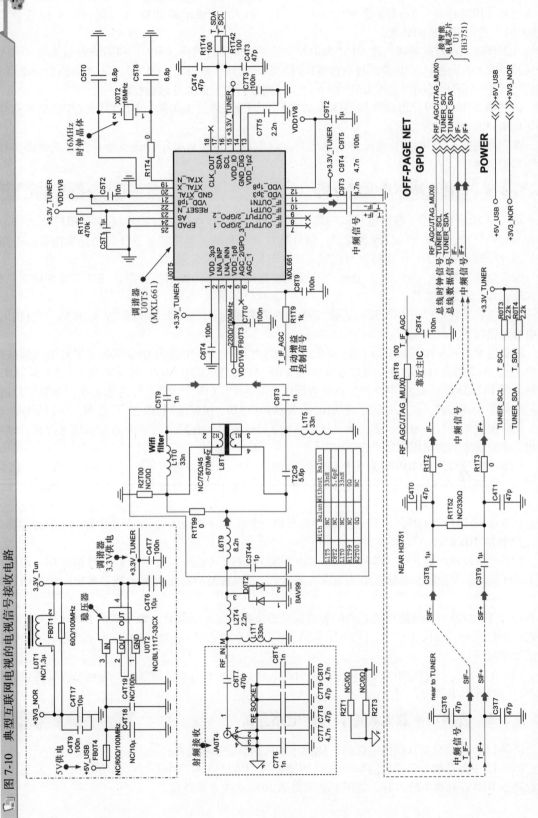

图 7-10 典型互联网电视的电视信号接收电路

的干扰，特别是 WiFi 信号的干扰，最后送到调谐器（U0T5 MXL661）的 2、3 脚，送到调谐器电路中的低噪声前置放大器（LNA），对微弱信号进行放大，然后再进行调谐和变频处理，将射频信号变成中频（IF）信号，由调谐器 U0T5 的 10、11 脚输出。调谐器的输出送到智能电视芯片 U1（Hi3751）进行进一步的处理。

在工作时，由智能电视芯片 U1 送来的控制信号，即串行时钟（SCL）和串行数据信号（SDA）送到调谐器 U0T5 的 15、16 脚，对调谐器进行控制。此外，由智能电视芯片 U1 送来的自动增益控制信号（RF AGC）送到调谐器 U0T5 的 6 脚，对调谐器内的放大器进行控制。

调谐器 U0T5 的 19、20 脚外接晶体（X0T2）与调谐器内的振荡器为电路提供 16MHz 时钟信号，保证调谐器的电路正常工作。

调谐器需要 3.3V 的工作电压，该电压是由电源提供的 +5V 电压经低压差稳压集成电路 U0T2 稳压后提供的。

7.2.4　智能电视芯片电路分析

图 7-11 所示为典型互联网电视的智能电视芯片电路，该电路以智能电视芯片 Hi3751 为核心，集音频信号处理、视频信号处理、控制、信号接收处理和输出等功能于一体，是整机的核心电路。由于芯片引脚数非常多，因而将它分解成 U1A~U1E 共 5 张图来表示。

智能电视芯片 U1（Hi3751）是整个电视机数据处理和各种控制的核心，几乎所有的输入、控制和输出均与该芯片关联。

智能电视芯片 U1A（Hi3751）正常工作首先需要满足 3.3V、1.5V、1.2V 和 1.1V 多组供电，由电源电路提供。

智能电视芯片 U1C（Hi3751）的 AF8、AE8 脚为 IF−、IF+ 中频信号输入端（来自电视信号接收电路）。AC7 脚为自动增益控制信号输出端（RF_AGC/JTAG_MUX0），送至调谐器。AB16、AB17 为调谐器 I²C 总线信号端。中频信号送至智能电视芯片 U1（Hi3751）后经内部的模拟和数字信道、模拟和数字视频前端、模拟和数字视频输出、视频解码器、视频编码器、图形处理、视频处理和音频处理等模块处理后，输出可驱动液晶屏显示的 LVDS 信号和音频信号到液晶屏驱动电路和音频功率放大电路，最后输出图像和声音。

U1B（Hi3751）的 B10 脚为遥控信号接收端，C14、A15 脚为键控信号输入端，F11、D12 脚分别为音频通道的静音控制端，E10 脚为 LED 脉宽调制信号输出端，B14 脚为 USB 使能信号控制端。

U1B（Hi3751）的 B12、A12 脚为时钟信号端，外接的时钟晶体与 U1 芯片内部构成晶体振荡电路，产生 24MHz 时钟信号。

U1B（Hi3751）的 R22、R23、R25、R26 等脚为 LVDS（低压差分信号）信号输出端，该信号经 LVDS 接口送至液晶屏驱动电路（也称为逻辑板），经转换后输出可驱动液晶屏显示图像信息的信号。

U1D（Hi3751）为智能电视芯片的接口信号的接收和输出端部分。数字高清 HDMI 接口、快速以太网接口、AV 接口、USB 接口均与该部分关联。U1D 的 AB7、AB5、AA6、AC6 为左、右声道音频信号输出端。

U1E（Hi3751）为智能电视芯片的接地引脚部分。芯片采用多引脚接地，为电路内部提供屏蔽隔离，同时有助于散热。

7.2.5　音频功率放大和静音控制电路分析

图 7-12 所示为典型互联网电视的音频功率放大和静音控制电路。

图 7-12 中，音频功率放大器 U6A01 采用型号为 TPA3136 的芯片进行音频功率放大，该芯片是一款高效 D 类音频功率放大器，适用于驱动高达 10W 立体声扬声器。

图 7-11　典型互联网电视的智能电视芯片电路

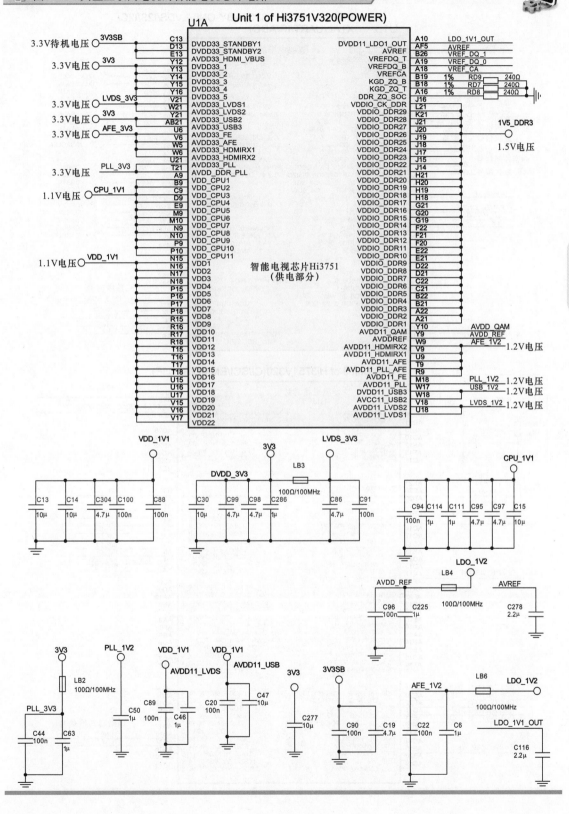

图 7-11　典型互联网电视的智能电视芯片电路（续）

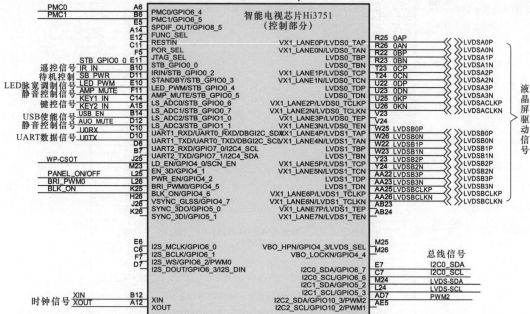

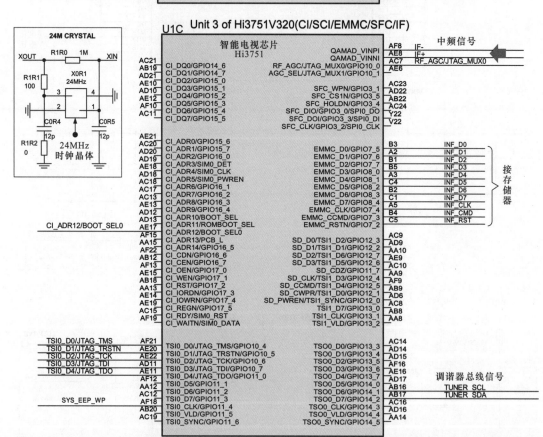

图 7-11　典型互联网电视的智能电视芯片电路（续）

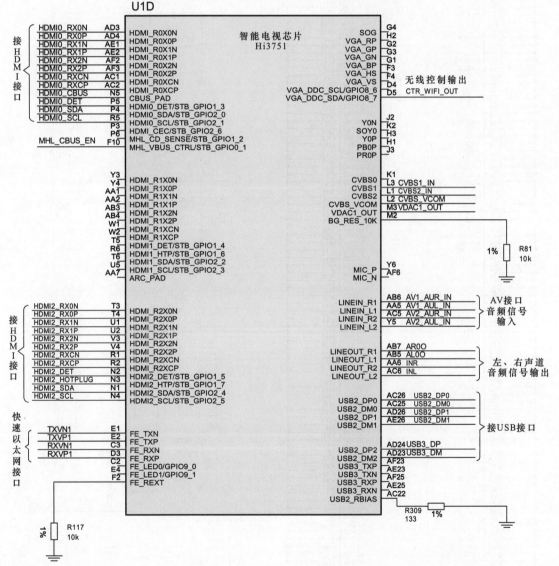

图 7-11　典型互联网电视的智能电视芯片电路（续）

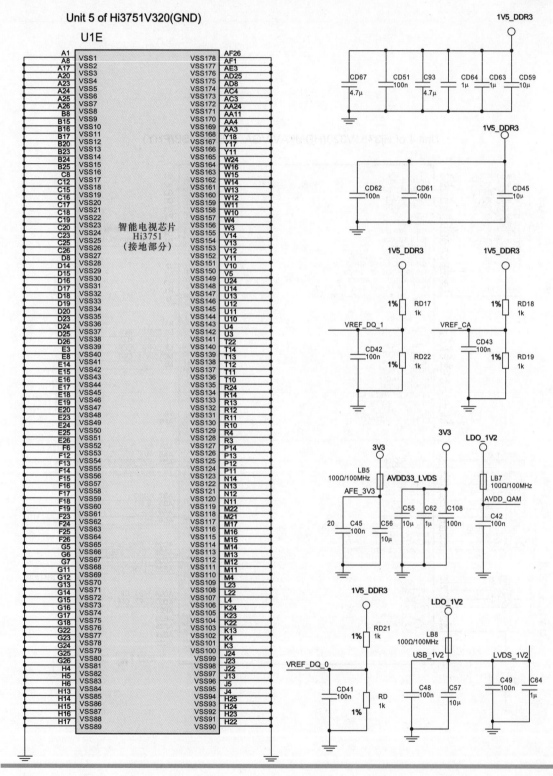

图 7-12 典型互联网电视的音频功率放大和静音控制电路

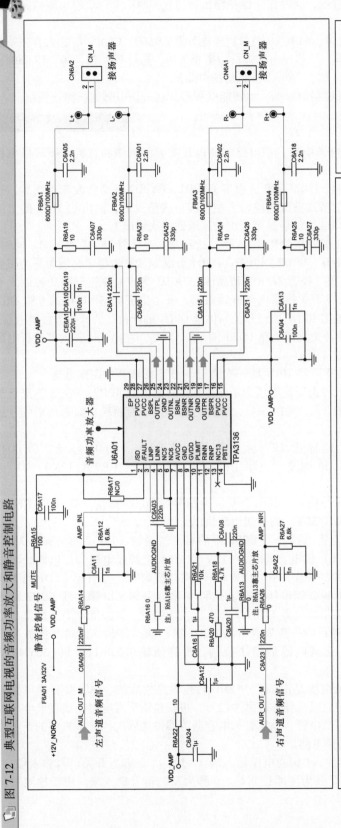

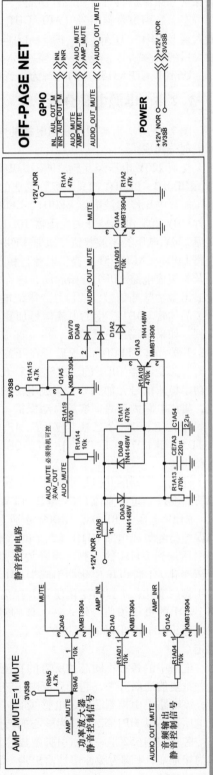

TPA3136芯片内置功率限制器和电流检测电路，可提供短路和过载全面保护。电源短路保护电路可以防止扬声器在工作过程中发生过载，同时充分保护输出，防止GND，PVCC输出短路，且短路保护和热保护具有自动恢复功能。

左、右声道音频信号（AUL_OUT_M、AUR_OUT_M）经电容器C6A09、C6A23后总入音频功率放大器U6A01（TPA3136）的3、12脚，经芯片内部进行功率放大后，通过25、23、20、18脚输出放大后的音频信号，经扬声器接口CN6A2、CN6A1去驱动扬声器发声。

U6A01（TPA3136）的1脚为静音控制信号端，由智能电视芯片通过该引脚进行静音控制。

7.2.6　电源电路分析

图7-13所示为典型互联网电视的电源电路，该电路主要由开关电源电路和直流电压转换电路两大部分构成。

交流220V电压经互感滤波器L0D4、L0D3和滤波电容CY0D1、CY0D2滤除杂波和干扰后，送到由BD0D1~BD0D4四只二极管构成的桥式整流电路输入端，经桥式整流后，输出约310V的直流电压。该电压经滤波电容CE0D1、CE0D4滤波后送至开关变压器的一次绕组上。

310V直流电压经开关变压器T0D1的一次绕组1~3脚，送到开关晶体管Q0D1的3脚。同时，交流220V电压经半波整流二极管UF4007、R0D2、R0D3、R0D4形成21.2V的稳定电压为开关集成电路U0D1（NCP1251）提供电源，稳压二极管ZD0D2和晶体管Q0D2为该电压进行稳压控制。于是开关集成电路U0D1开始起动，内部的开关振荡电路开始振荡，并由集成电路U0D1的6脚DRV端输出激励脉冲信号，该信号经限流电阻R0D7加到开关晶体管Q0D1的栅极，使开关晶体管起振，开关晶体管Q0D1产生的电流信号加到开关集成电路U0D1的4脚CS端，在集成电路内部进行电流检测，如果出现过电流情况，可立即进行保护。

开关晶体管U0D1启振后，在开关变压器T0D1的一次绕组1~3脚形成开关振荡电流。

开关变压器T0D1的二次绕组5~6脚为反馈电压形成端。5脚的输出经R0D9、D0D3整流后形成功率检测信号并加到开关集成电路的3脚（OPP端），该脚为功率信号检测端，如果功率信号过载，集成电路内部立即实施自动保护。

开关变压器的二次绕组7~13脚输出12V脉冲信号，经D1D4、D1D3整流，CE1D4、CE1D5、CE1D7、CE1D8、L1D1、CE1D6滤波变成稳定的直流+12V电压（PWR_12V）为后级电路供电。

开关变压器的9~11脚输出36V脉冲信号。其中36V脉冲信号经D1D5整流，CE1D1、CE1D2滤波后变成稳定的直流+36V电压（PWR_36V）为后级电路供电。

+12V电压经RID08、RID09分别为光电耦合器U0D2中的发光二极管（U0D2的1脚和2脚）和误差检测集成电路U1D1（2脚和3脚）供电。同时，+12V和36V电源经电阻分压电路，将误差电压加到U1D1的1脚。当开关电源的输出电压+12V和+36V有波动时，会引起U1D1的1脚电压变化，1脚电压变化会引起U1D1的2脚电压变化，这种变化会引起光电耦合器U0D2输出端4脚的变化。4脚的变化使开关振荡集成电路U0D1 2脚电压发生变化。2脚是开关振荡集成电路U0D1的负反馈信号输入端，该脚对开关振荡集成电路U0D1进行稳压控制，通过开关振荡集成电路U0D1输出脉冲宽度的变化，达到电源的稳压控制，最终使输出的+12V和+36V电压稳定。

电路中的各种不同芯片所需的直流电压是由多个DC-DC转换电路构成的。DC-DC转换电路是一种重复的通断开关，它把直流电压转换成高频方波脉冲信号，再经整流平滑电路变成直流电压输出，该电路是由控制芯片、电感线圈、二极管、晶体管和电容器等器件构成的。在本机中的5种直流电压都是以MP1652芯片为核心的转换电路。

芯片MP1652是一种六引脚集成芯片，1脚为电压输入端（+12V），2脚为开关信号输入端，3脚为接地端，4脚为脉冲信号输出端，5脚为使能控制端，6脚为反馈信号输入端，用于检测输出电压的波动。

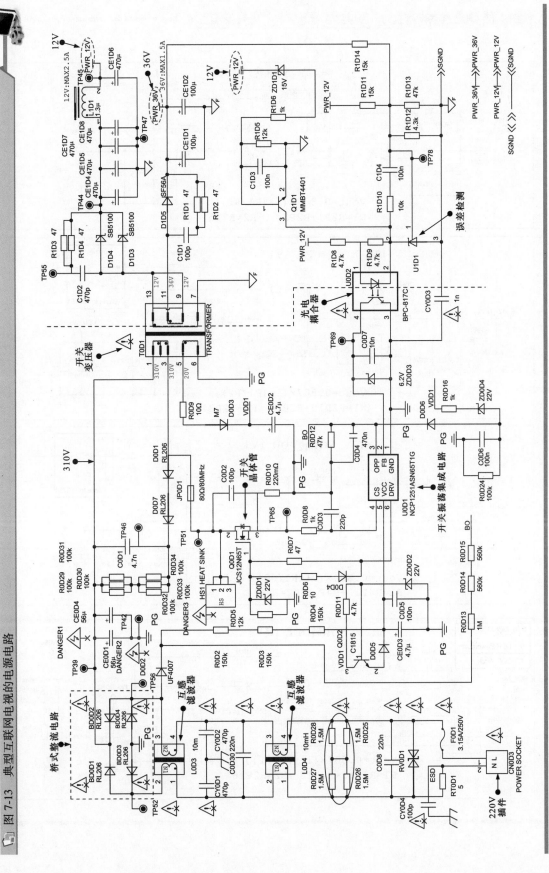

图 7-13 典型互联网电视的电源电路

图 7-13 典型互联网电视的电源电路（续）

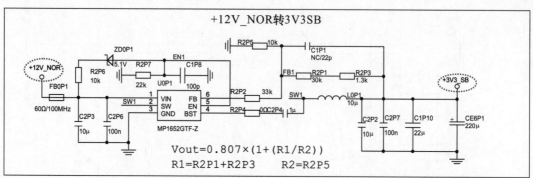

+12V_NOR转3V3SB

$$Vout=0.807\times(1+(R1/R2))$$
R1=R2P1+R2P3   R2=R2P5

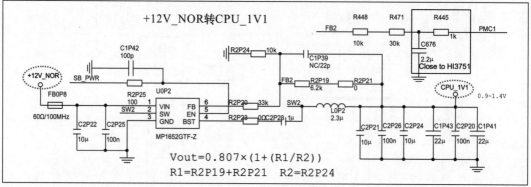

+12V_NOR转CPU_1V1

$$Vout=0.807\times(1+(R1/R2))$$
R1=R2P19+R2P21   R2=R2P24

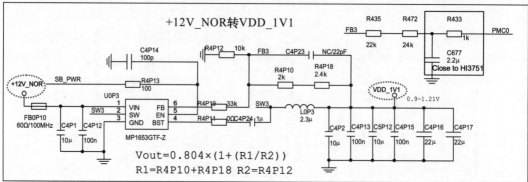

+12V_NOR转VDD_1V1

$$Vout=0.804\times(1+(R1/R2))$$
R1=R4P10+R4P18   R2=R4P12

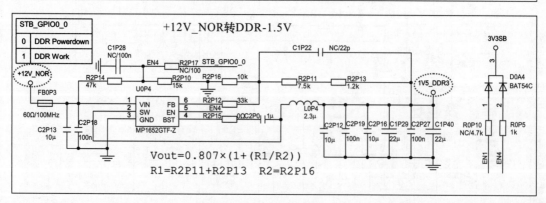

+12V_NOR转DDR-1.5V

$$Vout=0.807\times(1+(R1/R2))$$
R1=R2P11+R2P13   R2=R2P16

图 7-13　典型互联网电视的电源电路（续）

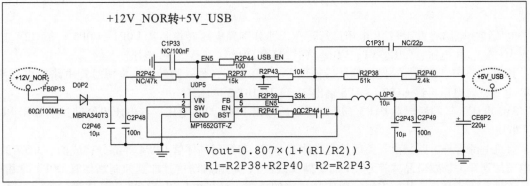

+12V_NOR转+5V_USB

$$Vout=0.807 \times (1+(R1/R2))$$

R1=R2P38+R2P40　R2=R2P43

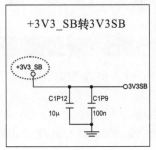

+3V3_SB转3V3SB

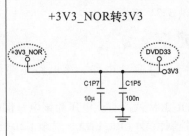

+3V3_NOR转3V3

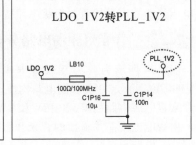

LDO_1V2转PLL_1V2

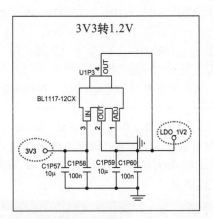

3V3转1.2V

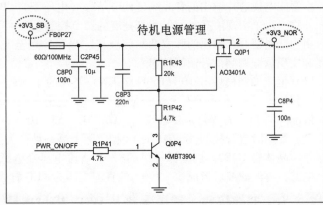

待机电源管理

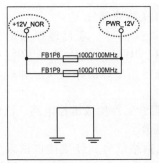

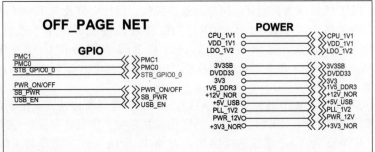

OFF_PAGE NET

GPIO

POWER

当有外部电压输入时（1 脚为 12V），芯片 MP1652 内部振荡器开始起振，振荡信号经 PWM 比较器、激励放大器和输出级，最后由 4 脚输出功率脉冲，输出后经 RC 耦合和 LC 滤波形成较低的直流电压为后级电路供电。同时输出电压经电阻分压电路经误差信号反馈到芯片的 6 脚（FB 端），在芯片内部经误差信号放大器形成稳压控制信号，对芯片内部通过脉冲宽度进行稳压控制。

电压转换电路将直流 +12V 电压进行转换，即分别经电压转换芯片 U0P1~U0P5，将 +12V 电压转换为 +3V3_SB 电压、CPU_1V1、VDD_1V1、1V5_DDR3、+5V_USB 电压。

其中，+3V3_SB 电压一路经滤波后输出 3V3_SB 电压，另一路经待机电源管理电路输出 +3V3_NOR 电压，该电压再经 C1P7、C1P5 输出 3V3、DVDD33 电压。

3V3 电压经三端稳压器 U1P3（BL1117）后输出 LDO_1V2 电压，该电压再经转换后输出 PLL_1V2 电压。

待机电源管理电路是由开关场效应晶体管 Q0P1 和控制晶体管 Q0P4 等部分构成的。3.3V 的待机电压加到开关场效应晶体管 Q0P1 的 3 脚（漏极），电源启动信号加到控制晶体管 Q0P4 的基极，使晶体管导通或截止，从而控制场效应晶体管的栅极，栅极电压可使场效应晶体管导通，3.3V 待机电压经场效应晶体管为后级电路提供 3.3V 电压。

7.2.7　背光灯驱动电路分析

图 7-14 所示为典型互联网电视背光灯驱动电路。该电路主要由 LED 恒流控制模块 U2D1（OZ9902CGN）芯片及外围电路构成。

来自电源电路的 PWR_12V 和 PWR_36V 两路直流电压为该电路供电。

由智能电视芯片输出的背光开启控制信号（BL_ENA）送至 U2D1（OZ9902CGN）芯片的 3 脚，控制背光电路启/停工作状态。

由智能电视芯片输出的背光亮度调节信号（电压型）（BL_ADJ）送至 U2D1（OZ9902CGN）芯片的 6 脚，用于实现液晶显示屏背光亮度的调节控制。

由智能电视芯片输出的脉宽调制信号（I_PWM）送至 U2D1（OZ9902CGN）芯片的 7 脚，用于驱动和实现脉宽调制信号调制输出。

LED 恒流控制模块 U2D1（OZ9902CGN）芯片的 15 脚为 LED 背光驱动信号输出端，该信号经后级电路处理后输出 LED+信号，经插件 CN0D2 送至背光灯，驱动背光灯发光。

液晶屏的 LED 背光灯需要较高的工作电压（55~100V）以及较大的工作电流（300~700mA），其亮度还要随时进行控制。U2D1 的 15 脚实际上是一种开关控制信号，该信号经限流电路去控制开关场效应晶体管 Q2B2。由电源提供的 +36V 直流电压经电感 L2B1 和开关场效应晶体管 Q2B2 形成升压电路，再经滤波后形成 55~100V 的直流电压为 LED 背光灯供电。

7.2.8　遥控接收、键控电路及 WiFi 接口电路分析

图 7-15 所示为典型互联网电视遥控接收、键控电路及 WiFi 接口相关电路部分。

该电路中，M1K1（SENSOR）为红外遥控接收器，用于接收遥控信号。来自遥控器的信号经 M1K1 放大、选频和解码后，由其 1 脚输出遥控信号（IR_OUT），该信号经 C0S11、R2S9、C0S2 后，送至智能电视芯片，由智能电视芯片根据接收的信号指令做出相应反应和控制输出。

SW1K2（SWITCH）为开/关机键。开/关机键与所连接线路上的阻容元件构成键控电路，该电路输出 KEY2_IN、KEY1_IN 信号到智能电视芯片，控制电视机开/关操作。

CN0S3 为 WiFi 模块连接接口。由 WiFi 模块接收、处理的无线网络信号，经该接口送入电路中，经接口电路元件和线路与智能电视芯片关联，智能电视芯片通过该接口接收无线网络信号。

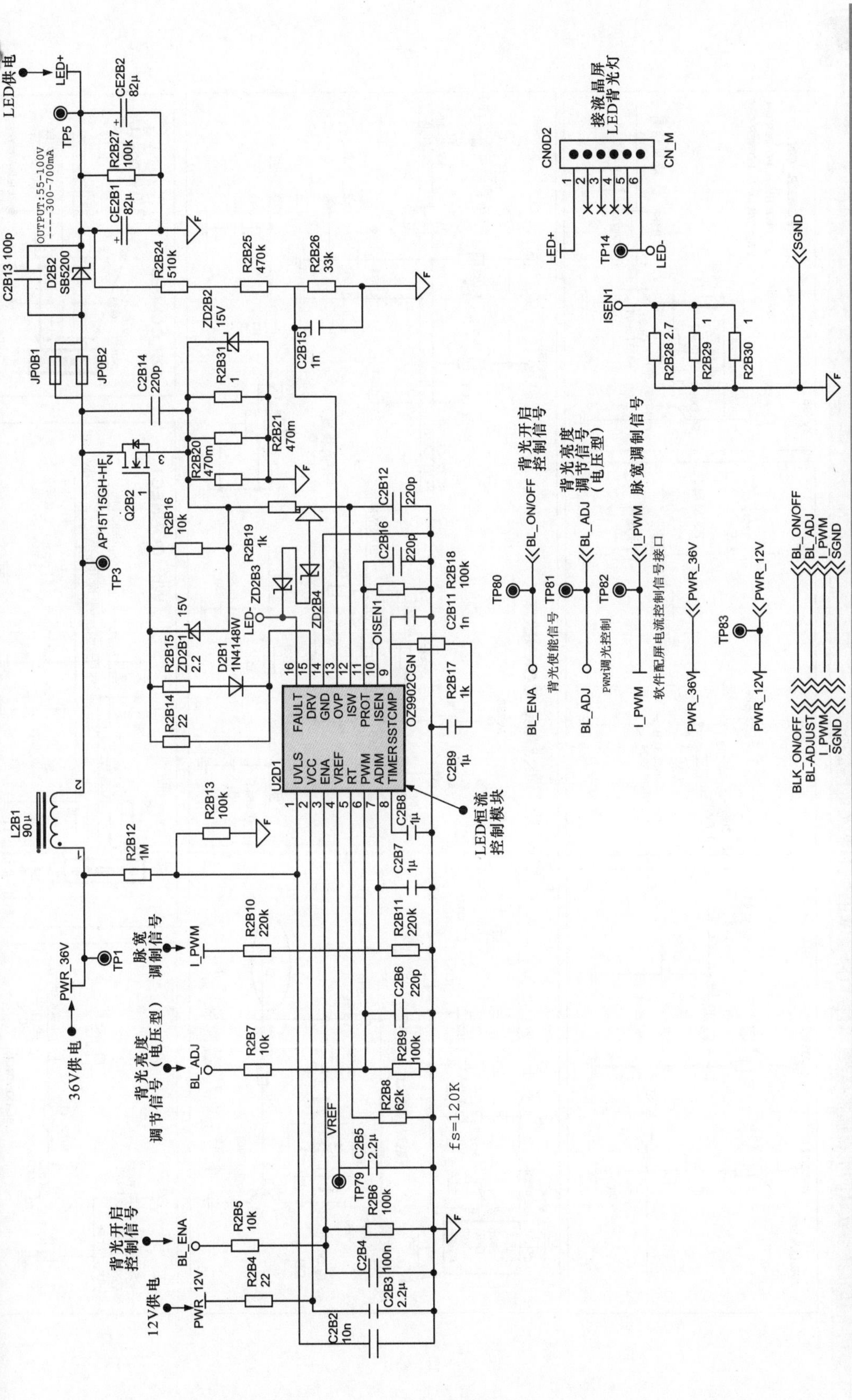

图 7-14 典型互联网电视背光灯驱动电路

图 7-15 典型互联网电视遥控接收、键控电路及 WiFi 接口相关电路部分

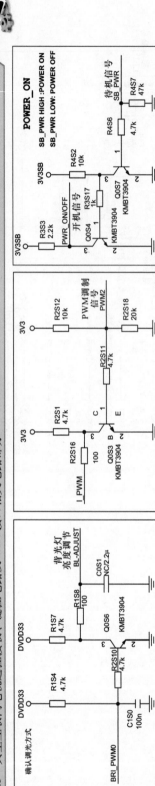

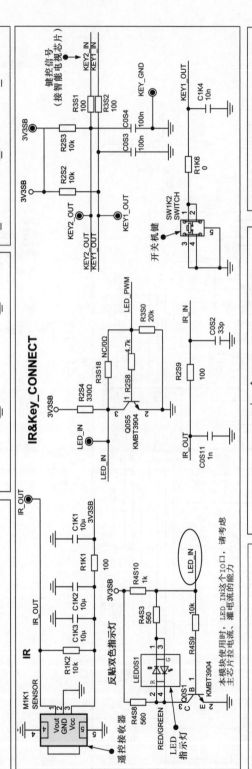

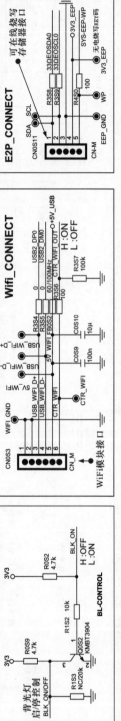

7.3 互联网电视和智慧屏的故障检修

7.3.1 互联网电视和智慧屏软件故障检修

互联网电视和智慧屏软件故障主要体现在智能化的操作系统运行异常，比较常见的现象表现为通电开机，电视画面一直停留在开机 LOGO；开机灯闪，不出画面；定时重启等。

软件故障大多是因系统升级失败或系统升级过程中断电导致，一般可采用刷机排除故障。

图 7-16 所示为几种互联网电视或智慧屏常用的刷机方法。

图 7-16 几种互联网电视或智慧屏常用的刷机方法

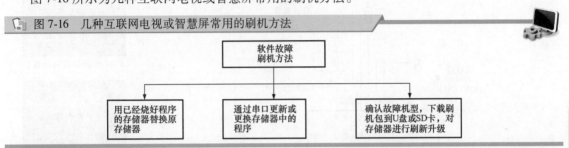

127

| 提示说明 |

判断互联网电视或智慧屏是否为软件故障，可通过串口查看机器启动时的打印信息，与已知良好的机器对比打印信息，信息不符则说明为软件故障，可通过刷机排除故障。

7.3.2 互联网电视电视信号接收电路的故障检修

互联网电视电视信号接收电路的故障表主要表现为不搜台，或 AV/TV 模式下有图像无声音等。

图 7-17 所示为互联网电视电视信号接收电路的故障检修分析。

图 7-17 互联网电视电视信号接收电路的故障检修分析

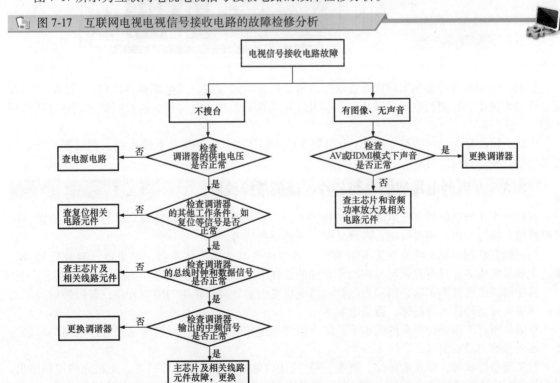

例如，一台互联网电视在 TV 模式下搜索不到台，通过 AV 接口或 HDMI 接口送入信号源图像和声音均正常。

根据故障表现，通过接口送入信号电视机正常，但 TV 模式搜索不到台，怀疑电视信号接收电路部分故障。因搜台功能失常，相当于无法接收射频信号，此时调谐器无输出，检测不到中频信号，首先考虑检测调谐器的总线信号是否正常，如图 7-18 所示。

图 7-18　调谐器总线信号的检测方法

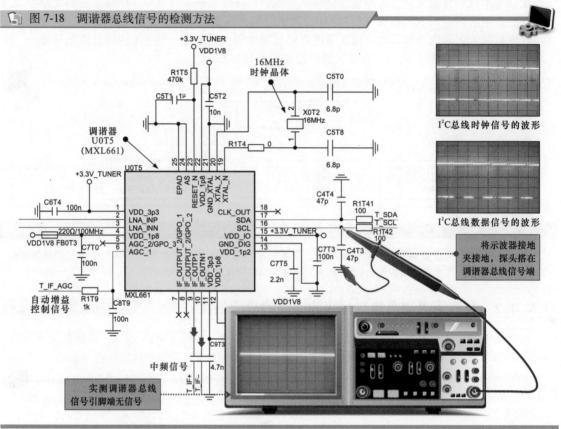

实测，在调谐器引脚端未测得总线信号波形，沿该线路发现，经电阻器 R1T41、R1T42 后与智能电视芯片连接，仔细观察发现贴片电阻器 R1T42 焊脚处缺焊，补焊后，再次测试可测得总线信号波形。

因此，该故障为总线线路上 100Ω 电阻器导致线路断路，无法进行总线控制，调谐器无法进行搜台功能，补焊后故障排除。

7.3.3　互联网电视智能电视芯片电路的故障检修

互联网电视智能电视芯片电路是整机信号处理、控制的枢纽，该电路异常将导致各种故障，如开机故障、图像故障、声音故障、控制故障、无网络故障等。

当怀疑互联网电视智能电视芯片异常时，首先应查其基本工作条件，即供电、时钟等是否正常，大规模集成芯片只有在满足基本工作条件的前提下才能进入工作状态，如图 7-19 所示。

若检测供电条件不正常，则应查电源电路或供电引脚外接线路中的阻容元件；若时钟信号不正常，则应先排查外接时钟晶体、谐振电容等。

在满足所有工作条件正常的前提下，结合故障表现和电路分析，对智能电视芯片电路的检修主要查输入和输出端的信号。

若工作条件满足，输入端遥控、键控、TV 或接口电路送来的信号均正常，无相应的控制输出，无 LVDS 液晶屏驱动信号、音频信号输出，则多为芯片本身故障，应用同型号芯片进行更换。

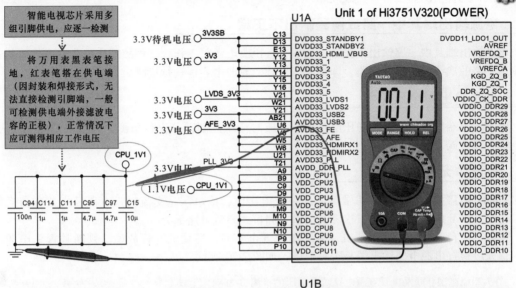

图 7-19　互联网电视智能电视芯片工作条件的检测方法

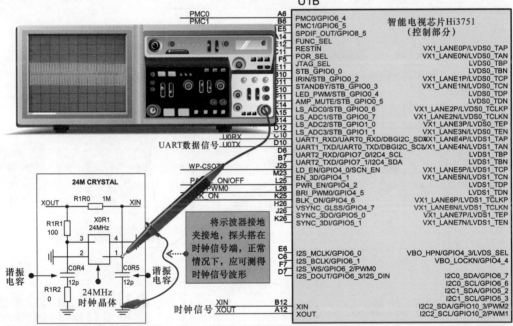

若工作条件满足，输入和输出均正常，则应结合故障表现查对应功能电路，如图像不良，查液晶屏驱动电路、屏线、屏线接口、背光灯；音频不良，则查音频功率放大器、扬声器及线路中的阻容元件。

7.3.4　互联网电视电源电路的故障检修

电源电路出现故障经常会引起液晶电视机出现花屏、黑屏、屏幕有杂波、通电无反应、指示灯不亮等现象。对该电路进行检修时，可依据故障现象分析出产生故障的原因，并根据开关电源电路的信号流程对可能产生故障的部位逐一进行排查。

电源电路故障主要体现在无电压或电压异常，一般可从以下几个方面入手。

1　电源输出端无任何电压

开关电源输出端无任何电压说明电源故障或开关电源未进入工作状态。这种情况可能为开关电源有部件损坏，可结合电源工作流程逐一检测排查故障；也可能是电源的负载异常，导致电源保护而无输出，这种情况需要排查负载故障。

2 电源输出端其中一路或两路输出不正常

电源输出端其中一路输出不正常，其他正常说明电源已工作，这种故障比较典型，可直接针对无输出一路的次级整流滤波电路，即整流二极管、滤波电容等进行检测。

3 电源输出端电压不稳

电源输出端电压不稳多为稳压电路故障，应对稳压控制部分进行检测，包括误差检测放大器、光电耦合器、误差取样电阻等。

4 电源中无+300V 电压

+300V 电压是电源电路中非常重要的一个电压值，该电压是交流输入电压经桥式整流后输出的。若无+300V 电压，则应重点检测交流输入和桥式整流电路部分。

例如，一台互联网电视不开机，电源指示灯也不亮，怀疑电源板故障。判断是否为电源板故障，首先应检查电源电路输出端是否有电压，如图 7-20 所示。

图 7-20 典型互联网电视电源电路输出电压的检测方法

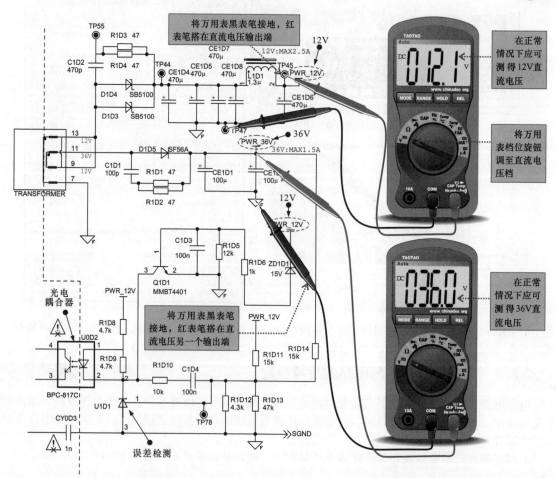

7.3.5　互联网电视音频电路的故障检修

音频电路是功能比较单一的电路部分，出现故障主要体现在电视机声音异常，如画面正常，无声音故障，对该类故障重点检查静音设置、音频功率放大器和扬声器等部分。

图 7-21 所示为互联网电视音频电路的故障检修分析。

图 7-21　互联网电视音频电路的故障检修分析

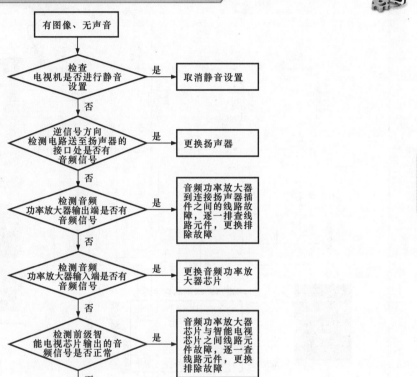

例如，一台互联网电视，画面正常，无声音，结合上述检修分析，首先排除设置问题，然后借助示波器检测音频信号通路上核心器件输入和输出端的音频信号，信号消失的地方即为主要的故障点，如图 7-22 所示。

经查，音频功率放大器输入端信号正常，输出端无音频信号，进一步检测其供电等工作条件均正常，怀疑音频功率放大器损坏，更换同型号芯片后，故障排除。

7.3.6　互联网电视接口电路的故障检修

接口电路是互联网电视中的重要功能电路，它是电视机与外部设备或信号源产生关联的"桥梁"，若该电路不正常，将直接导致信号传输功能失常，进而影响电视机的各项功能。

当怀疑接口电路出现故障时，可首先采用观察法检查接口电路中的主要元件或部件有无明显损坏迹象，如观察接口外观有无明显损坏现象，接口引脚有无腐蚀氧化、虚焊、脱焊现象，接口电路元件有无明显烧焦、击穿现象。

若从表面无法观测到故障部位，可借助万用表或示波器逐级检测接口电路信号传输线路中的各器件输入和输出端的信号，信号丢失的部位即为主要的故障点。

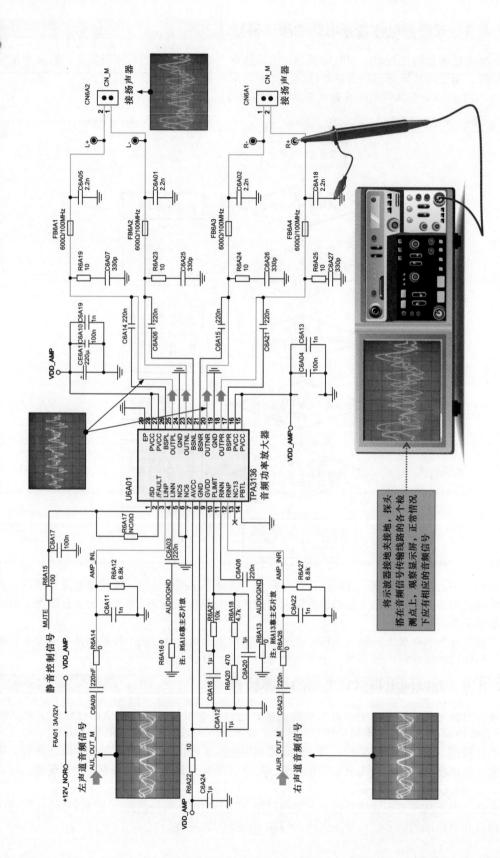

图7-22 音频电路的检测方法

对接口电路故障进行检修时，可尝试用不同的接口为电视机输入信号，根据不同接口工作状态，判断故障的大体范围是十分有效、快捷的方法。如当怀疑 AV 输入接口电路故障时，可使用 HDMI 接口为电视机送入信号，若 HDMI 接口输入信号电视机工作正常，AV 接口送入信号电视机声音或图像异常，则多为 AV 输入接口电路出现故障，直接针对 AV 输入接口相关电路进行检修即可；若使用 HDMI、AV 输入或其他接口为电视机送入信号时均不正常，则多为信号处理公共通道异常，可初步排除接口部分的问题，由此，很容易缩小故障范围，提高维修效率。

例如，一台互联网电视无法实现无线连接，但 TV 模式、AV 模式、HDMI 模式均可正常工作。根据故障表现，该互联网电视主电路板部分均正常，重点对无线网络电路进行检测，根据图 7-23 所示可知，该互联网电视通过接口插件连接 WiFi 模块。

图 7-23 互联网电视中的无线网络电路

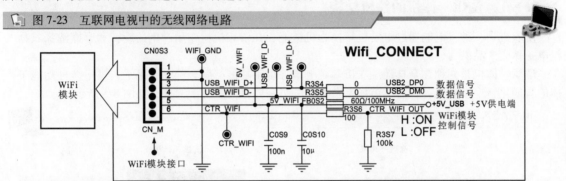

经查 WiFi 模块与接口电路插接良好，但无法在联网模式下，在接口数据引脚端测得信号，怀疑 WiFi 模块损坏，更换模块后，故障排除。

8.1 洗烘一体机的结构

8.1.1 洗烘一体机的整机结构

洗衣机是一种将电能通过电动机转换为机械能，并依靠机械作用产生的旋转和摩擦洗涤衣物的机电一体化产品。

洗烘一体机是一种在全自动洗衣机基础上增加烘干功能，融合洗衣、甩干、烘干多种功能于一体的智能化新型洗衣机。目前，市场上常见的洗烘一体机大多为滚筒式，如图8-1所示。

图 8-1 典型洗烘一体机的实物外形

扫一扫看视频

图 8-2 所示为典型洗烘一体机的整机结构。

图 8-2 典型洗烘一体机的整机结构

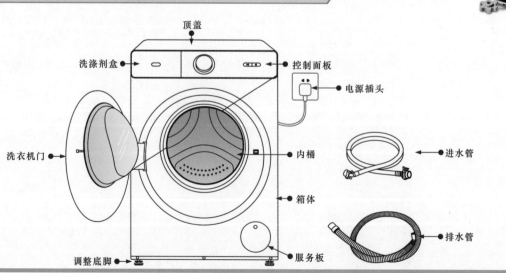

可以看到，洗烘一体机主要由顶盖、洗涤剂盒、控制面板、洗衣机门、内桶、箱体、调整底脚、服务板、进水管、排水管、电源插头等部分构成。

8.1.2　洗烘一体机的内部结构

图 8-3 所示为典型洗烘一体机整机和机架的结构分解图。

图 8-3　典型洗烘一体机整机和机架的结构分解图

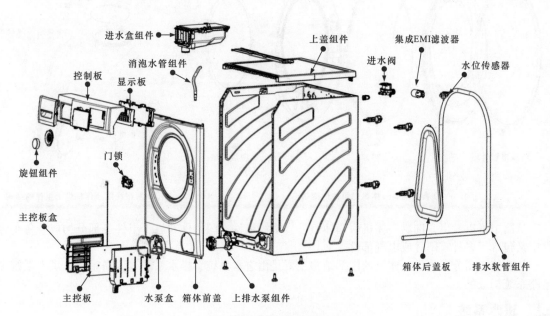

a) 典型洗烘一体机箱体组件的结构

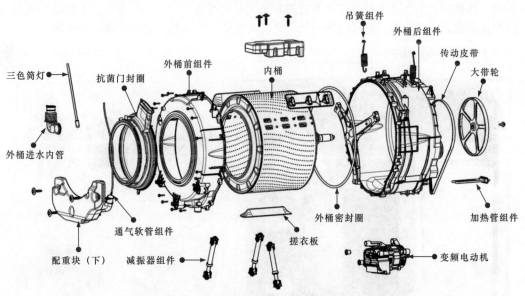

b) 典型洗烘一体机滚筒组件的结构

图 8-3　典型洗烘一体机整机和机架的结构分解图（续）

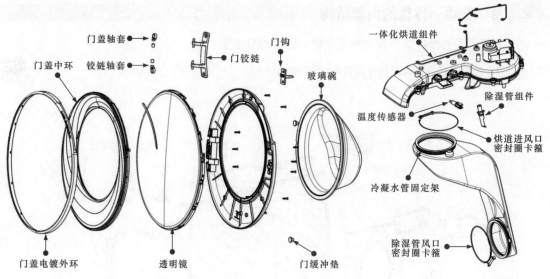

门盖轴套　门钩　一体化烘道组件
门盖中环　铰链轴套　门铰链　玻璃碗　除湿管组件
温度传感器　烘道进风口密封圈卡箍
冷凝水管固定架
门盖电镀外环　透明镜　门缓冲垫　除湿管风口密封圈卡箍

c) 典型洗烘一体机门组件的结构　　d) 典型洗烘一体机烘干组件的结构

　　从图中可以看出，洗烘一体机由箱体组件、滚筒组件、门组件和烘干组件等部分构成，每个组件中又包含了多种零部件或电气部件。

　　从功能上划分，洗烘一体机的内部结构主要是由进水系统、排水系统、洗涤系统、烘干系统和电路系统构成的。

1　进水系统

　　洗烘一体机的进水系统主要由进水电磁阀和水位开关组成，如图 8-4 所示，主要的功能是为洗烘一体机提供水源，并合理控制水位的高低。将洗衣机的上盖打开，即可看到进水系统。

图 8-4　洗烘一体机的进水系统

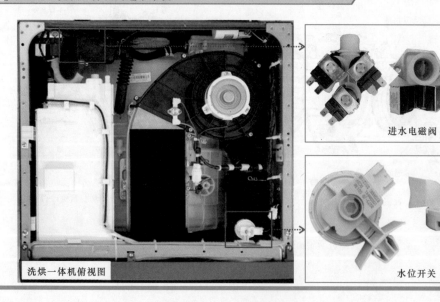

洗烘一体机俯视图　进水电磁阀　水位开关

2 排水系统

很多洗烘一体机的排水系统采用上排水方式，主要由排水泵构成。排水泵通过排水管和外桶连接，将洗涤后的水排出洗衣机，洗烘一体机的排水泵通常安装于洗烘一体机的底部，如图 8-5 所示。

图 8-5 洗烘一体机的排水系统

3 洗涤系统

洗烘一体机的洗涤系统主要由传动装置和洗涤桶组成，其中传动装置又包括洗涤电动机、皮带轮和皮带等。洗烘一体机的控制装置驱动洗涤电动机起动工作，电动机经过皮带轮和皮带带动洗涤桶转动，从而实现洗涤功能。

图 8-6 所示为典型洗烘一体机中的电动机。

图 8-6 典型洗烘一体机中的电动机

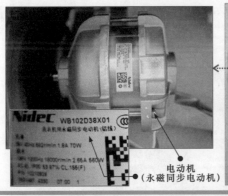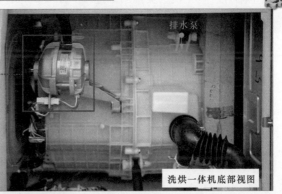

|相关资料|

大多洗烘一体机采用无刷直流电动机（Brushless DC Motor，BLDC），是目前非直驱里电动机性能最卓越的。

目前，在一些新型洗烘一体机中还有些采用了直接驱动（Direct Drive，DD）电动机。直驱与非直驱的最大区别就是电动机不经过皮带等传动，直接通过轴承驱动洗衣机波盘或内筒。

4 烘干系统

烘干系统是洗烘一体机区别于普通滚筒洗衣机的主要组成部分，用于在洗涤、脱水完成后对洗涤物品进行烘干操作。

图 8-7 所示为典型洗烘一体机中的电动机烘干组件。

图 8-7　典型洗烘一体机中的电动机烘干组件

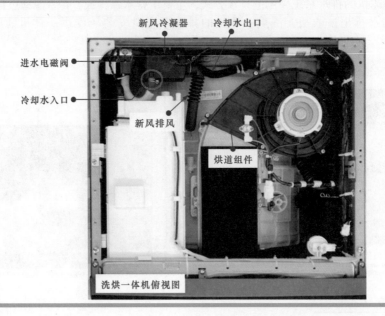

新风冷凝器　冷却水出口

进水电磁阀

冷却水入口

新风排风

烘道组件

洗烘一体机俯视图

5　电路系统

洗烘一体机的电路系统是以微处理器为核心的自动控制电路，该电路主要是通过输入的人工指令来控制洗衣机的工作状态。

目前，洗烘一体机的电路系统除普通触摸控制面板或旋钮外，还增加了智能联网单元实现互联网功能，即通过 WiFi 模块实现网络连接。图 8-8 所示为典型洗烘一体机的电路板部分。

图 8-8　典型洗烘一体机的电路板部分

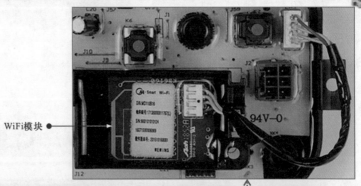

WiFi模块

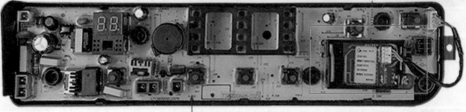

典型洗烘一体机电路板

8.2 洗烘一体机的工作原理

8.2.1 洗烘一体机的洗涤原理

图 8-9 所示为洗烘一体机的洗涤原理示意图。

图 8-9 洗烘一体机的洗涤原理示意图

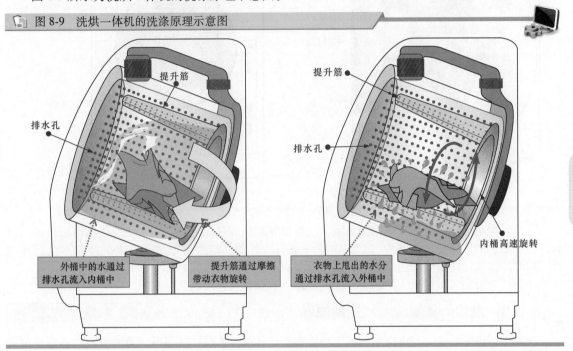

提升筋

排水孔

提升筋

排水孔

内桶高速旋转

外桶中的水通过
排水孔流入内桶中

提升筋通过摩擦
带动衣物旋转

衣物上甩出的水分
通过排水孔流入外桶中

当洗烘一体机通电时，给排水系统的进水电磁阀开启注水，而随着外桶中水位的不断变化，水位开关中气室口处的气压也随之升高或降低，进而起动不同水位控制开关，而当达到程序控制器设定模式所需的水位后，进水电磁阀停止工作，洗烘一体机的电动机开始运转，进行衣物的洗涤操作。

当洗烘一体机给水工作完成后，通过机械转动系统（或直驱驱动）带动洗烘一体机的内桶运转，开始洗涤脱水等操作。在运转的过程中，通过程序控制电路板控制电动机的运转速度。在洗烘一体机的工作过程中，程序控制器控制电动机的起动，通过对起动电容进行控制实现电动机在洗涤和脱水两种状态下的运转速度。

在洗烘一体机洗涤工作完成后，排水系统开始工作。排水泵的电路接通后，排水泵开始工作，水流随着排水泵叶轮运转时，产生的吸力通过排水泵的出水口排放到洗烘一体机机外，当排水工作结束后，水位开关的气压逐渐降低，触动程序控制器切断排水泵的电路，排水泵停止工作。

洗烘一体机排水工作完成后，随即进入脱水工作。起动电容起动电动机在脱水状态的绕组工作，实现电动机的高速运转，同时带动内桶高速旋转，衣物上吸附的水分在离心力的作用下，通过内桶壁上的排水孔甩出桶外，实现洗衣机的脱水功能。

在洗烘一体机的工作过程中，通过固定在外桶四周的减振支撑系统确保洗衣机的平衡，保障洗衣机在大力的晃动下依旧稳定地工作。

8.2.2 洗烘一体机的烘干原理

洗烘一体机是在洗衣机的基础上增加烘干功能，目前多采用冷凝式烘干方式。

图 8-10 所示为洗烘一体机冷凝式烘干原理示意图。

📷 **图 8-10　洗烘一体机冷凝式烘干原理示意图**

首先，冷空气经风机加压进入加热室，经加热管加热成热干空气。热干空气经烘道组件进入滚筒，将衣物上的水分变成温湿空气。温湿空气进入冷凝器，与进水电磁阀送来的冷却水进行热交换，同时冲洗到循环空气中的绒毛等，湿气冷凝成水经排水泵排出机外，空气降温变成冷空气。

冷空气又被吸入风机送入加热室，如此循环，直到将衣物中的水分排干，完成烘干功能。

8.2.3　洗烘一体机的电气控制原理

洗烘一体机主要是一种将洗涤和烘干功能集于一体的洗衣机。洗涤时，将洗涤衣物盛放在滚筒内，部分浸泡在水中，在电动机带动滚筒转动时，由于滚筒内有突起，可以带动衣物上下翻滚，从而达到洗涤衣物的目的。洗涤完成后再起动加热器，对衣物进行烘干。

洗烘一体机各种电器部件均与主控电路板相连，由主控电路板进行控制，通过主控电路使整机协调工作，图 8-11 所示为典型洗烘一体机的整机工作原理电路框图。

从图 8-11 可见，它主要是由主控电路板、按键板、旋钮板、显示板、WiFi 模块、筒灯、多种温度传感器、变频板、变频电动机、门锁、加热器、自动投放电动机、风机、排水泵以及电源滤波器等部分构成的。

接通洗烘一体机的电源，通过显示板、旋钮板、按键板或 WiFi 模块输入人工指令，设置洗衣机的洗涤方式、时间、温度后，主控电路板控制进水电磁阀进行进水操作，并通过水位开关进行水位控制。当进水高度达到设置的水位，水位开关内部触点动作，将水位信号输送到主控电路中，主控电路使进水电磁阀停止工作，主控电路控制加热器进行加热工作，当滚筒内的水温达到设定温度后，温度传感器输出温度控制信号，主控电路对接收到的温度信号进行识别处理后，停止加热，并控制洗涤电动机起动运转，同时通过机械传动机构带动内桶平稳地旋转，进行衣物的洗涤操作。

当洗涤工作完成后，排水泵电路接通，进行排水操作，将滚筒内的水通过排水泵的出水口排出。当排水工作结束后，主控电路控制电动机带动内桶高速运转，将衣物内的水分通过内桶壁上的排水孔排出，实现脱水功能。

8.2.4　洗烘一体机的变频控制原理

洗烘一体机的变频控制电路是驱动洗涤电动机的电路，采用变频控制方式具有控制平稳节省能源的特点，典型洗烘一体机的变频控制原理图如图 8-12 所示，它主要是由微处理器电路、变频模块和逆变器三部分构成的。

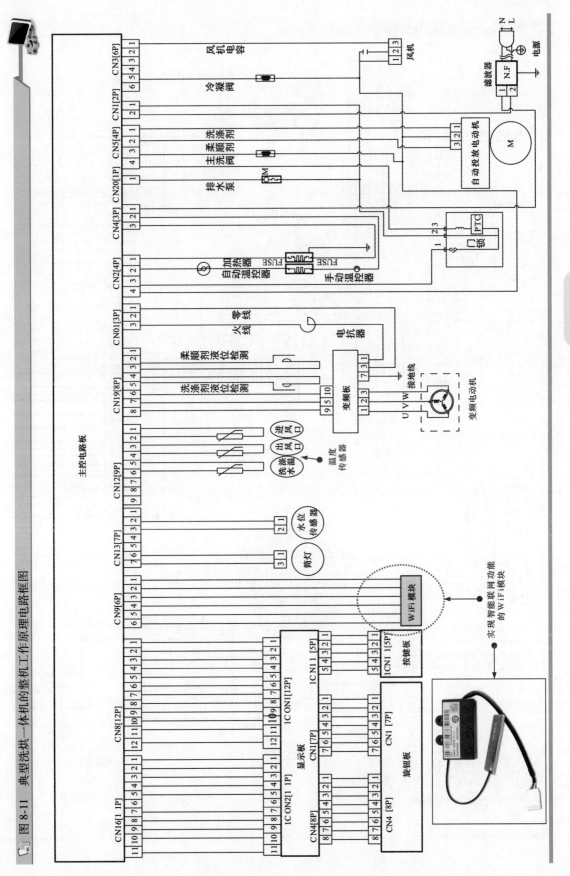

图 8-11 典型洗烘一体机的整机工作原理电路框图

图 8-12　典型洗烘一体机的变频控制原理图

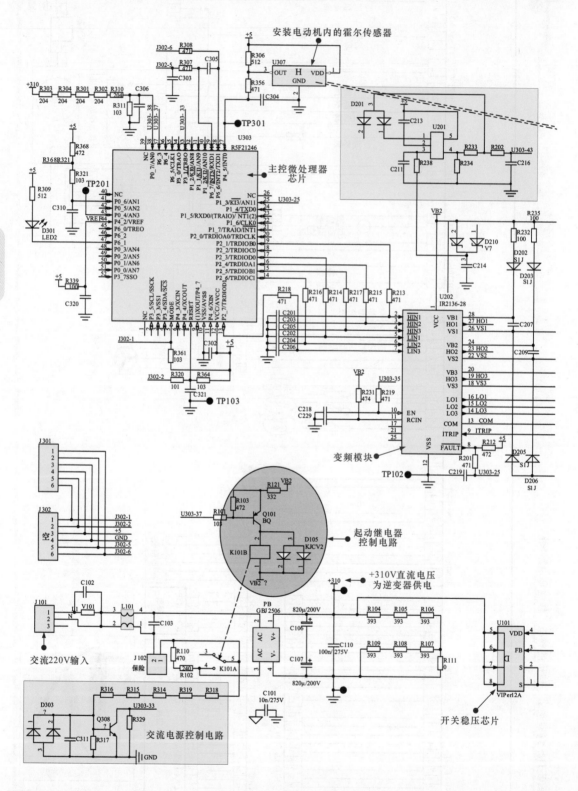

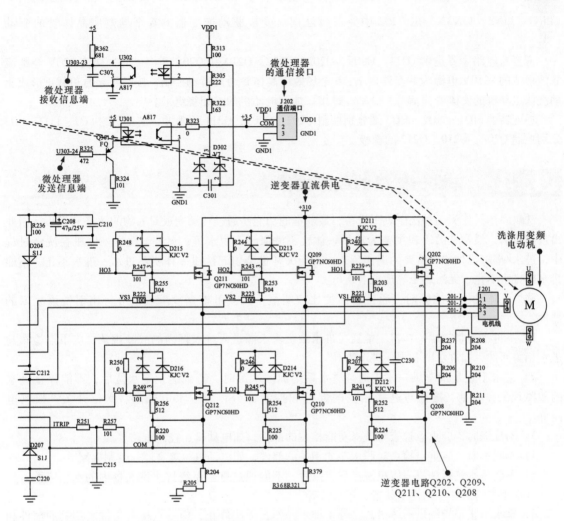

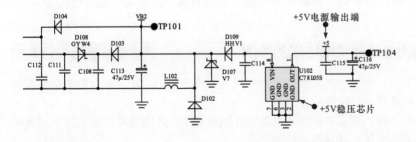

起动洗衣机时，主控微处理器 U303 的 13、14、15、16、17、19 脚输出变频控制信号，该信号分别送到 U202 变频模块的 2~7 脚，作为高端驱动信号（$\overline{\text{HIN1}}$、$\overline{\text{HIN2}}$、$\overline{\text{HIN3}}$）和低端驱动信号（$\overline{\text{LIN1}}$、$\overline{\text{LIN2}}$、$\overline{\text{LIN3}}$）。在 U202 中经逻辑处理后变成驱动逆变器的 6 个场效应晶体管的驱动信号。

逆变器电路主要是由 Q211、Q209、Q202、Q212、Q210 和 Q208 等构成的。交流 220V 经整流滤波形成的 +310V 电源为逆变器供电，6 个场效应晶体管通过逻辑控制，按顺序导通和截止形成驱动洗涤电动机的交流变频信号，分别经过接口加到电动机的三相绕组上。

逆变器的 HO1、HO2、HO3 端分别控制 Q202、Q209、Q211 的栅极，逆变器的 LO1、LO2、LO3 分别控制 Q208、Q210、Q212 的栅极。

8.3 洗烘一体机的故障检修

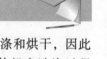

洗烘一体机作为一种洗涤烘干设备，最基本的功能是通过转动完成对衣物的洗涤和烘干，因此出现故障后，最常见的表现主要为洗烘一体机不洗涤、不脱水等；另外，洗烘一体机在洗涤过程中，进水/排水也是非常重要的工作环节，功能失常也会引起洗烘一体机不进水、进水不止、不能排水或排水不止、无法烘干等现象。

洗烘一体机出现故障时，通常指向性比较明显，大多可根据故障表现分析出引发该故障的器件：

1）不进水是指洗烘一体机不能通过进水系统将水源送入洗衣桶内的故障现象，应重点检查与进水相关部件，如进水电磁阀、进水管等。

2）进水不止是指洗烘一体机通过进水系统加注水源时，待到达预定水位后，不能停止进水的故障现象，应重点检查与进水相关的部件和控制部分，如进水电磁阀、水位开关、控制电路等。

3）不洗涤时，应重点检查与洗涤功能相关的部件，如电动机、控制电路等。

4）不脱水时，应重点检查与脱水功能相关的部件，如电动机、离合器、控制电路等。

5）不能排水是指洗烘一体机洗涤完成以后，不能通过排水系统排出洗衣桶内的水，应重点检查与排水相关的部件，如排水装置、排水管等。

6）排水不止是指洗烘一体机总是处于排水操作，无法停止，应重点检查与排水相关的部件和控制部分，如排水装置、控制电路等。

7）噪声过大是指洗烘一体机在工作过程中产生异常的声响，严重时造成不能正常工作，应重点检查减振支撑装置。

8）无法烘干多为洗烘一体机烘干相关组件功能失常，如加热器、冷凝器、新风风扇电动机、起动电容等。

8.3.1 洗烘一体机功能部件供电电压的检测

检测洗烘一体机是否正常时，可对怀疑故障的主要部件进行逐一检测，并判断出所测部件的好坏，从而找出故障原因或故障部件，排除故障。

洗烘一体机中各功能部件工作，都需要在控制电路的控制前提下，才能接通电源工作，因此可用万用表检测各功能部件的工作电压来寻找故障线索。

各功能部件的供电引线与控制电路板连接，因此可在控制电路板与部件的连接接口处检测电压值，如进水电磁阀供电电压、排水组件供电电压、电动机供电电压等，这里以进水电磁阀供电电压的检测为例进行介绍。

进水电磁阀供电电压的检测如图 8-13 所示。

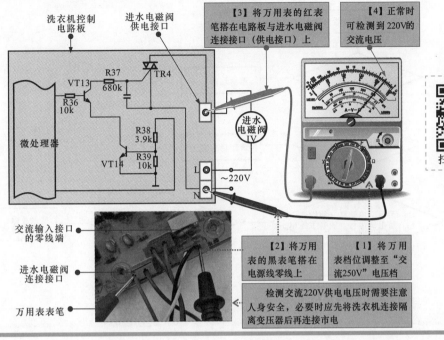

图 8-13　进水电磁阀供电电压的检测

洗衣机控制电路板

进水电磁阀供电接口

【3】将万用表的红表笔搭在电路板与进水电磁阀连接接口（供电接口）上

【4】正常时可检测到 220V 的交流电压

微处理器

VT13
R37 680k
TR4
R36 10k
R38 3.9k
VT14
R39 10k

进水电磁阀 IV

L
N
~220V

扫一扫看视频

交流输入接口的零线端

进水电磁阀连接接口

万用表表笔

【2】将万用表的黑表笔搭在电源线零线上

【1】将万用表档位调整至"交流 250V"电压档

检测交流 220V 供电电压时需要注意人身安全，必要时先将洗衣机连接隔离变压器后再连接市电

若经检测交流供电正常，进水电磁阀仍无法正常排水或排水异常，则多为进水电磁阀本身故障，应进一步检测或更换进水电磁阀。

若无交流供电或交流供电异常，则多为控制电路故障，应重点检查进水电磁阀驱动电路（即双向晶闸管和控制电路其他元件）、微处理器等。

|提示说明|

对洗烘一体机进水电磁阀的供电电压进行检测时，需要使洗烘一体机处于进水状态下。要求洗烘一体机中的水位开关均处于初始断开状态（水位开关断开，微处理器输出高电平信号，进水电磁阀得电工作，开始进水；水位开关闭合，微处理器输出低电平信号，进水电磁阀失电，停止进水），并按动洗烘一体机控制电路上的起动按键，为洗烘一体机创造进水状态条件。

8.3.2　洗烘一体机电动机组件的故障检修

洗烘一体机电动机组件出现故障后，通常引起洗烘一体机不洗涤、洗涤异常或脱水异常等故障。检测应从洗烘一体机电动机和变频控制电路两方面进行检测。

目前，洗烘一体机采用的电动机多为无刷直流电动机和直接驱动电动机，两种电动机都需要专门的变频电路驱动。

当遇到洗烘一体机故障报警信息提示电动机问题，或电动机不转等故障时，重点对电动机部分进行检修，如图 8-14 所示。

例如，一台洗烘一体机在洗衣程序时内桶发抖，不转动。检查发现操作面板各种操作显示正常，进水也正常，进入洗涤程序时发出嗡嗡响声，内桶发抖。

根据故障表现，显示正常且可进水说明主控电路已收到门锁、水位开关发来的正确信号，且已按照选定的程序，输出了电动机驱动命令，但电动机无法起动旋转，怀疑电动机本身或变频电路异常。

拆卸电动机，观察铭牌标识为三相永磁同步电动机，如图 8-15 所示，拔下线圈插头，扭动转轴，能感到阻力，但无明显异响（轴承坏或扫膛阻力）。

图 8-14　洗烘一体机电动机故障的检修分析

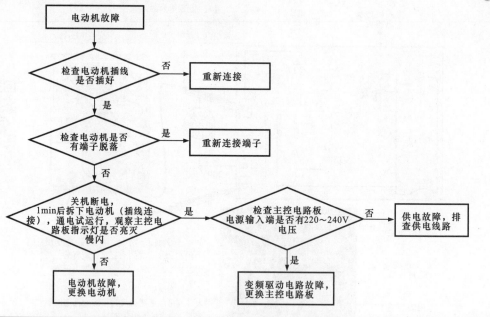

图 8-15　从洗烘一体机中拆卸的电动机

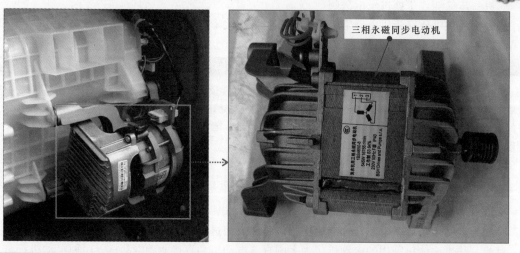

　　首先检查电动机绕组引出线插件两两端口之间的阻值，经检测发现，其中两组阻值为 3Ω，一组阻值为 1.3Ω。正常情况下，三相永磁同步电动机三个绕组引出线两两之间阻值应完全相同，实测有明显的差别，怀疑电动机绕组匝间短路。拆开电动机，撬开绕组端盖，发现绕组被灌封严密，无法找到短路部分，更换整个电动机，故障排除。

8.3.3　洗烘一体机进水电磁阀的故障检修

　　洗烘一体机进水电磁阀出现故障后，常引起洗烘一体机不进水、进水不止或进水缓慢等故障，在使用万用表检测的过程中，可通过对进水电磁阀内线圈阻值的检测来判断好坏。检测方法如图 8-16 所示。

图 8-16　进水电磁阀电磁线圈的检测方法

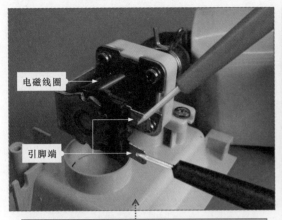

电磁线圈

引脚端

【1】将万用表的量程旋钮调至"×1k"欧姆档，红、黑表笔分别搭在进水电磁阀电磁线圈的两引脚端

【2】观察万用表的读数，在正常情况下，实际测得的电阻值为3.5kΩ

8.3.4　洗烘一体机水位开关的故障检修

水位开关失常也会引起进水电磁阀控制失灵，同样会出现不能自动进水的故障。检修水位开关时，可使用万用表检测水位开关内触点的通、断状态是否正常。

在未注水或水位未达到设定高度的情况下，水位开关触点间的阻值应为无穷大；当水位达到设定高度时，水位开关触点间的阻值为零，如图 8-17 所示。

图 8-17　水位开关触点间阻值的检测

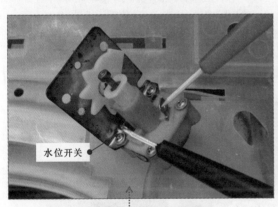

水位开关

【1】将万用表的黑、红表笔分别搭在水位开关的两引脚处

【2】在正常情况下，测得水位开关未注水时触点间的阻值为无穷大

检测水位开关内部的触点正常，还可进一步将水位开关取下后，通过调节水位调节钮到不同的位置查看水位开关的凸轮、套管及弹簧是否出现位移或损坏现象等，如图 8-18 所示。

8.3.5　洗烘一体机排水装置的故障检修

洗烘一体机排水装置出现故障后，常引起洗烘一体机排水异常的故障，在使用万用表检测的过程中，应重点对排水装置中的牵引器进行检测。洗烘一体机排水装置中牵引器的检测如图 8-19 所示。

📄 图 8-18　水位开关机械部件的检查和修复

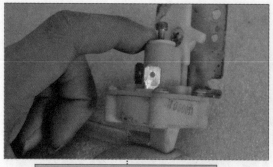

【1】用手按压套管，检查水位开关套管、单水位开关的杠杆及弹簧弹性是否灵敏

【2】旋转水位调节旋钮，查看旋钮与凸轮是否一致

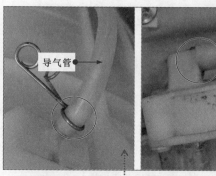

导气管

【3】转动水位调节旋钮到不同的位置，查看单水位开关的凸轮、套管是否良好

【4】若水位开关本身正常时，还需要对与水位开关连接的导气管本身及气室的密封性进行排查

📄 图 8-19　洗烘一体机排水装置中牵引器的检测

未按下微动开关压钮时，微动开关关闭

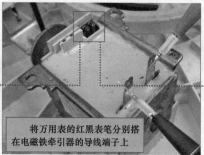

按下微动开关压钮时，微动开关断开

实际测得的电阻值为114Ω

将万用表的红黑表笔分别搭在电磁铁牵引器的导线端子上

正常情况下，实测阻值为3.2kΩ

| 提示说明 |

　　在检测中，所测得的两个阻值如果过大或者过小，都说明电磁铁牵引器线圈出现短路或者开路故障。并且在没有按下微动开关压钮时，所测得的阻值超过200Ω，就可以判断为转换触点接触不良。此时，就可以将电磁铁牵引器拆卸下来，查看转换触点是否被烧蚀导致其接触不良，可以通过清洁转换触点以排除故障。

8.3.6 洗烘一体机控制电路板的故障检修

洗烘一体机控制电路板是整机的控制核心，若该电路板异常，将导致洗烘一体机各种控制功能失常故障。怀疑控制电路板异常时，可用万用表对电路板上的主要元件进行检测，以判断好坏，如微处理器、晶体、变压器、整流二极管、双向晶闸管、操作按键、指示灯、稳压器件等。

下面我们以较易损坏的双向晶闸管为例进行介绍。

双向晶闸管是洗烘一体机中各功能部件供电线路中的电子开关，当双向晶闸管在微处理器控制下导通时，功能部件得电工作；当双向晶闸管截止时，功能部件失电停止工作。若该器件损坏将导致相应功能部件无法得电，进而引起洗烘一体机相应功能失常或不动作故障。

如图 8-20 所示，一般可用万用表检测双向晶闸管引脚间阻值的方法判断其好坏。

图 8-20 洗烘一体机控制电路板中双向晶闸管的检测

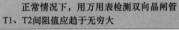

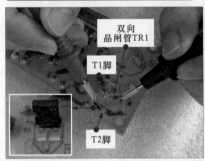

8.3.7 洗烘一体机智能联网单元的故障检修

洗烘一体机智能联网单元功能比较独立，由相对独立的 WiFi 模块实现联网互通功能。当智能设备无法识别洗烘一体机或洗烘一体机搜索不到 WiFi 信号时，重点排查该模块故障。

图 8-21 所示为典型洗烘一体机智能联网指示示意图。

图 8-21 典型洗烘一体机智能联网指示示意图

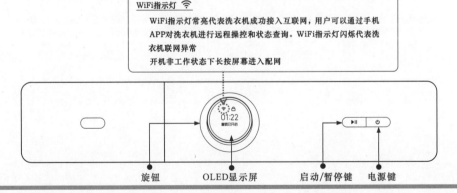

洗烘一体机智能联网单元异常，首先要根据相应品牌设备联网步骤重新进行联网操作，若确认后仍无法接入网络，则应从软件故障和硬件故障两方面入手，如图 8-22 所示。

149

📖 图 8-22　洗烘一体机智能联网单元异常故障排查

```
                          ┌─────────────────┐
                          │   洗烘一体机      │
                          │ 智能联网单元故障  │
                          └─────────────────┘
                    ┌───────────┴───────────┐
              ┌──────────┐            ┌──────────┐
              │  软故障   │            │  硬故障   │
              └──────────┘            └──────────┘
                   │                       │
          根据洗烘                    替换法
  ┌──────┐一体机联网说明尝试    否  更换WiFi模块排查故障
  │故障排除│重新连接网络是否  ◄─────────  是否排除
  └──────┘    成功                         │
                   │否                     │是
                                    ┌──────────┐
          查联网设备               │WiFi模块硬件│
┌──────────┐相关APP软件版本  否    │故障，更换  │
│重新安装相应APP│是否正确  ◄──────  └──────────┘
└──────────┘     │是
              检查智能
┌──────────┐手机中APP软件连接  否
│按说明要求操作│操作是否正确  ◄────
│重新连接    │  │是
└──────────┘
              检查
┌──────────┐无线路由器兼容性  否
│借助智能手机热│是否匹配  ◄───────
│点尝试连接，若│  │是
│能连接则重置路│
│由器        │
└──────────┘
┌────────────────────┐
│替换法更换联网设备或无线│
│路由器，排除设备硬件故障│
└────────────────────┘
```

9.1　智能洗碗机和破壁机的结构

9.1.1　智能洗碗机的结构

　　智能洗碗机是自动清洗餐具的设备。目前，家用智能洗碗机开始受到用户的普遍欢迎，主要结构形式为柜式、台式及水槽一体式。此外，宾馆、餐厅使用的智能洗碗机也开始普及。

　　智能洗碗机多采用封闭式三维喷淋洗涤方式，采用加热及专门的洗涤剂（消毒剂、洗洁精等）可有效灭菌，然后进行烘干，避免水渍留下斑痕，使餐具更加光洁。有些智能洗碗机还具有软化水的功能，使用极为方便。典型智能洗碗机的结构如图 9-1 所示。内部设置各种不同形状的支架，以便将各种碗、碟摆放其中。门的密封性较好，洗碗时不会有洗涤水外溢，待洗完，排水后再打开柜门。

图 9-1　典型智能洗碗机的结构

箱体内的活动支架
（可方便拉出与推入）

柜门

扫一扫看视频

9.1.2　破壁机的结构

　　破壁机是集合榨汁机、豆浆机、研磨机等功能为一体的机器，所采用的电动机转速很高，因可强力粉碎食物的细胞壁而被称为破壁机。

　　破壁机可粉碎果蔬、豆类、五谷甚至坚果等食物。图 9-2 所示为破壁机的整体结构，一般分为上、下两部分。上部的杯体可取下，粉碎刀头设在杯体底部。主机部分位于下部，侧面为操作面板，内装高速电动机。

1　破壁机电动机

　　破壁机与榨汁机的主要区别是电动机的转速不同。榨汁机电动机的转速普遍较低，通常为每分钟几百转至上千转，而破壁机电动机的转速非常高，空载可达 $10000 \sim 45000r/min$，利用如此之高的速度才可以击破食物的细胞壁，释放食物的全部营养。

　　图 9-3 所示为破壁机高速电动机的实物外形。

📄 图 9-2　破壁机的整体结构

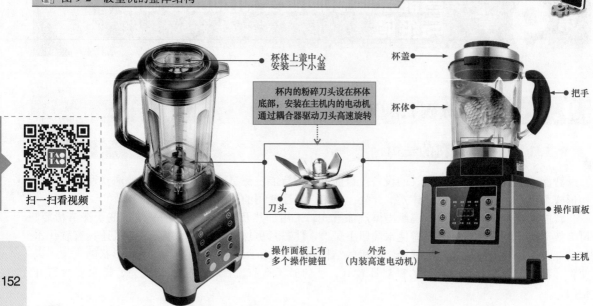

杯体上盖中心
安装一个小盖

杯内的粉碎刀头设在杯体底部，安装在主机内的电动机通过耦合器驱动刀头高速旋转

刀头

操作面板上有
多个操作键钮

外壳
（内装高速电动机）

杯盖

把手

杯体

操作面板

主机

📄 图 9-3　破壁机高速电动机的实物外形

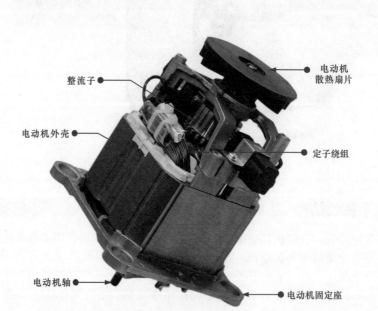

整流子

电动机外壳

电动机轴

电动机
散热扇片

定子绕组

电动机固定座

2　破壁机刀头

刀头是破壁机的重要部件，如图 9-4 所示。它的轴承外套通过防水圈与杯体相连，主机内的电动机通过耦合器驱动刀头高速旋转，刀头在高速旋转的过程中粉碎食物。

破壁机电动机通过耦合器与杯体内的刀头耦合，带动刀头高速旋转。刀头的耦合器类似于一个齿轮，电动机的耦合器像一个内齿轮，工作时，齿轮插入电动机的齿轮孔中一起旋转，如图 9-5 所示。

图 9-4 破壁机刀头的结构

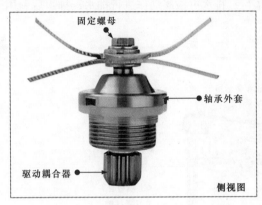

153

图 9-5 破壁机电动机与刀头之间的耦合器

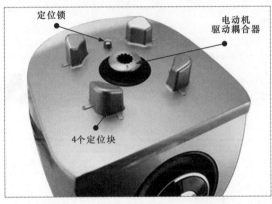
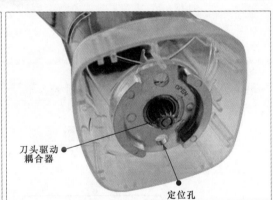

9.2 智能洗碗机和破壁机的工作原理

9.2.1 智能洗碗机的工作原理

图 9-6 所示为智能洗碗机的内部结构示意图，整体构成一个密闭的箱体，其主要部分是进水阀，上、下喷射管（可在水的作用下自转），加热装置以及可移除碗架，过滤器和排水管等。洗涤时，关好门，水在泵的作用下形成一定的压力，从上、下喷射管中喷出，并不断地旋转，对餐具表面进行冲洗，还可以从洗涤剂添加装置注入洗涤剂，增强对污渍、油渍的洗涤能力。

智能洗碗机内借助于冲力、热和化学洗涤剂的三重作用下，可使餐具表面的油污、残渣迅速分解脱落，最后再进行加热烘干完成清洁的过程。

智能洗碗机的洗涤过程和排水过程如图 9-7 所示。当接通电源，选择好洗涤程序后，程控器进水电磁阀接通，具有一定压力（0.03～0.6MPa）的自来水通过管道接头处的滤芯进入储水槽中，当水槽中的水达到一定的量时，压力开关控制电磁阀关闭，停止进水。在进水过程中，程控器又控制洗涤泵电动机动作，将水压入喷管，水从喷管中喷出。有些智能洗碗机设有上、下两组喷管，由于喷射水流的反作用力，使上、下喷臂在喷水时，不断地绕中心轴旋转，使水对餐具进行各方位的冲刷，有效地对餐具上的污渍进行清洗。洗涤完毕后，排水电磁阀动作进行排水，排水后利用余热进行烘干。

图 9-6　智能洗碗机的内部结构示意图

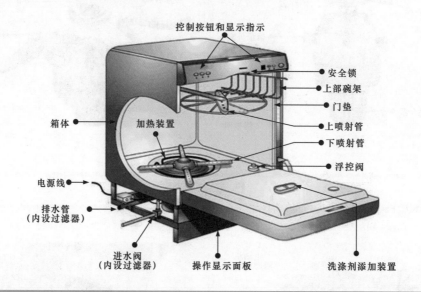

图 9-7　智能洗碗机的洗涤过程和排水过程

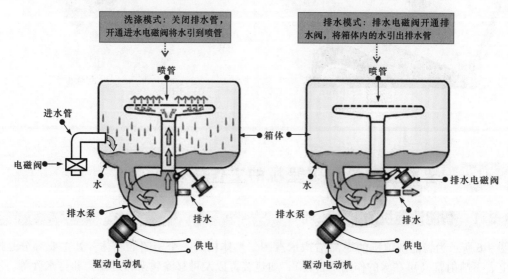

图 9-8 所示为万家乐 WQP-900 型智能洗碗机的控制电路。

该机主要由外壳、餐具架、电动机程序控制器、喷水装置、进水阀及水循环机构、清洗电动机、排水电动机和加热器等器件构成。

该机采用电动机程控器，整个洗涤程序自动完成。SQ 为门控开关，关好门，SQ 触点受压闭合，自动接通电源；打开门，自动关断电源。洗涤水温选择开关设有常温、55℃、65℃三档。常温档水不加热；55℃档为中温洗法，水加热至 55℃，该档位使用较多；65℃档为高温强力洗法，水加热至 65℃，用于洗涤数量多而且较为脏污的餐具。

图 9-8 万家乐 WQP-900 型智能洗碗机的控制电路

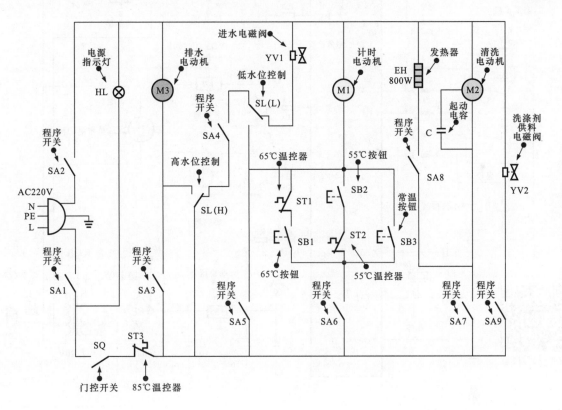

9.2.2 破壁机的工作原理

破壁机能够实现打碎、研磨、加热等多种功能。其电路多采用微处理器控制。

1 采用 AT89C2051 集成电路控制的破壁机电路

图 9-9 所示为采用 AT89C2051 集成电路控制的破壁机电路。

在电路中，交流 220V 电源经继电器的触点 K1-1、K2-1 为刀头电动机 M 和加热器 EH 供电。在待机状态，继电器 K1、K2 均不工作，电动机和加热器也无电，不工作。

直流电源是为继电器驱动电路和微处理器供电的电路。交流 220V 电源经熔断器 FU 和降压变压器 T1 变成交流低压 12V，再经桥式整流堆 BD1 变成 +14V 电压，由电容器 C2、C3 滤波后为继电器电路和蜂鸣器电路供电。

直流 +14V 电压再经三端稳压器 IC1（7805）输出稳压后的 +5V 直流电压。C4、C5 为滤波电容。+5V 电压加到微处理器 IC2 的电源供电端 VCC，经 C6 和 R1 为微处理器的复位端（RST）提供复位脉冲，使微处理器芯片内的程序复位，然后待机工作。

微处理器 IC2（AT89C2051）是 20 脚的双列直插式集成电路，引脚排列如图 9-10 所示。

图 9-9　采用 AT89C2051 集成电路控制的破壁机电路

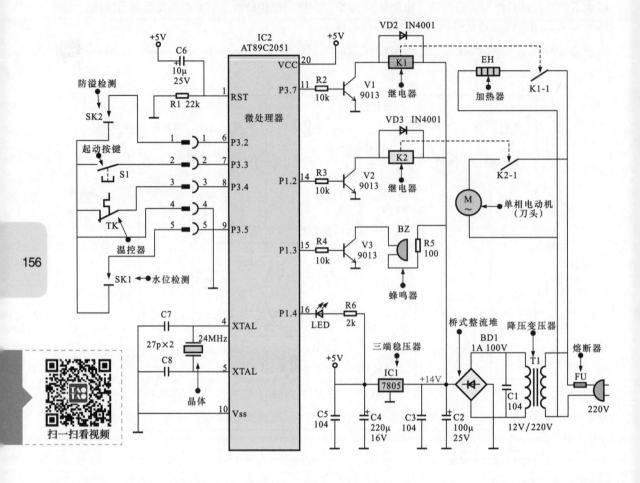

156

图 9-10　AT89C2051 芯片的引脚排列

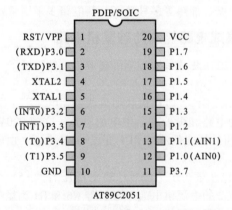

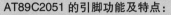

AT89C2051 的引脚功能及特点：

10 脚为地线；20 脚为电源供电端；

1 脚为复位信号输入端；

4、5 脚外接晶体与内部电路构成振荡电路为芯片提供时钟信号；

6 脚外接防溢检测探头（SK2），水开、泡沫过多时与地端短路；

7 脚外接起动按键 S1，操作时为低电平；

8 脚外接双金属片式温控器（TK），当水温超过 80℃时短接，为低电平；

9 脚外接水位开关（SK1），无水状态时开路，停止加热进行保护（防干烧）；

11 脚为继电器 K1 驱动端，加热时输出高电平，使 V1 导通，继电器 K1 线圈得电，K1-1 触点接通，开始加热；

14 脚为继电器 K2 驱动端，当粉碎打浆时输出高电平，使 V2 导通，继电器 K2 线圈得电，K2-1 触点闭合，刀头电动机旋转；

15 脚为蜂鸣器驱动端，当需要进行报警提示时输出 1000Hz 脉冲信号，经 V3 放大后驱动蜂鸣器；

1 脚为发光二极管驱动端，当需要显示时为低电平，使 VD1 导通发光。

AT89C2051 微处理器芯片内部具有 2K 字节闪存、128 字节内部 RAM、15 个 I/O 接口、两个 16 位定时/计数器、一个 5 向量两级中断结构、一个全双工串行通信接口、内置一个精密比较器，还具有片内振荡器和时钟电路。

工作时，在破壁机内放入谷物，加水。通电后，在待机状态下，+5V 为微处理器（CPU）供电，同时为 CPU 的 1 脚提供复位信号，使复位端瞬时为高电平，由于 R1 的放电作用，使 1 脚电位降低，完成复位，CPU 进入初始化。初始化后，CPU 的 16 脚输出低电平，发光二极管发光，进入工作程序。

当开始工作后，CPU 检测 9 脚是否为低电平，如为低电平，正常；如为高电平，则表明罐内无水，CPU 的 15 脚输出指示信号（1000Hz）使蜂鸣器发声，16 脚输出间断高电平，经 V3 放大后驱动发光二极管 VD1 发光闪烁。

当水位符合要求后，CPU 的 11 脚输出高电平，使 V1 导通，K1 线圈得电，K1-1 接通，加热器得电开始工作，此过程为预加热过程。当温度上升到 80℃时，停止加热，以防止产生大量的泡沫。温度检测由 8 脚外接温控器（TK）完成。TK 内的接点闭合，8 脚为低电平，作为控制信号使 11 脚输出低电平，V1 截止，K1 线圈失电，K1-1 复位断开，停止加热。

当水温达到 80℃时，加热器停止加热，CPU 进入粉碎程序，CPU 的 14 脚输出高电平，V2 导通，K2 线圈得电，K2-1 接通，电动机旋转。为了减少电动机在发热同时产生的泡沫，电动机每粉碎工作 15s、停 5s。若在此过程中出现溢出情况，即 CPU 的 6 脚出现低电平时，电动机也停止粉碎。待溢出现象消失，粉碎工作再次进行，转动 15s、停 5s，此过程共循环 5 次后，结束粉碎程序。

2 采用逻辑门芯片和运算放大器的破壁机电路

图 9-11 所示为采用逻辑门芯片和运算放大器的破壁机电路。该电路的控制部分主要是由 LM324、CD4025、CD4001、CD4060 等芯片构成的。LM324 是四运放集于一体的集成电路；CD4025 为三输入或非门电路；CD4001 是或非门集于一体的集成电路；CD4060 是计数分频集成电路。各芯片的内部电路结构如图 9-12～图 9-15 所示。

157

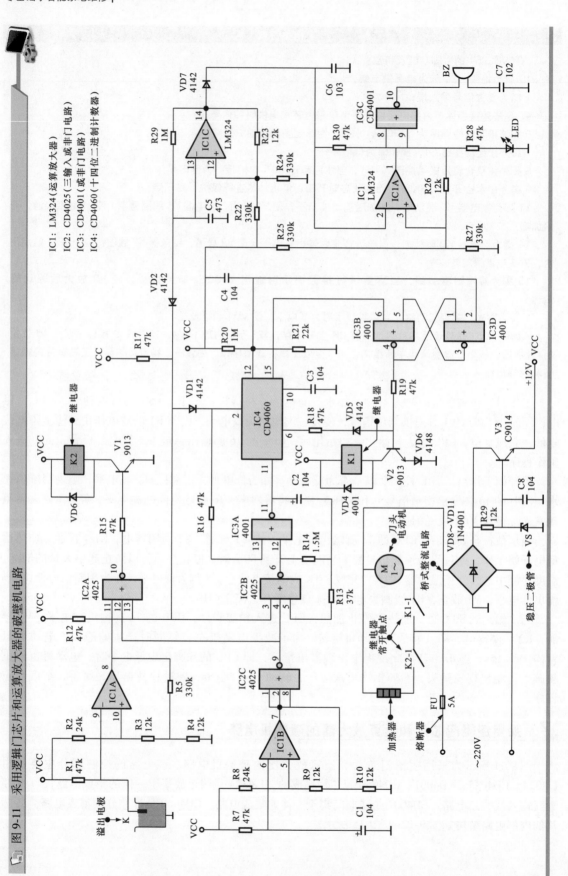

图 9-11 采用逻辑门芯片和运算放大器的破壁机电路

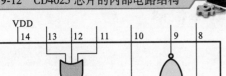

图 9-12　CD4025 芯片的内部电路结构

图 9-13　CD4001 芯片的内部电路结构

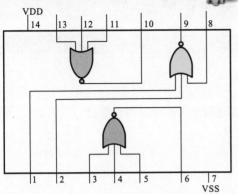

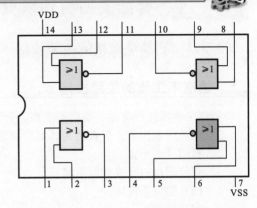

图 9-14　CD4060 芯片的内部电路结构

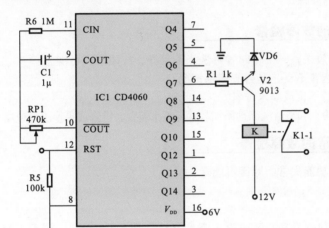

图 9-15　LM324 芯片的内部电路结构

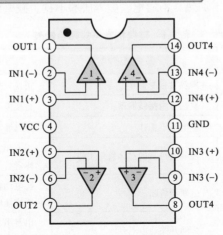

9.3 智能洗碗机和破壁机的故障检修

9.3.1 智能洗碗机的故障检修

1 通电不工作的故障检修

智能洗碗机接通电源，整机不工作。引起智能洗碗机不工作的原因可能是：

1）电源供电失常，应查插头、插座接触是否不良。

2）机门开关不良。

3）程控器没打开或接触不良。

4）85℃温控器损坏。

5）程控器损坏。

检修时，检查交流220V电压基本正常，电源插头、插座完好，线路连接插件无异常。当检测ST3温控器时，发现其触点不通，阻值为无穷大，说明已损坏。更换ST3温控器后通电试机，智能洗碗机工作正常，故障排除。

2 洗涤效果差的故障检修

智能洗碗机洗涤效果差，工作时餐具洗涤不干净，故障原因可能是：

1）洗涤剂添加装置不良，是否有堵塞情况。

2）喷臂受阻运转不良或喷水异常。

检修时，应分别检查和清洁洗涤剂添加装置与喷水装置，维修或更换不良或堵塞的器件后故障排除。

3 加热功能失常的故障检修

智能洗碗机加热功能失常的原因可能是：

1）温控器损坏。

2）发热器损坏。

检修时，检测发热器发现其阻值为无穷大（正常值约为60Ω），说明已断路，造成所述故障。更换损坏的发热器（800W）后，智能洗碗机加热工作恢复正常。

9.3.2 破壁机的故障检修

破壁机的故障主要表现为不加热、不通电、破碎研磨不良。破壁机常见故障检修表见表9-1。

表 9-1 破壁机常见故障检修表

故障表现	故障说明	故障原因	检修方法
不加热	破壁机可以破碎研磨，但不能执行加热功能	发热管自身损坏	更换发热管
		发热管内接线脱落	更换内接线，或重新插接内接线
		继电器不工作	检测继电器好坏，更换继电器或更换电路板
		控制发热管的晶体管未工作	用万用表检测晶体管，若损坏，用同型号晶体管替换
不通电	整机接通220V电源，指示灯不亮、蜂鸣器不响、破壁机无任何反应	熔断器烧断	换电动机（或更换熔断器后，查明导致熔断器烧坏的原因，更换损坏元器件）
		微动开关通电不良	用万用表检测微动开关本身及接线是否损坏或接触不良，调整或更换微动开关
		变压器损坏	更换变压器

（续）

故障表现	故障说明	故障原因	检修方法
破碎研磨不良	破壁机不能搅打食材	电动机损坏	更换电动机
		电动机内接线松脱	重新插接内接线
		晶闸管不工作	检查晶闸管状态，若引脚虚焊，重新焊接；检测晶闸管好坏，若损坏，更换
	破壁机搅打不烂谷物	破碎刀口卷边变形	更换破碎刀片
		电动机局部短路，转速不够	更换电动机
		电动机内接线不良，引起电动机通断时间不正常	更换电动机
	破壁机搅打时会喷出	破碎刀片变形	更换破碎刀片
		电动机轴承磨损或松动直到摇晃	更换电动机

在破壁机故障维修时，破壁机电动机、加热管、继电器和温度传感器都是故障率较高的部件。

1 破壁机电动机的检修

破壁机电动机是破壁机中的主要功能部件，研磨刀头安装在破壁机电动机转轴上，电动机转动，带动刀头旋转，从而完成破壁粉碎的工作。若负载过大极易造成电动机烧损。因此，电动机是破壁机中故障率较高的部件。一旦破壁机电动机故障，将直接导致破壁机无法进行破壁粉碎工作。

如图 9-16 所示，检测破壁机电动机时，可以先将电动机拆卸下来，然后使用万用表对电动机绕组阻值进行测量。一般情况下，万用表两表笔搭接在电动机交流输入端的引线上，应该能够检测到 40~100Ω 的阻值，当前实测为 50Ω（若换向器与碳刷接触不良，所测得的实际阻值可能会略大）。若实测的阻值过大，说明电动机绕组故障，需要使用同型号的电动机更换。

图 9-16 破壁机电动机的检测方法

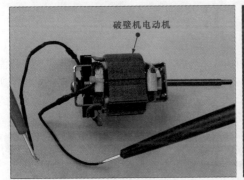

扫一扫看视频

2 加热管的检修

加热管是破壁机中用于加热的关键部件，加热管损坏会导致无法加热的故障。如图 9-17 所示，可使用万用表检测加热管的阻值来判断好坏。正常情况下，将万用表两表笔搭接在加热管两端，应该能够检测到几十欧姆的阻值，若所测的阻值为无穷大，则说明加热管内部的加热丝断路，需要更换同型号加热管。

3 继电器的检修

破壁机中的继电器主要完成对破壁、加热等功能的切换控制，一旦继电器故障，则相应控制功能会失常。可使用万用表检测继电器常开触点之间阻值的方法判断好坏。如图 9-18 所示，在控制端未加 12V 直流电压前，常开触点断开，阻值为无穷大；当控制端有 12V 直流电压后，常开触点闭合，阻值应为 0。

📷 图 9-17　加热管的检测方法

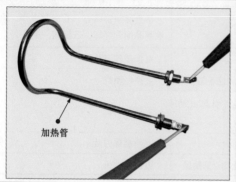

加热管

📷 图 9-18　继电器的检测方法

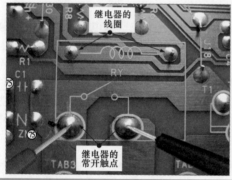

继电器的线圈

RY

继电器的常开触点

4　温度传感器的检修

温度传感器是破壁机中的温度检测部件，温度传感器的感温头时刻感应破壁机内的温度，并将温度信号转换成电信号送到控制电路中，以便控制电路中的微处理器发送正确的控制指令。如图 9-19 所示，可使用万用表检测温度传感器两引线之间的阻值的方法判断好坏。正常时实测的阻值约为 100kΩ，此时若改变感温头的环境温度，所测得阻值会随温度的变化而变化。

📷 图 9-19　温度传感器的检测方法

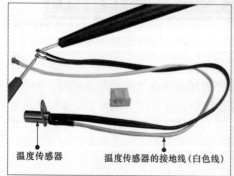

温度传感器　　温度传感器的接地线（白色线）

10.1 燃气灶与抽油烟机的结构

10.1.1 燃气灶的结构

燃气灶是目前家庭做饭、烧菜的主要厨房设备，其典型结构如图 10-1 所示。煤气管通入灶内，经点火供气开关后为炉灶供气。在供气开关上设置点火开关，开始供气的同时进行点火，方便用户使用。

图 10-1 燃气灶的典型结构

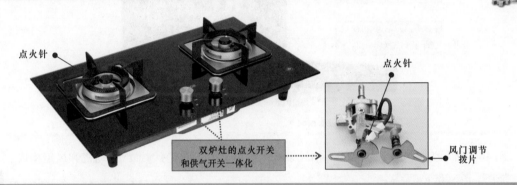

图 10-2 所示为燃气灶的内部结构。

图 10-2 燃气灶的内部结构

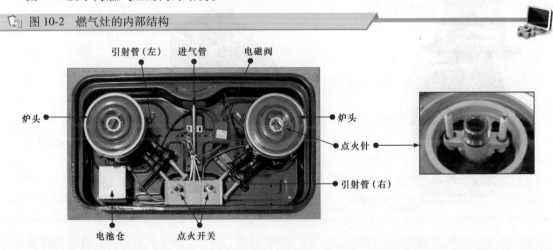

点火器的电源通常是 1 节或 2 节 1 号电池，通常采用振荡脉冲点火方式，电路结构也比较简单。

燃气灶点火器通常采用升压变压器将振荡脉冲升压到几千伏到十几千伏，将变压器输出绕组的一段接到地端（炉灶的金属结构），另一端接到带绝缘层的探针（点火针）上，探针与地之间的距离为 3~4mm，两者之间会产生放电火花，从而点燃煤气。

10.1.2 抽油烟机的结构

抽油烟机主要用于把做饭炒菜所产生的油烟吸走，将油气分离后，油被存入储油盒中，废气则排出室外。

图 10-3 所示为抽油烟机的基本结构示意图。由图可见，电动机是抽油烟机的动力源，可带动叶轮高速旋转，形成风力驱动机构，风道为螺旋形蜗壳结构，有利于烟气的顺畅排出。

图 10-3　抽油烟机的基本结构示意图

扫一扫看视频

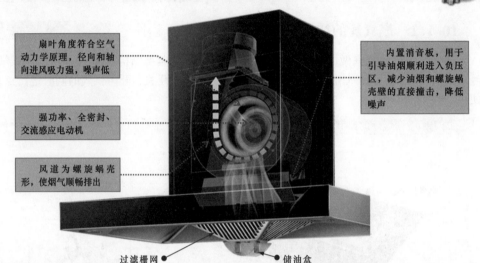

扇叶角度符合空气动力学原理，径向和轴向进风吸力强，噪声低

强功率、全密封、交流感应电动机

风道为螺旋蜗壳形，使烟气顺畅排出

内置消音板，用于引导油烟顺利进入负压区，减少油烟和螺旋蜗壳壁的直接撞击，降低噪声

过滤栅网　　储油盒

图 10-4 所示为抽风系统的结构。抽风系统主要由风轮（叶轮）、抽气电动机和风道构成。

图 10-4　抽风系统的结构

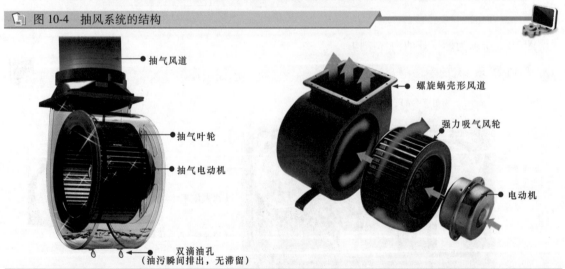

抽气风道

抽气叶轮

抽气电动机

双滴油孔
（油污瞬间排出，无滞留）

螺旋蜗壳形风道

强力吸气风轮

电动机

抽油烟机的风机是抽风的动力源，其中的电动机是核心部分。为了供电方便，通常选择交流感应电动机，直接由交流 220V 供电。

图 10-5 所示为抽油烟机中的电动机，是一种电容起动式双速电动机。电动机的定子绕组是由主绕组（运行绕组）和副绕组（起动绕组）及起动电容等构成的。为了实现变速，在起动绕组中串联一组中间绕组，改变电动机供电电路中的引线接头就可以实现变速。

电动机的内部构造如图 10-6 所示。整个电动机的定子绕组和转子都封装在密闭的外壳中，转子采用笼型结构，两端由静音滚动轴承支撑，具有可靠性高、噪声低、功率大的特点。

图 10-5　抽油烟机中的电动机

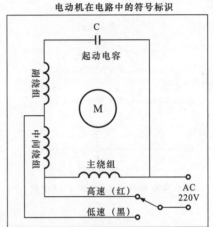

电动机在电路中的符号标识

图 10-6　电动机的内部构造

　　图 10-7 所示为抽油烟机电动机的接线方式。抽油烟机中的电动机多采用单相交流感应电动机，直接由交流 220V 电源供电，不用转换电路，成本低，可靠性高。抽油烟机有单电动机和双电动机两种方式。每种电动机有单速控制方式、双速控制方式和三速控制方式。变速控制采用在电动机的绕组中设置抽头的方式。

　　图 10-7a 是单速电动机的基本结构。交流电源分别加到运行绕组的输入端和两绕组的公共端，同时经起动电容加到起动绕组（副绕组）的一端。由于起动电容的加入，起动时，副绕组的电流超前运行绕组 90°，加在定子绕组的设置上使起动绕组与运行绕组在空间上相差 90°配置，因而在加电的瞬间电动机便会迅速起动。

　　图 10-7b 是双速电动机的结构，在定子绕组中增加了中间绕组，该绕组接在运行绕组和起动绕组之间。高速时，中间绕组与起动绕组串联；低速时，中间绕组与运行绕组串联，电容器的位置不变。

　　图 10-7c 是三速电动机的结构及速度切换开关的连接关系。中速和低速从起动绕组的抽头引出，电动机有 5 根引线。

　　在电动机驱动电路中，起动电容是不可缺少的，接在运行绕组和起动绕组之间。

　　起动电容的实物外形如图 10-8 所示。该起动电容的容量为 5μF，耐压为 AC 450V。

图 10-7　抽油烟机电动机的接线方式

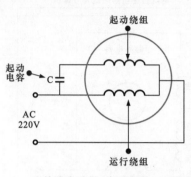

a) 单速电动机（起动电容、双绕组）

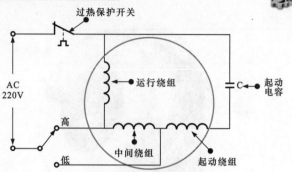

b) 双速电动机（增加了中间绕组）

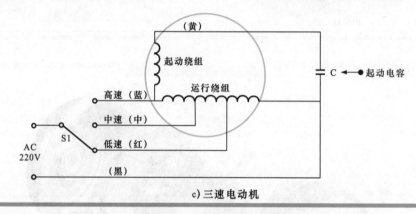

c) 三速电动机

图 10-8　起动电容的实物外形

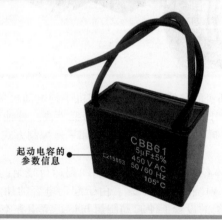

10.2　燃气灶与抽油烟机的工作原理

10.2.1　燃气灶的工作原理

1　由单向晶闸管和升压变压器组成的点火电路

图 10-9 所示为由单向晶闸管和升压变压器组成的点火电路。该电路采用 1.5V 电池供电，单向晶

闸管 VS1、电容器 C1 和升压变压器 B2 的一次绕组构成高频脉冲振荡电路。电源开关 K1 接通后，L1、R1 构成起动电路为晶体管 V1 的基极提供起动电压使之导通。V1 的输出电压经 L3 和 VD1、VD2 构成的倍压整流电路，分别为单向晶闸管 VS1 和触发电路（VD3、R2）供电。供电电压经 VD3 为 VS1 的栅极提供触发信号，使之导通，VS1 导通后 C1 上的电压经 VS1 放电，放电结束后 VS1 截止，电源又重新为 C1 充电，于是 VS1、C1、L4 形成脉冲振荡过程，振荡变压器 B2 是一个升压变压器，B2 二次侧的两端之间的升压值可达几千伏至十几千伏，该变压器一次绕组的输出一端接到点火针上，另一端接到地上。点火针与变压器绕组另一端形成高压放电，放电产生的火花就可以将燃气灶点燃。

图 10-9　由单向晶闸管和升压变压器组成的点火电路

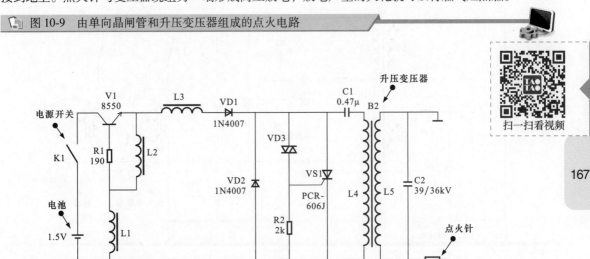

2　脉冲点火器电路

　　图 10-10 所示为使用 1.5V 电池的脉冲点火器电路。该电路是由晶体管振荡电路、单向晶闸管触发电路和升压变压器电路组成的。

图 10-10　使用 1.5V 电池的脉冲点火器电路

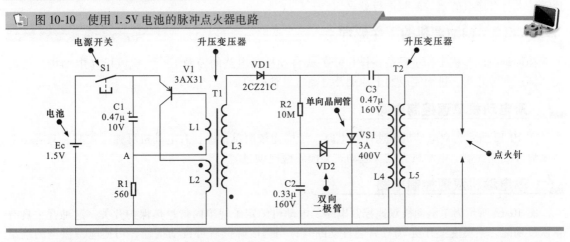

　　接通电源开关 S1，电池为晶体管振荡器供电。起动时，C1 与 R1 构成分压电路，使晶体管 V1 的基极和发射极成正向偏置，V1 导通。V1 导通时，电流流过 L2，L2 与 L1 互相感应形成正反馈，于是 V1 形成振荡，振荡脉冲经变压器 T1 升压后由 L3 输出。L3 的输出再经 VD1 整流形成约 70V 的直流电压，该电压一路经 R2 为 C2 充电，C2 上的电压经双向二极管 VD2 为单向晶闸管 VS1 提供触发电压，使 VS1 导通。VS1 导通后，将 C3 上的电荷放掉，使 C2 上的电压也下降，然后电路又重新充电、放电，形成较强的脉冲振荡，振荡信号经升压变压器 T2 形成高达 10kV 的脉冲电压，该电压由变压器 T2 的二次侧接到点火针与地之间，点火针与地之间形成火花放电，从而点燃煤气。

3 双孔燃气灶脉冲点火电路

图 10-11 所示为双孔燃气灶脉冲点火电路，该电路设有两套升压变压器电路，分别为两个燃气灶口提供放电脉冲，通过开关可单独进行控制。

图 10-11 双孔燃气灶脉冲点火电路

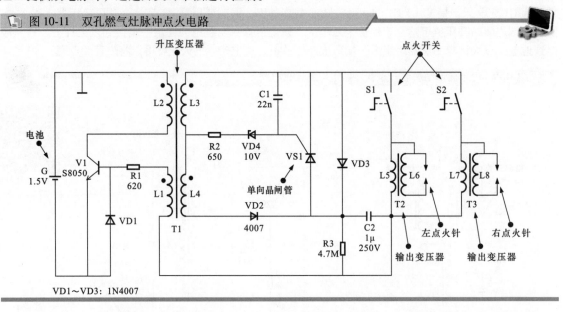

电路是由 1.5V 电池供电，V1 和变压器 T1 组成脉冲波振荡电路（振荡频率约为 13.5kHz），脉冲变压器 T1 的二次侧输出经 VD2 整流后，为单向晶闸管 VS1 供电，同时为 C2 充电，变压器 T1 二次侧的中间轴头经 R2 和 VD4 为单向晶闸管 VS1 提供触发信号，VS1 和 C2 以及输出变压器 T2、T3 的一次绕组形成高压振荡。输出变压器 T2、T3 分别为升压变压器，可以将振荡脉冲提升到十几千伏。该电压分别加到两个炉灶的点火针上，进行点火。两个点火开关 S1、S2 分别与煤气量调节钮联动，在打开燃气管道的同时进行点火。

10.2.2 抽油烟机的工作原理

抽油烟机的整机工作过程是在操作开关或自动检测电路的控制下，实现风机（电动机）的起动、调速和停止等，进而完成抽走油烟及分离气、油的目的。

1 双电动机单速控制电路

图 10-12 所示为双电动机单速控制电路，结构比较简单，左、右电动机可独立控制，只有一个照明灯并独立控制。电动机为电容起动式交流感应电动机。

2 单电动机双速控制电路

图 10-13 所示为单电动机双速控制电路。电动机的定子绕组内带过热保护开关，这种开关具有自恢复功能，当温度上升至 70℃后会自动断开；当温度降低后可自动接通，切换电源供电的绕组抽头就可以实现变速。

3 抽油烟机照明控制电路

图 10-14 所示为单电动机（5 线）双速双照明控制电路。该电路中的电动机是由电动机的绕组轴头实现变速的。电动机的黄、白线之间接起动电容，蓝线接零线，红、黑线接相线。蓝、黑之间接电源为高速，蓝、红之间接电源为低速。蓝线直接接到电源零线（N）上，电源相线（L）经电源开关、电动机开关和速度选择开关为电动机供电。

图 10-12　双电动机单速控制电路

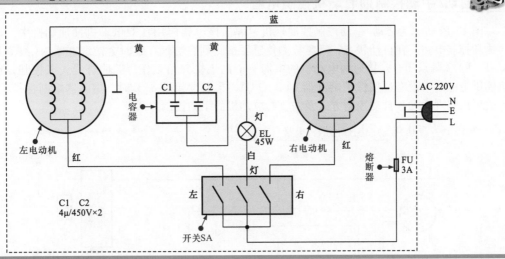

图 10-13　单电动机双速控制电路

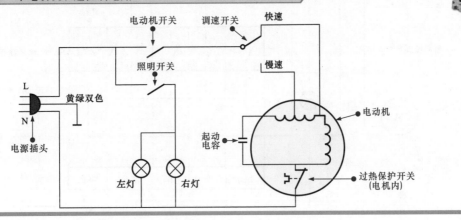

图 10-14　单电动机（5 线）双速双照明控制电路

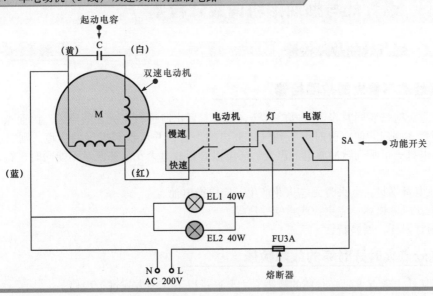

4 自动/手动控制抽油烟机控制电路

图 10-15 所示为自动/手动控制抽油烟机电路。该电路应用在双电动机抽油烟机中，设有油烟检测和控制电路。在自动状态，烟雾检测传感器检测到有油烟存在时会使继电器 K1 线圈得电，则 K1-1、K1-2 触点闭合，接通两电动机的电源，抽油烟机开始工作。照明灯受人工控制，在两电动机的供电电路中设有过热保护熔断器 FU2、FU3，当温度超过 85℃时，熔断器熔断保护。SA 琴键开关可以实现手动和自动控制方式及左、右电动机的手动控制方式。

图 10-15 自动/手动控制抽油烟机电路

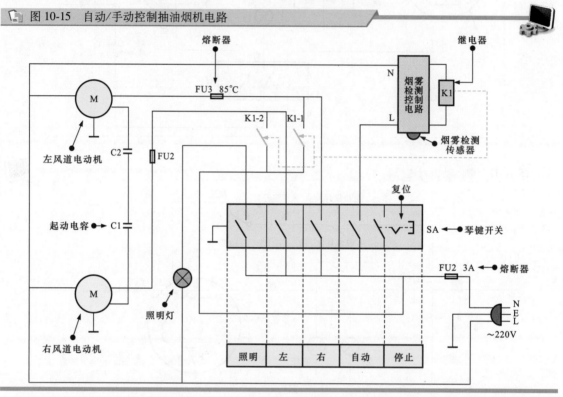

10.3 燃气灶与抽油烟机的故障检修

10.3.1 燃气灶的故障检修

1 燃气灶点不着火的故障检修

燃气灶点火时需要同时将燃气阀门打开，待燃气冒出时进行点火才能点燃。因而点燃时，应注意是否打开燃气阀门。如点火时可听到气体放出的声音，并可嗅到煤气的味道，则表明有燃气放出，此时放电打火可听到脉冲放电的声音，还可以看到放电火花。如两者不能同时进行，则应分别检查。

① 电池电量不足，点火时无电火花产生，应更换电池。
② 高压变压器损坏，应更换或重绕变压器。
③ 晶闸管损坏，更换新管。

2 燃气灶点火时好时坏的故障检修

一旦燃气灶出现点火时好时坏的故障，主要通过以下几种方式进行检修。

① 电池仓接触不良，重装电池。

② 高压线绝缘层破损，维修或更换。

③ 点火电路板有虚焊或脱焊情况，应仔细检查或更换。

3　燃气灶的故障检修实例

（1）燃气灶大火失常

检查电池及电路板以及相关的部件，发现点火针有污物，清洁后故障排除。

（2）电池损耗太快，用不了几天就不打火了

检查电池仓及引线，检查电路板及安装情况，发现有引线绝缘层破损致使有短路情况，更换引线，故障排除。

10.3.2　抽油烟机的故障检修

1　抽油烟机电动机和起动电容器的检修

抽油烟机电动机大都采用交流异步电动机，采用电容起动的方式，直接由交流 220V 电源供电，如图 10-16 所示。该电动机是一种三端单速电动机，有两个绕组，1~2 端为运行绕组，1~3 端为起动绕组，2~3 端之间接起动电容。

图 10-16　单相电容起动式交流异步电动机

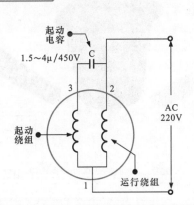

检查电动机时，按图直接接上交流 220V 后观察运转情况和方向。如果运转方向相反，则调换 1~2 端供电即可。如果电动机不转，则应进一步检查电动机定子绕组是否有短路和断路情况，可用万用表的电阻档检测电动机两绕组的阻值。

在一般情况下，单相电容起动式交流异步电动机绕组的阻值为 70~100Ω，若偏差过大，则表明线圈不良。

电动机与风道的安装关系如图 10-17 所示。通常，法兰盘与风道固定在一起，拆卸前，应将引线与主机的开关电路板断开，然后做进一步的检查和更换。

2　操作开关的检修

操作开关是抽油烟机中的重要部件，操作频率较高，出现故障的概率较大。操作开关故障常表现为按动操作开关，抽油烟机不起动、电动机不运转；按动操作开关控制不灵敏、控制失常等。

图 10-18 所示为按键开关的检测方法。通常，按下按键开关，电源接通（开机），再按一下，电源断开，一般直接用万用表检查按键开关的通、断情况即可判断按键开关的好坏。

还有些抽油烟机中的操作部分采用琴键开关作为操作部件。图 10-19 所示为琴键开关的检测方法。琴键开关内部设置多个按键，可进行功能选择。判断琴键开关的好坏，一般可借助万用表检测相关联的两个接点之间的通、断关系即可。

图 10-17 电动机与风道的安装关系

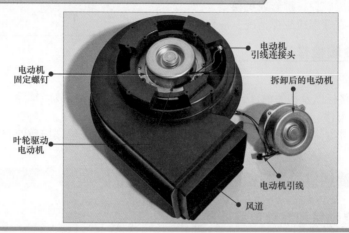

电动机引线连接头

电动机固定螺钉

拆卸后的电动机

叶轮驱动电动机

电动机引线

风道

图 10-18 按键开关的检测方法

SA

MODEL MF47-8
全保护·遥控器检测

将万用表的档位旋钮置于电阻档，红、黑表笔搭在按键开关的两个引脚上

在正常情况下，开关未按下时，两引脚的阻值为无穷大，按下后为零欧姆

图 10-19 琴键开关的检测方法

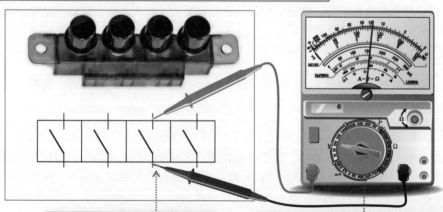

【1】将万用表的红、黑表笔分别搭在琴键开关某一组开关的两个引脚上

【2】在正常情况下，未按下开关时，触点间的阻值为无穷大；按下开关后，触点间的阻值为零。否则，说明开关不正常

在正常情况下，两个接点接通时，检测阻值应为零欧姆；接点断开时，检测阻值应为无穷大。

图 10-20 所示为具有烟雾检测功能的自动抽油烟机控制电路。该抽油烟机照明控制功能正常，且在手动控制模式，操作左、右电动机控制按键，左右电动机均能正常工作，但切换到自动模式，无法自动检测油烟，电机始终不工作。

图 10-20 具有烟雾检测功能的自动抽油烟机控制电路

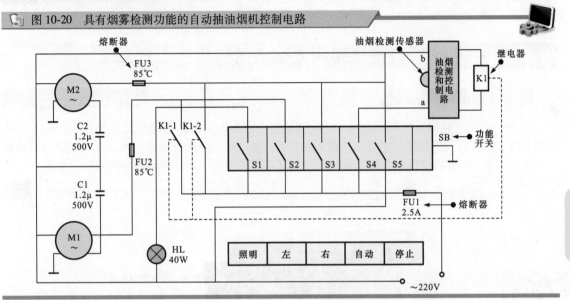

根据电路分析，开关 S1 控制照明灯。在手动状态，左、右电动机可独立控制。其中，开关 S2 控制左电动机，开关 S3 控制右电动机，手动模式控制正常，说明电动机及按键等功能部件性能良好。

在自动控制状态，由开关 S4、S5 为油烟检测和控制电路供电。控制电路设有油烟检测传感器，若检测到一定浓度的油烟，则会使继电器 K1 动作，继电器触点 K1-1、K1-2 接通，为两个电动机供电。电动机起动，开始进行抽气工作。

自动控制模式，工作失灵，重点应对油烟检测传感器和继电器进行检测。经检测发现继电器内部损坏，更换同型号继电器后，故障排除。

11.1 电烤箱、电炖锅和电饼铛的结构

11.1.1 电烤箱的结构

图 11-1 所示为典型电烤箱的结构。电烤箱的箱内设有石英发热管或是红外发热管，为了方便烘烤食物，通常将发热管设置在箱体的顶部和底部，被烘烤的食物放置在中间，中间还设有可旋转的支架，可将食物插在中间的支架上通过电动机带动缓慢旋转，以达到食物均匀受热的效果。

图 11-1 典型电烤箱的结构

扫一扫看视频

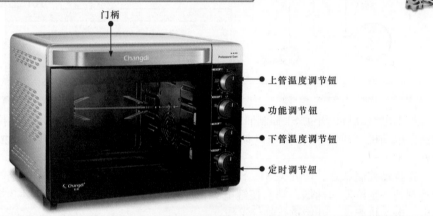

门柄 ——
—— 上管温度调节钮
—— 功能调节钮
—— 下管温度调节钮
—— 定时调节钮

门柄设在上部，可方便地打开前门放入和取出食物。右侧分别设有上管温度调节钮、功能调节钮、下管温度调节钮和定时调节钮。定时后开始工作，到达预定时间，烤箱自动停机，并发出提示信号。

此外，箱内还设有循环风扇，以促使箱体内的空气流动、温度均匀的目的。由于烤箱是工作在高温的情况下，为防止电路器件损坏，还另外设置冷却风扇以利用散热。在门框处都设有门控开关，打开门即断开电源，有利于安全操作。

图 11-2 所示为普通电烤箱的整体结构。该烤箱的结构比较简单，上下各设有一个加热管，只有一个温度调节钮和定时调节钮，没有功能调节钮，在箱体内中间设有一个托架，方便支撑食物，底部设有一个托盘，用以收集烤制过程中产生的油渣，便于烤后清洗。

1 加热器

电烤箱中多使用石英加热管对食物进行烘烤。电热丝设置在石英管内，通电后会发热，而且发热的速度比较快。典型石英加热管的视图如图 11-3 所示。它的两端设有接头和引线，注意接头和引线都必须使用耐高温且绝缘性能良好的材料，以保证长期使用的可能性。

2 温控器

电烤箱烧烤不同的食物需要不同的温度，这是用户在烤制前需要调节的。电烤箱的温控器所调节的温度范围通常是在 250℃ 以下。温度设定后，如果箱内的温度超过设定值，温控器会自动切断加热管的供电电源。温控器的温度检测探头放置于箱体之内，整体安装在调节面上，然后将旋钮套在调节轴上，以方便用户使用。典型温控器的结构如图 11-4 所示。

图 11-2　普通电烤箱的整体结构

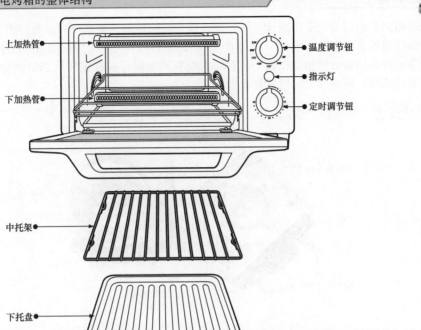

上加热管

下加热管

中托架

下托盘

温度调节钮

指示灯

定时调节钮

图 11-3　典型石英加热管的视图

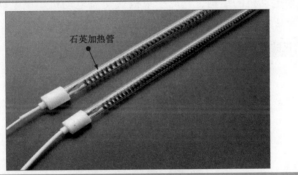

石英加热管

图 11-4　典型温控器的结构

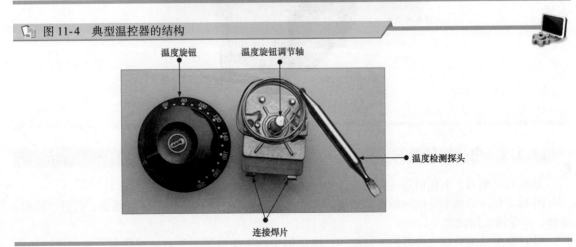

温度旋钮

温度旋钮调节轴

温度检测探头

连接焊片

3 定时器

电烤箱的定时器通常采用倒计时的方式，设定时间后就开始倒计时计数。当倒计时为 0 时，立即切断加热器的供电电源。典型定时器的结构如图 11-5 所示，它前面的螺孔用于在支架上固定，定时调节轴伸出面板，旋钮套在轴上。它的上面有两个焊片，在定时状态时两焊片之间是接通的，当定时时间到时，两焊片之间成断开状态。

图 11-5 典型定时器的结构

4 风扇电动机

图 11-6 所示为风扇电动机的结构，它属于罩极式交流电动机。该电动机没有外壳，成本较低，输出转矩比较大。这种电动机在其他家电设备中也比较常用。

图 11-6 风扇电动机的结构

11.1.2 电炖锅的结构

如图 11-7 所示，电炖锅是一种采用独特加热方式，精准控温的新型健康型炊具。

图 11-8 所示为典型电炖锅的整机结构。从外部结构上看，电炖锅主要是由锅盖、内胆、外锅、煲体、操作面板构成的。

图 11-9 所示为典型电炖锅的电路结构。电炖锅中的主要电路元件包括操作显示电路板、加热元件（发热圈）、热敏电阻器、温控器和温度熔断器等。

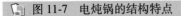

图 11-7　电炖锅的结构特点

锅盖

环形立体加热

双层裹温设计

操作面板智能控制

煲体

图 11-8　典型电炖锅的整机结构

锅盖

内胆

外锅

操作面板

煲体

扫一扫看视频

图 11-9　典型电炖锅的电路结构

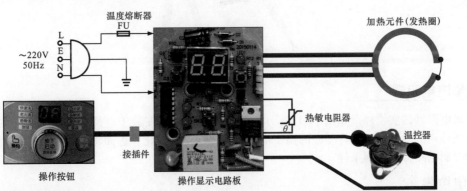

温度熔断器 FU

~220V 50Hz

L E N

加热元件（发热圈）

热敏电阻器

温控器

操作按钮

接插件

操作显示电路板

1　操作显示电路板

　　如图 11-10 所示，操作显示电路板主要用于对电炖锅工作状态的控制。可以看到，操作显示电路板上的数码液晶屏用以显示功能代码，发光二极管作为指示灯用以提示工作状态，集成电路用以完成对整机功能的控制，操作按钮对应人工操作按键用以完成人工操作指令。

图 11-10 操作显示电路板

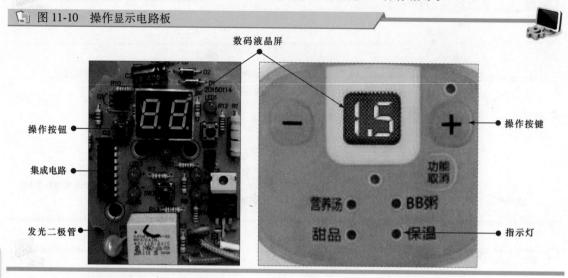

2 加热元件（发热圈）

加热元件是电炖锅的重要加热器件。如图 11-11 所示，为了得到良好的加热效果，电炖锅的加热元件常被制作成发热圈。这种元件通常是将电热丝绕制在板状的绝缘材料上，然后外部用绝缘材料保护，工作时通过加热丝发热，将热量传导给铝板，进而达到良好的加热效果。

图 11-11 加热元件的实物外形

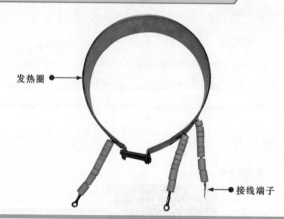

3 热敏电阻器

热敏电阻器的实物外形如图 11-12 所示，热敏电阻器通常安装于电炖锅的外锅处，主要用于感应电炖锅外锅的温度。然后将感应的温度信号转换成阻值的变化，进而将变化的信号传输到控制电路，为控制电路提供控制条件。

4 温控器

图 11-13 所示为温控器的实物外形，电炖锅的温控器主要用于监控加热温度，相当于温度控制开关，控制电炖锅在一定温度范围内工作，一旦超出温度范围，温控器断开停止加热功能。

图 11-12　热敏电阻器的实物外形

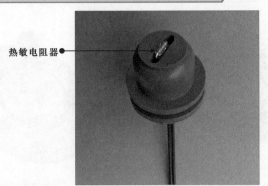

热敏电阻器

图 11-13　温控器的实物外形

5　温度熔断器

图 11-14 所示为温度熔断器的实物外形，温度熔断器主要用于保护电路。当电炖锅工作过程中因非正常情况导致温度过高时，温度熔断器会自动熔断，从而对电炖锅电路进行保护。

图 11-14　温度熔断器的实物外形

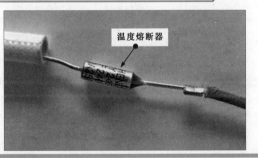

温度熔断器

11.1.3　电饼铛的结构

电饼铛或称烤饼机是一种烹饪食物的工具，它是由底铛和上盖组成的，上下铛均有电热器，可单面，也可上下两面同时加热使中间的食物受热，达到烹饪食物的目的。可制作烤饼、馅饼、肉食等，功能多且使用方便。其品种有大有小，有家用也有店面使用，功率也有大有小，但都具有过热保护功能。其外形也是多种多样的，特别是家用型大都制成外形精美、使用方便、安全可靠的食物加工器具。电饼铛的基本结构如图 11-15 所示。

图 11-15　电饼铛的基本结构

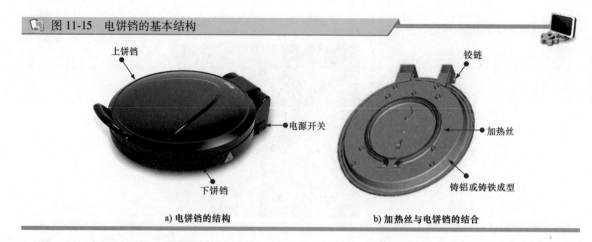

a) 电饼铛的结构　　　　　　　b) 加热丝与电饼铛的结合

图 11-16 所示为典型电饼铛的电路结构。电饼铛中的主要电气部件有电源开关、温控器、上下加热器及状态指示灯和上铛开关。

图 11-16　典型电饼铛的电路结构

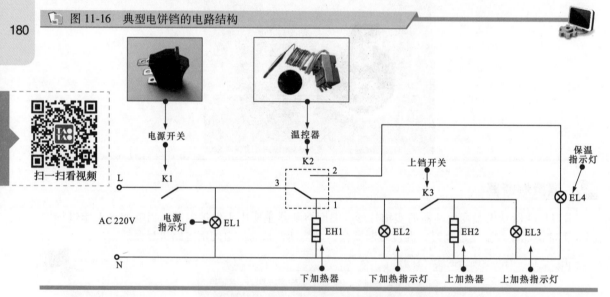

扫一扫看视频

当在设定温度以下时，温控器触点 3 与 1 接通；当超过设定温度时，温控器触点 3 与 2 接通。温控器的温度有可调节的，也有不可调节的。可调节的温控器通常可设定几档。

接通电源开关 K1，电源为电饼铛供电，电源指示灯 EL1 点亮，电源经温控器为下加热器 EH1 供电，同时下加热指示灯 EL2 点亮，如接通上铛开关 K3，则上加热器 EH2 通电发热，同时上加热指示灯 EL3 点亮。此时，上下加热器都为食物加热。如电饼铛温度超过设定值（180~240℃），则温控器的触点 3 和 1 断开，触点 3 和 2 接通，则 EH1、EH2 停止加热，EL2、EL3 指示灯也熄灭，保温指示灯 EL4 点亮。这种电饼铛只有下加热器加热的前提下，才能接通上加热器。因而下加热器为主加热器，上加热器为辅助加热器。

11.2　电烤箱、电炖锅和电饼铛的工作原理

11.2.1　电烤箱的工作原理

图 11-17 所示为一种采用 67F80 温控器的小型电烤箱控制电路。该电烤箱的加热器是由继电器 K1 控制的。交流 220V 电源经继电器 K1 的两组触点（K1-1、K1-2）为加热器供电。继电器的电源

经变压器降压后，再经桥式整流器和稳压二极管 VD1（12V）稳压后变成+12V 直流，经温控器 KT 为之供电。继电器 K1 线圈得电后，K1-1、K1-2 触点闭合，加热器 EH 得电发热。当箱体内温度超过设定值时，温控器断开，K1 线圈失电，K1-1、K1-2 也断开，加热器失电进行保温。在加热过程中继电器电源经 R1 降压、VD2 稳压后得到 3V 电压为音乐芯片 IC1（VT66A）供电，IC1 得电后由②脚输出音乐信号驱动蜂鸣器发出提示音，伴随加热器同时工作。

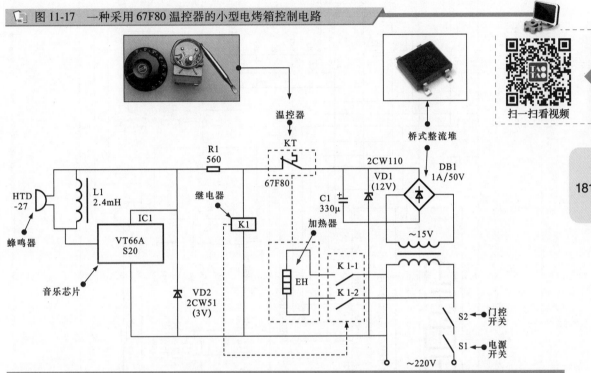

图 11-17 一种采用 67F80 温控器的小型电烤箱控制电路

181

图 11-18 所示为中州 CKF-09B 家用电烤箱控制电路，它是由电源电路、加热器控制电路、温度检测控制电路、双 D 触发器及定时控制和显示驱动芯片等部分构成的。

11.2.2 电炖锅的工作原理

如图 11-19 所示，电炖锅通常采取内外锅（胆）双锅体设计，蒸煮加热水位于内外锅体（胆）之间，加热时，通过加热锅体之间的水使其蒸汽化产生高温，进而对内胆中的食材进行蒸煮加热，这样不易破坏食材的营养元素。

图 11-20 所示为美的 BZS22A 型电炖锅的控制电路。可以看到，该电炖锅的电路比较简单，它主要是由定时器和温控器进行控制的。

工作前先调整定时器 ST3，调整后定时开关接通，并进行倒计时。此时，电源线（L）经熔断器 FU、加热器 EH1 和温控器 ST1，最后经定时器 ST3 与电源线（N）相连，加热器 EH1 开始加热。同时指示灯 HL1 点亮，指示加热状态。如果定时器时间到，定时器 ST3 断开，此时，电源经保温器 ST2 和温控器 ST1 为加热器供电。如果锅内温度高于 60℃，则保温器 ST2 自动断开进行保温。如果在加热过程中出现干烧，温度会超过 103℃，此时温控器 ST1 会自动断开，停止工作进行保护。如果锅内温度过高，温控器 ST1 失灵，或电流过大，熔断器 FU 会熔断进行断路保护。断路保护后需更换熔断器后才能正常工作。

图 11-21 所示为天际牌 ZZG-50T 型电炖锅的控制电路。该电路采用单片微处理器 HT46R064 对电炖锅进行控制，具有食材的炖煮功能，并设置防干烧保护、超温自动断电等安全保护电路。

182

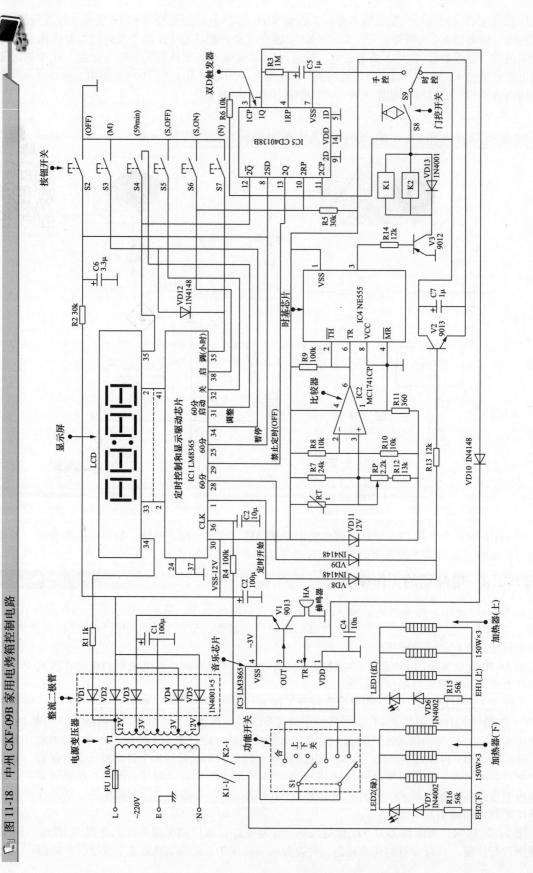

图 11-18 中州 CKF-09B 家用电烤箱控制电路

图 11-19　电炖锅的加热原理

- 电炖锅盖
- 电炖锅锅体
- 水
- 加热底盘

图 11-20　美的 BZS22A 型电炖锅的控制电路

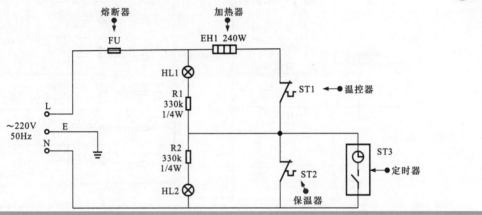

熔断器　　加热器

FU　　　EH1 240W

HL1

R1
330k
1/4W

ST1 ● 温控器

L

~220V
50Hz

E

N

R2
330k
1/4W

ST2

ST3 ● 定时器

HL2

保温器

11.2.3　电饼铛的工作原理

1　具有定时器功能的电饼铛电路

图 11-22 所示为一种具有定时器功能的电饼铛电路，只在所定时的时间范围内电源为电饼铛供电，到达所定的时间，定时器自动断电，防止发生过热故障。该电饼铛采用上下饼铛加热器独立的控制方式，K1、K2 分别为上下饼铛加热器供电的电源开关，上下铛分别设有温控器，该开关采用单触点开关。当低于 180℃时，开关为接通状态；当高于 180℃时，开关则断开，温度降低后会自动接通。

电饼铛工作时，先操作定时器，例如选 10min，电源经定时器为之供电，然后同时接通上下电源开关 K1、K2，电源开始经 K1、K2 分别为上下加热器供电。在加热过程中，如果温度超过 180℃，则温控器断开进行保温；如果温度低下来，再重新接通，上下铛加热时都有指示灯点亮。

2　可设定温度的电饼铛电路

图 11-23 所示为一种可设定温度的电饼铛电路，它是由直流电源电路、温控电路和加热器电路三部分构成的。

图 11-21　天际牌 ZZG-50T 型电炖锅的控制电路

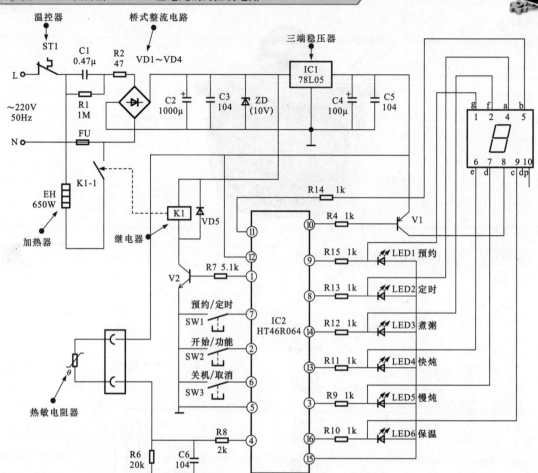

图 11-22　一种具有定时器功能的电饼铛电路

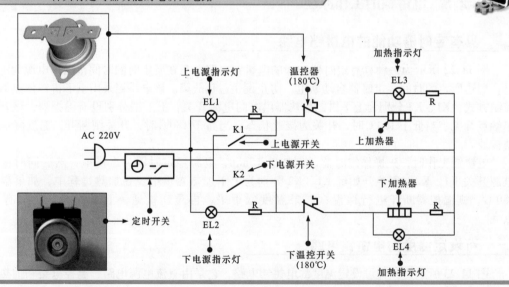

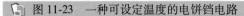

图 11-23　一种可设定温度的电饼铛电路

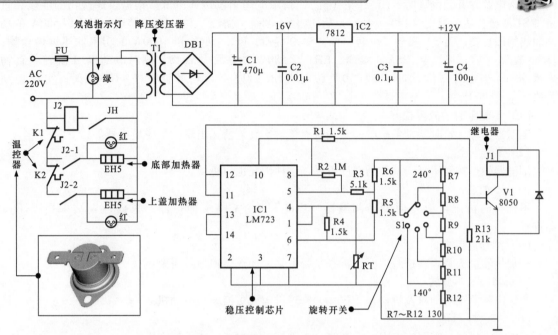

11.3　电烤箱、电炖锅和电饼铛的故障检修

11.3.1　电烤箱的故障检修

电烤箱的故障主要表现为整机不工作、不能定时、不能加热、调温失常或局部功能失常（如指示灯不亮、烤肉叉不转等）。

一旦出现故障，应根据电烤箱电路，沿信号流程对故障进行分析，从而做出正确的维修方案。如图 11-24 所示，以立邦 TAN-102 多功能电烤箱为例。

图 11-24　立邦 TAN-102 多功能电烤箱的电气原理图

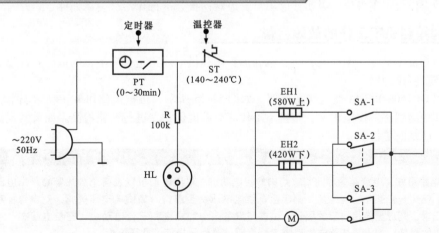

在该电烤箱电路中，PT 是定时器，ST 是调温器，SA 是功能选择开关，EH1、EH2 是加热器。

M 是同步电动机，HL 是电源指示灯。将定时器顺时针方向旋转至所需要的时间（0~30min），PT 闭合接通电源并开始倒计时，HL 灯亮（红），指示电烤箱已接通电源。根据烘烤食物的性质和重量将 ST 调至合适的温度（140~240℃）后，将 SA 调至"解冻"档，SA-1 接通，EH1 以 580W 的功率加热解冻食物；将 SA 调至"烘烤"档，SA-2 接通，EH1、EH2 以 1000W 的功率加热烘烤食物；将 SA 调至"旋转烤"档，SA-3 接通，EH1 以 580W 功率加热食物，同时电动机 M 旋转使食物烘烤均匀。当定时器倒计时回到"0"位时发出"叮"铃声，PT 断开，HL 熄灭，实现自动关机。

（1）不能定时的故障检修

定时器损坏、定时器发条松脱，开关触点接触不良等情况出现时都应更换器件。

（2）调温失控

调温器触点接触不良，调温器温度不准，这种情况也应更换。

（3）不加热

不加热的情况可查定时器、调温器、功能开关 SA 以及加热器，根据检查结果更换不良器件。

（4）加热温度偏低

查加热器接头是否有松脱情况，再查是否有某一加热器损坏，需要更换。

（5）烤肉叉不旋转

查烤肉叉驱动电动机及机构是否损坏，修理机构或更换同步电动机。

（6）指示灯不亮

查指示灯接线，查限流电阻是否断路，查氖灯是否损坏，如损坏应更换。

1 电烤箱加热温度偏低的故障检修

电烤箱的加热温度是受温度检测和控制电路控制的。如果电烤箱出现加热温度偏低的情况，主要原因为温度检测和控制电路部分存在故障或加热管存在部分损坏或性能不良的情况。

以中州 CKF-09B 家用电烤箱为例，出现加热温度偏低的原因主要有：

1）温度传感器（热敏电阻器）RT 性能变差或与温度传感器 RT 分压的电位器 RP 失调，使得 RT 阻值变小，导致 IC2 的 6 脚过早翻转为低电平，造成继电器 K1、K2 释放，切断了加热器电源。

2）上或下加热器中有一只或两只加热管烧坏或接头氧化，使得其接头处阻值增大，每组加热器的直流电阻约为 107.5Ω（3 个加热器并联后的值，万用表×10 欧姆档测量）。若阻值偏大，可分别卸下每个加热管的固定螺钉，每只 150W 加热管的正常阻值为 322.4Ω。如为无穷大，说明已烧断开路；如阻值大于正常值，说明接触不良，应对连接处进行除污、去锈处理。

2 电烤箱整机不工作的故障检修

电烤箱整机不动作、无反应，应查电源插头座和供电线路是否有不良的情况并修复。如果供电正常，再查温度保护器。

以海尔 OBT600-10SDA 型电烤箱为例。如图 11-25 所示，根据电路可知，在常温下，温度保护器是保持在接通状态。供电正常，整机不工作应对温度保护器进行开路检测。如果发现温度保护器性能不良，应及时更换。

| 提示说明 |

通过电路可知，电烤箱的照明灯、烤肉旋转电动机、对流电动机以及各个加热管都是由电源板通过插件供电的。任何一个部分功能失常，都应检查供电电压是否正常。如供电电压失常，则电源板有故障；如供电电压正常，则应更换相对应的器件。该电路设有四个加热管和三台电动机，在断电状态分别检测加热管和电动机的阻值，如出现短路或断路情况都表明该器件已损坏，需要更换。

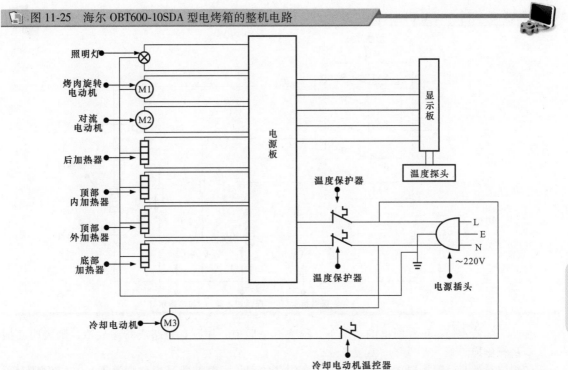

图 11-25　海尔 OBT600-10SDA 型电烤箱的整机电路

11.3.2　电炖锅的故障检修

电炖锅通常是利用相对较小的功率加热器对食物进行较长时间的慢炖，从而达到炖煮食材的目的。

为了达到良好的加热效果，电炖锅通常设置有 2~3 个加热器，分别为主加热器、副加热器和保温加热器。主、副加热器的功率多在 200~300W 范围内，保温加热器在 50~100W 范围内。

在电路中，对加热功能进行控制的主要部件是温控器，又称限温器。当锅内出现无水干烧情况时，温度会超过 100℃，此时限温器会断开，此功能又称之为"防干烧"，从而起保护作用。

实际使用中，电炖锅常出现的故障是整机不工作、加热异常或局部功能失常等。对于电炖锅的故障检修应结合电路图进行故障分析，进而找到故障部位，进行检修代换。

图 11-26 所示为美的 GH401 型电炖锅的控制电路。

该电路中设有三个加热器，分别为主加热器 EH2、副加热器 EH1 和保温加热器 EH3。功能开关控制电炖锅的加热状态。

当功能开关 SA1 动作时，电源直接为主加热器 EH2 供电，同时经温控器 ST1 为副加热器 EH1 供电，两加热器同时工作，如果到达预定温度，ST1 断开，只有主加热器工作。

当功能开关 SA2 动作时，电源同时为主、副加热器（EH2、EH1）供电，此时温控器不起作用，为强加热状态。

当功能开关 SA3 动作时，电源直接为副加热器 EH1 供电，经 ST1 为主加热器 EH2 供电。当温度到达预定温度 ST1 断开，只有副加热器 EH1 动作。

当功能开关 SA4 动作时，只有保温加热器 EH3 工作进行保温。指示灯 HL1 为保温指示灯，HL2 为加热指示灯。

如果电炖锅出现整机不工作，应重点检查供电和温控器。如果电炖锅有些功能正常，有些功能不正常，则通常应查功能选择开关或与之相连的加热器。

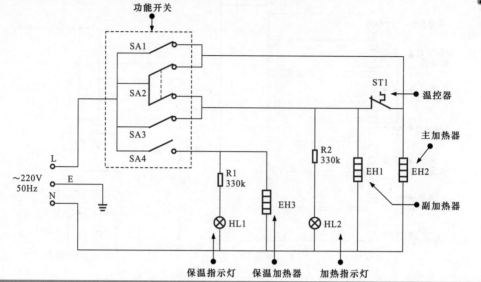

图 11-26　美的 GH401 型电炖锅的控制电路

加热器的检查通常可在断电的情况下，检查其电阻值，如果有短路或断路故障，则表明已损坏，应进行更换。

值得注意的是，温控器是电炖锅中故障率较高的器件。温控器（或称限温器）在常温情况下成短路状态，在超过 100℃ 的情况下变成断路状态，如果常温条件下断路，或在高温条件下仍短接，都是出现故障的表现，应更换新件。

1　电炖锅不工作的故障检修

电炖锅不工作的故障主要查三个方面：一是查加热器本身以及接线；二是查继电器及驱动晶体管；三是查电源供电。

以天际牌 ZZG-50T 型电炖锅为例（见图 11-21），检修时先查加热器：断开电源，检查加热器的阻值及接线，在正常情况下，加热器的阻值为 70~80Ω，如果有断路情况则属损坏，应进行更换。

再查继电器 K1 线圈是否有断路情况，以及继电器驱动晶体管 V2 是否损坏。

最后，查电源供电电路。查电源供电电路应在接通的状态下，检测桥式整流电路 VD1~VD4 的输出电压应为 10V，经三端稳压器稳压后 IC1 的 1 脚应为 +5V。如 +10V 正常，+5V 不正常，应查三端稳压器。如交流 220V 输入电压正常，而 +10V 输出不正常，应查降压电路 R1、C1、R2 以及桥式整流电路 VD1~VD4。注意该电炖锅的电路与交流输入端无隔离措施，电路中地线也有带交流高压的可能，带电检测时需要注意安全。

2　电炖锅操作按键无反应的故障检修

电炖锅加电后没有任何显示，操作任何按键都不动作，除了排查供电、加热器和继电器外，还应重点对微处理器及相关电路元件进行检查。

以天际牌 ZZG-50T 型电炖锅为例。检测时，先查微处理器的电源端 23 脚与接地端 5 脚之间的电压，正常时应为 +5V，实测几乎为 0V。接下来应分别查 +5V 的滤波电容 C4（100μF）和三端稳压器 78L05。检查后发现 C4 漏电严重，三端稳压器无输出，分别更换三端稳压器和滤波电容后故障排除。

3　电炖锅不加热的故障检修

如果电炖锅供电正常，只是不加热，则应重点检查主加热器。以美的 BGH303B 型电炖锅为例。

图 11-27 所示为美的 BGH303B 型电炖锅的控制电路，该电炖锅设有两个加热器，EH1（240W）是主加热器，EH2（50W）是保温加热器，或称副加热器。加热控制是由功能开关 SA 进行控制的。功能开关 SA 在 0 位置时为关断档，SA 在 1 位置时为保温档，指示灯 HL2 点亮，此时只有 EH2（50W）有电，功率较小进行保温。SA 处于 2 位置为自动加热档，电源经温控器 ST1 为主加热器 EH1 供电，温度到达加热温度时，ST1 会自动断开，然后电源经整流二极管 VD1 进行半波整流，加在 EH1 上的电压变成半压进行低温加热。当 SA 开关置于 3 位置时，电压直接加到主加热器 EH1 上，进行全功率加热。

图 11-27　美的 BGH303B 型电炖锅的控制电路

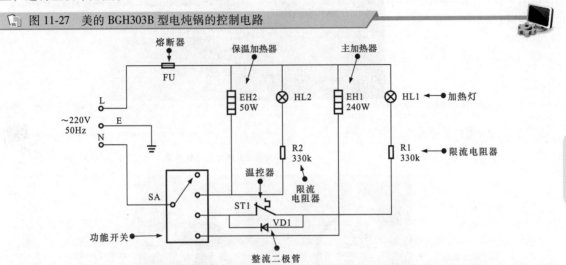

该电炖锅主加热器的功率为 240W，直流电阻约为 200Ω，打开电路板连接处，查主加热器两端的阻值，实测为无穷大，应更换同规格的加热器，更换后故障排除。

11.3.3　电饼铛的故障检修

电饼铛通常使用在高温环境下，电饼铛的内工作面通常都在 180℃ 左右，内部导线如果受到烘烤会引起绝缘层老化，且易造成击穿短路情况。特别是长期工作后会引起开关损坏，热保护器工作失常，加热管损坏或连接导线损坏，这种情况出现往往需要更换元器件。电饼铛的电路结构比较简单，观测也比较容易。

1　打开电源开关，电饼铛不加热

遇到这种故障，应先查供电电源。电源插头座接触不良，也会引起不加热的故障。如果电源供电正常，打开电饼铛，检查电源开关，电饼铛通常有两个开关分别控制上铛加热器和下铛加热器，分别检查开关的通断情况。如果开关按键引脚之间无接通情况，阻抗为无穷大，则表明开关损坏，应更换同型号（同规格）的开关。

其次是检查加热管，加热管从两接头测量其电阻约为 80Ω，如果偏离较大，特别是电阻为无穷大，则表明已经烧断，应更换新的加热器，更换新加热器应注意其阻值和外形尺寸，否则安装不到位，不能正常工作。

2　温控器的检查和更换

电饼铛的加热器电路中都设有温控器（过热保护开关），如图 11-28 所示，电源经温控器后为加热器供电，通常温控器的保护温度为 180~185℃，即当电饼铛表面的温度超过此温度，温控器会自动断开进行保护。当温度降低后又会自动接通电源继续加热。温控器靠螺钉固定紧贴在电饼铛的内侧。温控器的选择如图 11-29 所示，在常温下测量两焊片之间的电阻通常为 0，更换此温控器后应将它安装牢靠，两焊片一端接输入电源，另一端接加热管。

189

📖 图 11-28　温控器的安装位置

温控器

电饼铛加热器●

电饼铛铛壁●

●温控器电源引线

190

📖 图 11-29　温控器的选择

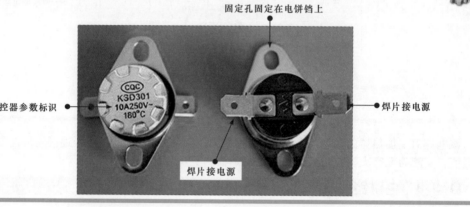

固定孔固定在电饼铛上

温控器参数标识●

CQC
KSD301
10A250V~
180℃

●焊片接电源

焊片接电源

12.1 智能热水器的结构

热水器是指通过各种物理原理，在一定时间内使冷水温度升高变成热水的一种装置。按照原理不同可分为电热水器、燃气热水器、太阳能热水器、磁能热水器、空气能热水器（也称为热泵型热水器）、暖气热水器等。

智能热水器是在传统热水器的基础上增加智能控制单元，即可通过联网（WiFi 无线网络连接）实现智能家居联网互通、数据集成分析和显示输出，根据数据进行状态了解和分析控制。

目前市场上占有率较大的智能热水器主要为智能电热水器和智能燃气热水器两种。

12.1.1 智能电热水器的结构

智能电热水器是指将电能转化成热能，并通过智能控制单元进行控制的热水器。一般包括硬件和软件两部分。硬件包括漏电保护（智能断电模块）、时间预设自行断电及上电（时控模块）和防漏电外壳。软件包括 APP 软件预设功能、警示提醒功能（电费超预设、定期更换或清洗元件）等。

图 12-1 所示为典型智能电热水器的实物外形。

📄 图 12-1　典型智能电热水器的实物外形

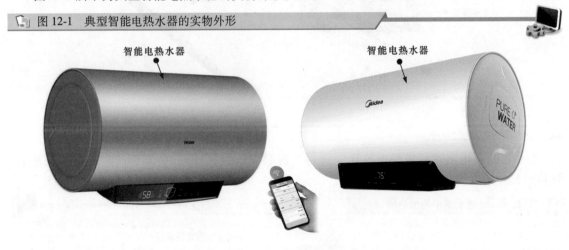

智能电热水器的基本结构如图 12-2 所示。电热水器可设定温度，启动后会自动加热，到达设定温度后，会停止加热并进行保温。智能电热水器还具有预约定时加热功能，因而还具有定时时间设定功能。电热水器的安全性是很重要的，因而普遍都具有漏电保护功能。

1 温控器

温控器是利用液体热胀冷缩的原理制成的。温控器将特殊的液体密封在测温探头中，并将测温探头插入储水罐中。图 12-3 所示为温控器的实物外形，是由测温探头和温控开关组成的。当储水罐中的水温到达设定温度时，温控器内的触点被膨胀的液体推动，使电路断开，停止加热。调节温控旋钮可调节触点断开的位移量，位移量与检测的温度成正比。当温度下降后，触点又恢复导通状态，加热管又重新加热。

📖 图 12-2 智能电热水器的基本结构

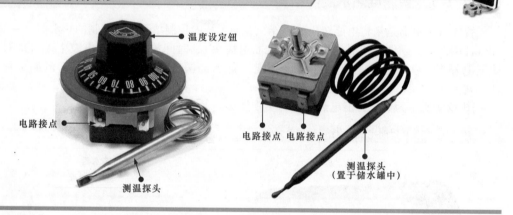

📖 图 12-3 温控器的实物外形

2 加热器

　　加热器是将电阻丝封装在金属管（钢制、铜制或铸铝材料）、玻璃管或陶瓷管中制成的，图 12-4 所示为电热水器中的加热管。

📖 图 12-4 电热水器中的加热管

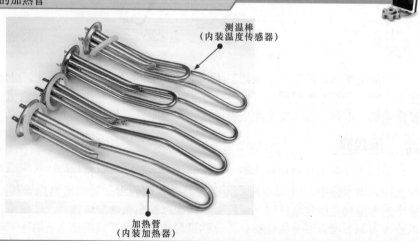

有些电热水器只有一根加热器，有些有两根，还有些有三根。具有多个加热器时，可根据不同需要进行半罐加热和整罐加热。

3 智能控制电路

智能控制电路是智能电热水器中的控制中心，温度检测、预约启动、功能提醒或警示、智能联网都是由智能控制电路实现的。

图 12-5 所示为典型智能电热水器中的智能控制电路板。

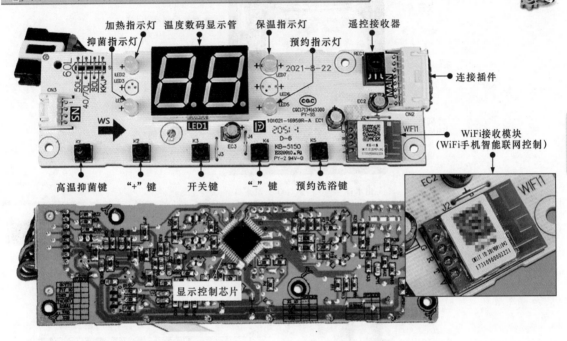

图 12-5　典型智能电热水器中的智能控制电路板

智能电热水器控制电路板上安装有 WiFi 接收模块，可实现联网控制功能。用户可通过手机 APP 控制电热水器的启、停或实时监测等功能。除此之外，电热水器的传感器通过相应的接口送入控制电路板，在控制芯片的控制下具备调温、恒温、防干烧、防漏电等多项自检和提醒功能。同时也可对电热水器进行更加智能和精确的控制。

12.1.2　智能燃气热水器的结构

智能燃气热水器是利用燃气燃烧的热量来对水进行加热的电气设备。图 12-6 所示为智能燃气热水器的内部结构。

智能燃气热水器主要是由鼓风机（抽风机）、脉冲点火器、燃气比例阀、水流量传感器、全封闭燃烧室（燃烧器）、水箱（热交换器）、智能控制器（电路）、电源变压器、温控器（过热保护开关）等构成的。

1 鼓风机（抽风机）

如图 12-7 所示，燃气热水器的鼓风机（抽风机）主要是由风扇电动机和波轮扇叶构成的。风扇电动机多采用单相交流电动机，电动机转动，带动波轮扇叶旋转，起到抽送空气的目的，从而加速空气流通，增加氧气量，确保燃气能充分燃烧。抽送空气的同时将机体内的热空气随排风烟道排出，保证良好的散热。

图 12-6　智能燃气热水器的内部结构

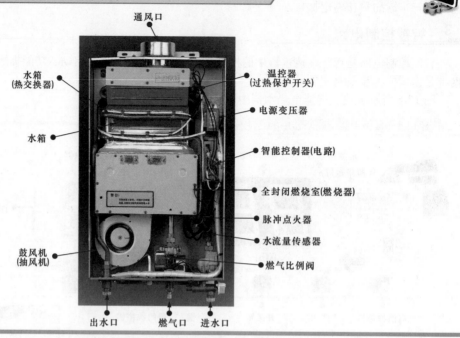

通风口

水箱
(热交换器)

水箱

鼓风机
(抽风机)

温控器
(过热保护开关)

电源变压器

智能控制器(电路)

全封闭燃烧室(燃烧器)

脉冲点火器

水流量传感器

燃气比例阀

出水口　　燃气口　　进水口

图 12-7　鼓风机（抽风机）

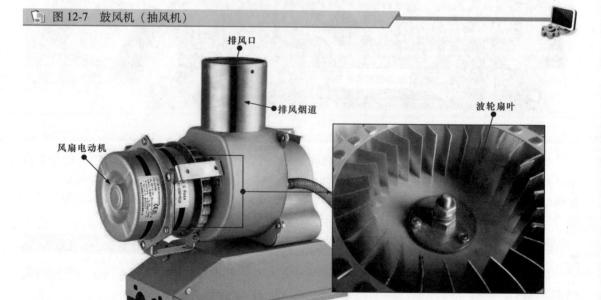

排风口

排风烟道

风扇电动机

波轮扇叶

2　脉冲点火器

如图 12-8 所示，脉冲点火器的点火针用以实现点火，感应针则用以检测火焰的大小，并将感应信号传送给控制芯片，控制芯片会根据反馈信号做出相应的控制指令。例如，当点火针点火完毕，感应针感应到火焰后，会将信号反馈给控制芯片，控制芯片便会控制电磁阀维持线圈得电的状态，保证电磁阀处于打开的状态。

图 12-8　脉冲点火器

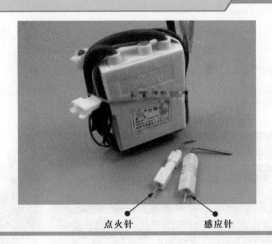

点火针　　　　感应针

3　燃气比例阀

如图 12-9 所示，燃气比例阀主要用以控制燃气管路的阀门开启或关闭程度，从而有效控制燃气进气量。其内部由截止阀和比例调节阀构成，是燃气热水器实现恒温的关键部件。

图 12-9　燃气比例阀

4　水流量传感器

如图 12-10 所示，水流量传感器安装在进水管处，该器件可将水流信号转换成电信号传送给智能控制器（控制电路）。该信号作为点火控制器的点火信号，即检测到有水流通过时便点火启动加热工作。

图 12-10　水流量传感器

5　全封闭燃烧室（燃烧器）

燃气热水器的燃烧室采用全封闭设计，内部安装有燃烧器，俗称火排。如图 12-11 所示，燃烧器（火排）有多排（通常 4~6 排）喷嘴。工作时，燃气通过喷嘴燃烧，加热器的上方就是盘管，流经盘管的水即可被迅速烧热。

图 12-11　全封闭燃烧室（燃烧器）

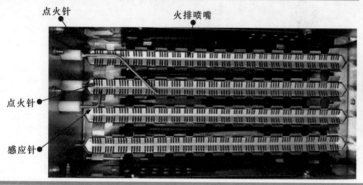

点火针　　　　　火排喷嘴

点火针

感应针

6　水箱（热交换器）

如图 12-12 所示，燃气热水器的水箱也称热交换器。高档燃气热水器多采用无氧纯铜水箱，普通燃气热水器则采用浸锡铜、不锈钢或铝制水箱。水箱的材质具有良好的导热性，能够很好地将燃烧器燃烧的热量传给水箱中的水，以保证燃气热水器不断有热水流出。

图 12-12　水箱（热交换器）

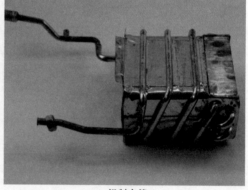

无氧纯铜水箱　　　　　　　　　　　　铝制水箱

7　智能控制器（电路）

如图 12-13 所示，智能控制器是整个燃气热水器的控制核心。该部件采用微计算机（集成电路）控制，通过传感器接收工作状态信息，经微计算机运算处理后，输出控制指令，达到控制和协调燃气热水器各功能部件的工作。

8　风压开关

如图 12-14 所示，风压开关通常安装在抽风机电动机和排风烟道附近，主要用以检测烟道的畅通状态。

图 12-13 智能控制器（电路）

控制器与各功能部件或电路的连接引线　　　控制器内的控制电路板

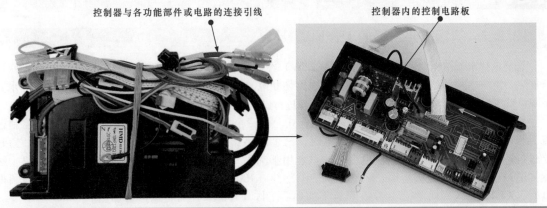

图 12-14 风压开关

风压开关

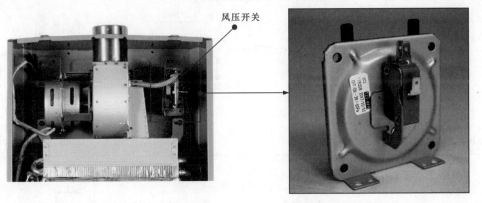

9 温控器

如图 12-15 所示，温控器的作用主要用以检测水温。当水温超出安全范围时（通常设定在 95℃），温控器便会断开，从而切断电磁阀线圈的供电，电磁阀线圈失电释放，便会切断燃气管路的进气，停止加热功能。

图 12-15 温控器

温控器　　　　　　　　　　　　　　　　　　　温控器

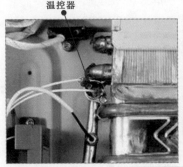

12.2 智能热水器的工作原理

12.2.1 智能电热水器的工作原理

智能电热水器储满水后通电，电源（AC220V）经控制电路为加热器供电，加热器对储水罐内的水进行加热。当加热温度大于设定温度时，温控电路切断电源供电，进入保温状态，可以用水洗浴；当水温下降，低于设定温度时，温控电路再次接通电源进行供电，可实现自动温度控制，始终有热水可用。

图 12-16 所示为采用三个加热器的控制方式。将三个加热器串接起来，并设两个继电器控制触点。当两个继电器 K1、K2 线圈均未得电时，三个加热器构成串联关系，电阻为三个加热器之和，流过加热器的电流变小，发热量也变小，只能用于洗手、洗脸。当继电器 K2 线圈得电时，K2-1 触点接通，中、下加热器被短路，只有上加热器加热（1000W），对上半罐加热。当继电器 K1 线圈得电时，K1-1 将上、中加热器短路，只有下加热器工作（1500W）对整罐进行加热。

图 12-16 采用三个加热器的控制方式

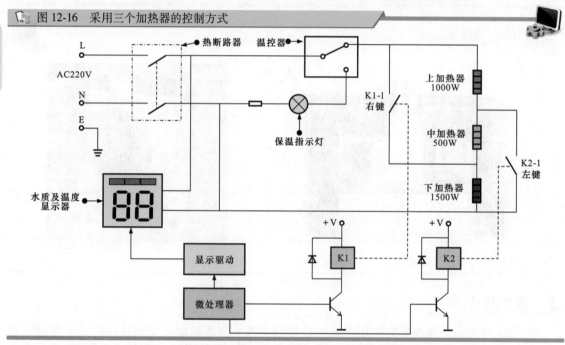

在温控方式上，智能电热水器可分为温控器控制方式和微处理器控制方式。

采用温控器控制电路的方式比较简单，如图 12-17 所示，电源经漏电保护开关后，分别经过熔断器和温控器为电加热器（EH）供电，当温度达到设定值时，自动切断电源，停止加热，当温度低于设定值时，接通电源开始加热。温控器的动作温度可由人工调整。

图 12-17 温控器控制方式

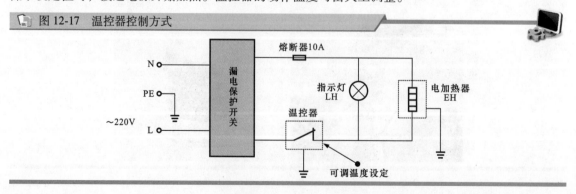

图 12-18 所示为微处理器控制方式，定时开/关机和温度都可人工设定。微处理器通过继电器对加热器进行控制，通过对储水罐内水的温度检测输出相应控制信号。

图 12-18 微处理器控制方式

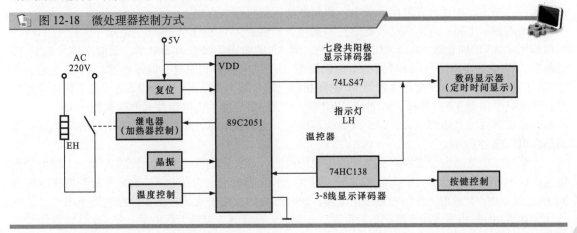

12.2.2 智能燃气热水器的工作原理

图 12-19 所示为一种典型的智能燃气热水器的控制电路，该电路是由高压点火电路、电磁阀控制电路和火焰检测电路等部分构成的。

图 12-19 一种典型的智能燃气热水器的控制电路

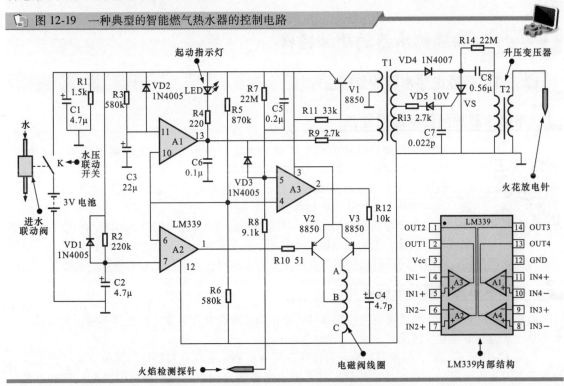

高压点火电路是由起动电路、振荡电路和高压脉冲产生电路构成的。当使用热水器时，打开热水器的出水阀门后，由于进水联动阀与水压联动开关安装在一起，靠水压的作用，开关 K 会接通，于是电池（3V）为电路供电。3V 电压直接加到振荡晶体管 V1（PNP 管）的发射极，同时电源经 R3 为 C3 充电，C3 开始电压为 0V，经电压比较器 LM339 的 A1 部分。A1 的 11 脚为 0V，10 脚是由电源经 R5 后供电，为高电平，因而 A1 的输出 13 脚也为 0V（低电平），该电压经 R9 和变压器 T1 的绕组加到振荡晶体管 V1 的基极，使 V1 导通，V1 导通使电流流过变压器 T1 的一次绕组，正反馈绕组为 V1 提供正反馈信号，使之振荡起来。变压器 T1 的二次侧为晶闸管 VS 振荡电路提供电压和触发信号，VS 启振后为升压变压器 T2 的一次绕组提供脉冲信号，升压变压器 T2 的二次绕组产生高压脉冲，高压脉冲使火花放电针放电，遇到燃气就会将燃气点燃。

电磁阀控制电路：电磁阀是控制燃气的阀门，开机后，A1 的 13 脚输出为低电平，由于 VD3 的钳位作用使 A3 的同相输入端 5 脚也为低电平，则 A3 的输出 2 脚也为低电平，低电平信号加到 V3 的基极，V3 也为 PNP 管，V3 导通为电磁阀绕组 A-C 供电。与此同时，电源经 R2 为 C2 充电，开始 C2 上的电压为 0V，使电压比较器 A2 的同相输入端 7 脚为低电平，于是 A2 的输出 1 脚也为低电平，该低电平加到 V2 的基极，V2 也是 PNP 管，于是 V2 导通，由电流注入电磁阀绕组 B-C 中，这两部分电流合力使电磁阀打开，为燃气热水器供气，遇到放电脉冲则被点燃，并对水进行加热，输出热水可以洗浴。

火焰检测电路是由设置在点火部位的探针构成的。点火完成后，电压比较器 A1 的 11 脚由于充电电压已上升至电源电压，因而为高电平，则 A1 的 13 脚输出也为高电平，该电平加到振荡晶体管 V1 的基极，使 V1 截止，振荡电路停止工作，同时燃烧的火焰使火焰检测探针产生离子电流，使电压比较器 A3 的同相输入端 5 脚仍为低电平，于是 A3 的输出 2 脚仍为低电平，使 V3 晶体管保持导通状态，维持电磁阀的吸合保持状态。此时电压比较器 A2 的同相输入端外接的电容器 C2 已被充电为高电平，则 A2 的输出端 1 脚变为高电平，高电平加到 V2 的基极使 V2 截止，于是电磁阀绕组中少了 V2 的供电电流，只有 V3 的电流。这样是为了节省能源而设计的电路。在起动电磁阀时，需要较大的电流，而维持电磁阀工作则不需要较大的电流，只有较小的电流就能维持电磁阀的吸合状态。

12.3 智能热水器的故障检修

12.3.1 智能电热水器的故障检修

1 电热水器加热器的故障检修

扫一扫看视频

电热水器加热器故障会造成电热水器开机不加热、加热慢等情况。检测时，打开电热水器储水罐的侧盖，将加热器取出。

首先，观察加热器表面是否有很多水垢附着。若是，需进行水垢清除，然后进一步对加热器的性能进行检测。

检测加热器两端之间的阻值即可判断是否正常，如图 12-20 所示，经查，两端阻值为无穷大，表明加热器已被烧断。在正常情况下应为 50~100Ω。

若加热器损坏，需选择同型号的加热器更换，重新安装时一定要注意安装位置和角度。

2 电热水器温控器的故障检修

温控器是电热水器中非常重要的控制器件，温控器故障常常会造成电热水器不能正常加热，出水不热，水温调节失常等情况。

如图 12-21 所示，对于温控器的检测可使用万用表检测温度变化过程中的阻值变化。首先，调整温控器的旋钮设定一个温度值。然后，将万用表两表笔分别搭在温控器两引脚端，观察测量结果。正常情况下，温控器内部在常温状态下为接通的，所以测得的阻值应为 0Ω，若阻值不正常，说明温控器故障。

接下来，改变感温头的感应温度，即将感温头置于热水中，若感温头感应的温度超出先前设定温度，温控器内部应处于断路状态，则所测得的阻值应为无穷大。若阻值没有变化，则说明温控器已损坏，需要更换。

图 12-20　加热器的检测

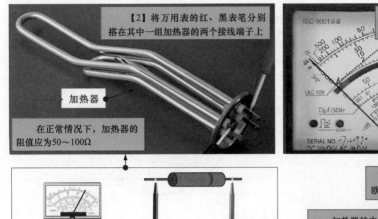
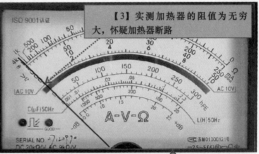

【2】将万用表的红、黑表笔分别搭在其中一组加热器的两个接线端子上

加热器

在正常情况下，加热器的阻值应为50～100Ω

【3】实测加热器的阻值为无穷大，怀疑加热器断路

【1】将万用表的档位调至"×10"欧姆档，并进行零欧姆调整

加热器的内部为电阻丝，电阻丝通电产生热量，通过加热器不同材质的管壁将热量散发出去

检测加热器两个接线端之间的阻值相当于检测电阻器的阻值

图 12-21　温控器的检测

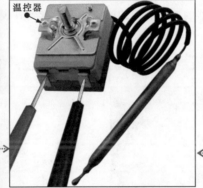

温控器

将万用表的红、黑表笔搭在电热水器温控器的两个接线端。在常温状态下，温控器内部接通，实测阻值应为0Ω，若阻值不正常，说明温控器故障

改变感温头的感应温度，即将感温头置于热水中，若感温头感应的温度超出先前设定的温度，温控器内部应处于断路状态，则所测得的阻值应为无穷大。若阻值没有变化，则说明温控器已损坏

3　使用电热水器时断路器跳闸故障的检修实例

（1）故障表现

电热水器使用过程中突然断电，供电配电箱中的断路器跳闸。

（2）故障分析

电热水器在使用过程中突然断电，供电配电箱中断路器跳闸的原因可能是机内出现短路故障，应断电检查电路。

打开电热水器的侧面，发现连接电热水器 A、B 两端供电导线之间因靠得太近发生短路击穿情况，电热水器一端引线接口出现烧黑情况。更换加热器及其引线，重新开机，故障被排除。图 12-22 所示为电热水器的接线图。

4　电热水器加热时间过长的故障检修实例

（1）故障表现

电热水器通电开机工作正常，能够加热，但加热时间过长。

图 12-22　电热水器的接线图

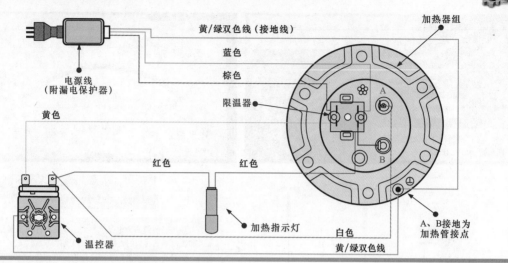

（2）故障分析

根据经验，电热水器通电开机工作正常，说明各组成部件及相关连接没有问题，重点应检查加热器本身。由于水质的影响，电热水器加热器长时间使用会在其表面形成厚厚的水垢，造成加热不良的故障。

如图 12-23 所示，将电热水器的加热器拆卸取出，可以看到其表面有厚厚的水垢。对加热器表面的水垢进行清除或更换加热器，故障排除。

图 12-23　电热水器加热器水垢严重

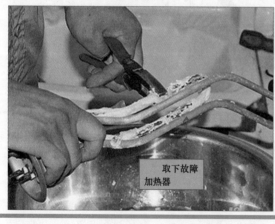

取下故障
加热器

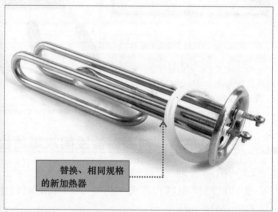

替换、相同规格
的新加热器

12.3.2　智能燃气热水器的故障检修

对于燃气热水器的检修主要分三个步骤，首先需要对燃气热水器的使用条件进行检查。例如检查燃气热水器种类是否和使用环境匹配。所使用的气源是煤气、天然气或液化石油气，应与所安装的燃气热水器匹配。同时，燃气热水器的进水口、花洒等部件有无堵塞，供水水压和供气气压是否正常。这些都是保证燃气热水器正常使用的前提条件。

排除使用环境的故障因素，进一步确认电路部分是否存在故障。这时，可以先通电开机，打开水阀，如果能够听到风机排风的声音，则基本表明风机之前的电路及部件功能正常，如风压开关、联动阀、风机、控制器及起动电容器等。当水流出时，若能够听到高压放电打火的声音，则表明脉冲点火电路的功能是基本正常的。如果在通电后打开水阀，没有反应，则应结合燃气热水器的电路，从供电电路入手，对电路部分进行逐级检测。

图 12-24 所示为变压器的检测。通常，燃气热水器内的电源变压器是故障率较高的部件。检测电源变压器可使用万用表检测其绕组的阻值，若阻值为无穷大，则说明电源变压器故障，需要更换。

图 12-24　变压器的检测

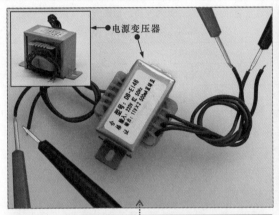

【1】将万用表档位旋钮调至电阻测量档，分别用红、黑表笔搭在电源变压器一次绕组和二次绕组上，检测其绕组的阻值

【2】实测电源变压器二次绕组的阻值为无穷大，怀疑内部线圈存在断路故障

如图 12-25 所示，燃气热水器的控制电路为燃气热水器各功能部件提供供电电压及控制信号，通过对控制电路各连接端口的检测即可确定相应的功能部件是否满足正常的工作条件。若供电或控制信号不正常，则说明控制电路存在故障。若供电或控制信号正常，而相应的功能部件工作失常，则说明该功能部件存在故障。

图 12-25　控制电路各连接端口

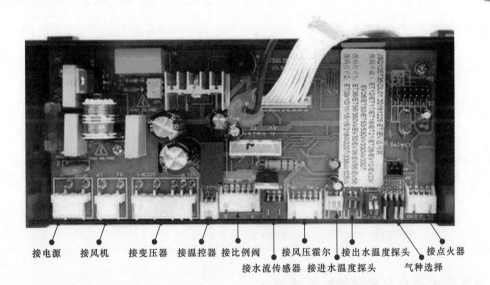

接电源　接风机　接变压器　接温控器　接比例阀　　接风压霍尔　接出水温度探头　接点火器
接水流传感器　接进水温度探头　气种选择

如果基本排除电路部分的故障因素，则燃气热水器的故障则主要在燃气管路部分。其中，燃气管路部分的故障多表现为点火不正常或水温不正常。燃气热水器常见故障的检修表见表 12-1。

表 12-1　燃气热水器常见故障的检修表

故障表现	故障原因	故障排除方法
点不着火或着火后熄灭	液化气燃气压力过高或过低；冬季气温低，液化气气化速度慢，供气不足	调整液化气减压阀或更换减压阀（液化气减压阀后压力应为 2800Pa 左右）
	天然气压力较小	确认并调整小火二次压力（天然气额定燃气压力应为 2000Pa）
	液化气钢瓶使用时倒置，残液倒灌进热水器燃气阀体内，导致燃气阀工作异常	拆开清洗燃气阀，如燃气阀体内橡胶薄膜变形、破损，则必须更换燃气阀体
	风机工作异常，或风机不转	更换风机
	电磁阀没有开启或绕组断掉	电磁阀绕组电阻大多数在 100Ω 左右
	电路板提供给电磁阀的电压太小，不能使其打开	测量电磁阀的电压是否为 DC20V 左右。检测变压器的 24V 输出电压是否正常。更换电路板或变压器
	比例阀绕组损坏	检查比例阀电压是否为小火 10V 左右、中火 15V 左右、大火 20V 左右
	脉冲点火器损坏，导致不点火	更换脉冲点火器
水不热	燃气压力低、燃气管道堵塞，燃气管路压力低	查燃气管道是否堵塞；请燃气公司检查燃气管路压力
	水流量过大；管道压力过大；管道口径太大	关小进水管的阀门及调高热水器的设定温度
	设置不当，应调在高档或冬天模式，当前调在中档或春秋模式	按说明书上的使用方法正确设置
水太烫	水压低，水流量小，水管堵塞	将水管调换到一定的口径；加装增压泵；清理热水器进水管过滤网；热水器上的水量调节到大；调换花洒，花洒的孔应尽量大
	液化气压力过高	调换液化气的减压阀，将燃气压力调至要求值
	设置不当，主要是将热水器设置在高温区造成的	按说明书上的使用方法正确设置
热水器点燃后有一段冷水，重新开水后又有一段冷水	这主要是强排风热水器的特性，不是故障。强排风热水器是为了提高用户使用的安全性，在热水器点燃前设置了前清扫，在热水器熄火后进行后清扫，将热水器中原有的废气排出热水器内，所以造成重新开水后又有一段冷水出现，另外，由于用户的龙头到热水器出水管有一定的距离，热水器将冷水加热到热水也需一定的时间，因此造成热水器点燃后有一段冷水	用户可缩短该段时间，将热水器先设置在高温档，等水热后再将水温设置在需要使用的温度

1　燃气热水器点火失败的故障检修

燃气热水器开机后，风机正常，点火失败。燃气热水器点火失败的故障检修如图 12-26 所示。

图 12-26　燃气热水器点火失败的故障检修

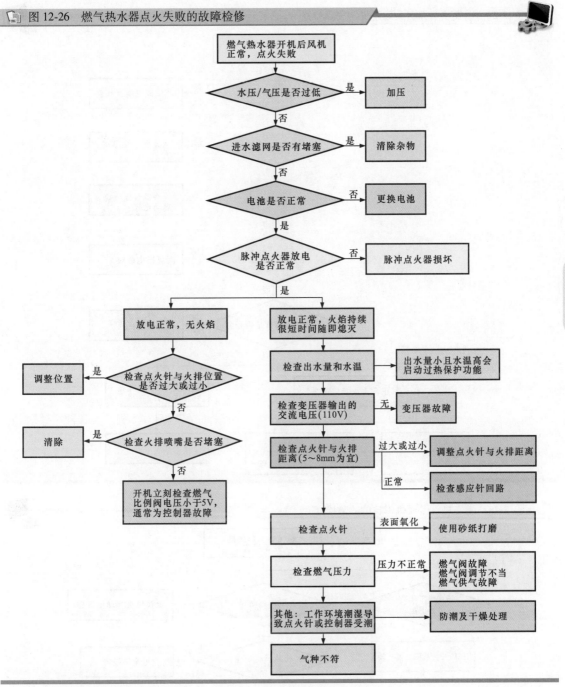

2　燃气热水器点火后熄灭的故障检修

燃气热水器能够正常点火，但点火后持续不了一段时间便随即熄灭。燃气热水器点火后熄灭的故障检修如图 12-27 所示。

3　燃气热水器风机不转的故障检修

燃气热水器通电开机工作，风机不转，且显示故障报警。燃气热水器风机不转的故障检修如图 12-28 所示。

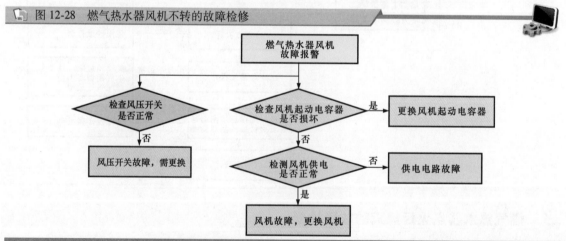

图 12-27　燃气热水器点火后熄灭的故障检修

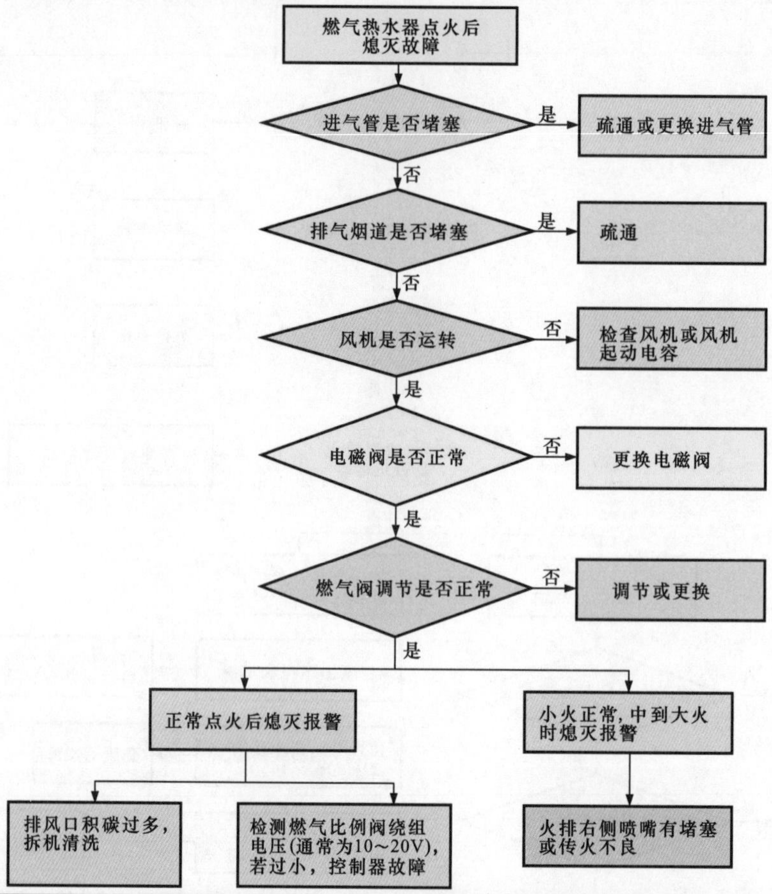

燃气热水器点火后熄灭故障

进气管是否堵塞 —是→ 疏通或更换进气管

否↓

排气烟道是否堵塞 —是→ 疏通

否↓

风机是否运转 —否→ 检查风机或风机起动电容

是↓

电磁阀是否正常 —否→ 更换电磁阀

是↓

燃气阀调节是否正常 —否→ 调节或更换

是↓

正常点火后熄灭报警　　　小火正常，中到大火时熄灭报警

排风口积碳过多，拆机清洗　　　检测燃气比例阀绕组电压（通常为10～20V），若过小，控制器故障　　　火排右侧喷嘴有堵塞或传火不良

图 12-28　燃气热水器风机不转的故障检修

燃气热水器风机故障报警

检查风压开关是否正常　　　检查风机起动电容器是否损坏 —是→ 更换风机起动电容器

否↓　　　否↓

风压开关故障，需更换　　　检测风机供电是否正常 —否→ 供电电路故障

是↓

风机故障，更换风机

4　燃气热水器不工作的故障检修

　　燃气热水器不工作主要表现为通电后不开机或使用中突然关机两种情况。图 12-29 所示为燃气热水器不工作的故障检修。

图 12-29　燃气热水器不工作的故障检修

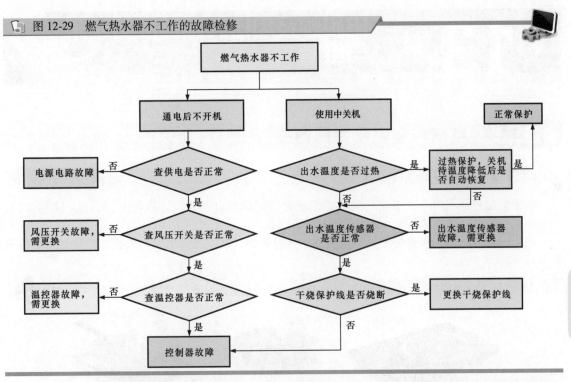

12.3.3　智能热水器智能联网单元的故障检修

　　智能热水器智能联网单元是实现热水器智能控制和联网功能的功能电路。例如，图 12-30 所示为典型智能电热水器中的智能联网单元。

图 12-30　典型智能电热水器中的智能联网单元

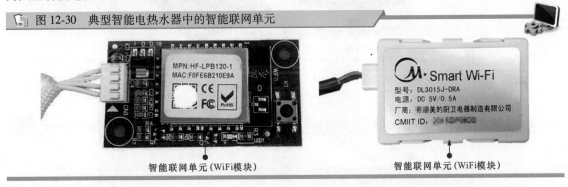

智能联网单元（WiFi模块）　　　　　　　　智能联网单元（WiFi模块）

　　智能联网单元故障表现比较明显，常见有无法连接 WiFi 网络、频繁掉线、智能手机搜索不到智能热水器等。该单元故障特征明显，当出现异常时，需要先从软故障入手，即查智能手机与热水器品牌是否匹配、查 APP 软件是否与热水器匹配、排查路由器故障等。排除软故障因素后，若仍无法连接网络，可能为智能联网单元中的 WiFi 模块故障，选配适合规格型号的 WiFi 模块进行替换，排除故障。

13.1 电磁炉和电压力锅的结构

13.1.1 电磁炉的结构

电磁炉是一种利用电磁感应（涡流）原理进行加热的电炊具。它具有体积小巧、使用方便、热效率高等特点，是目前家庭及餐厅必备的厨房电器。

图 13-1 所示为典型电磁炉的外形结构图。可以看到，其主要是由灶台面板、操作显示面板等部分构成的。

图 13-1 典型电磁炉的外形结构图

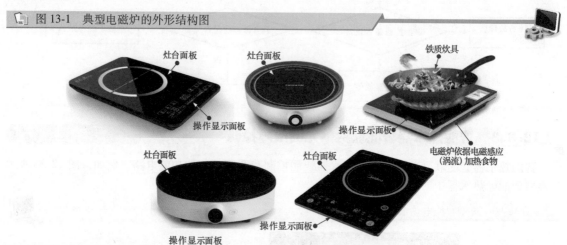

拆开电磁炉外壳即可看到内部结构，如图 13-2 所示，主要由炉盘线圈、电路板和散热风扇组件构成。

图 13-2 典型电磁炉的内部结构

扫一扫看视频

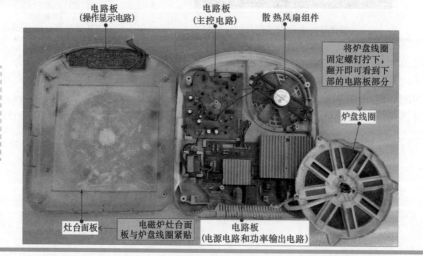

1 炉盘线圈

电磁炉的炉盘线圈又称加热线圈，实际上是一种将多股导线绕制成圆盘状的电感线圈，是将高频交变电流转换成交变磁场的元器件，用于对铁磁性材料的锅具加热。图 13-3 所示为炉盘线圈的实物外形。其外形特征明显，打开电磁炉外壳即可看到。

📄 图 13-3　炉盘线圈的实物外形

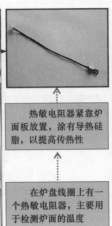

热敏电阻器

铁氧体扁磁棒

热敏电阻器紧靠炉面板放置，涂有导热硅脂，以提高传热性

在炉盘线圈上有一个热敏电阻器，主要用于检测炉面的温度

炉盘线圈一般是由多股漆包线拧合后盘绕而成的，以适应高频大电流信号的需求

在炉盘线圈的背部黏有 4~6 个铁氧体扁磁棒，用于减小磁场对下面的辐射

209

│相关资料│

炉盘线圈通常是由多股漆包线（近 20 股，直径约为 0.31mm）拧合后盘绕而成的，在炉盘线圈的背部（底部）黏有 4~6 个铁氧体扁磁棒，用于减小磁场对下面的辐射，以免在工作时，加热线圈产生的磁场影响下方电路。

炉盘线圈自身并不是热源，而是高频谐振回路中的一个电感。其作用是与谐振电容一起产生高频交变磁场。交变磁场在锅底产生涡流，使锅底发热，进而加热锅中的食物。

在不同品牌和型号的电磁炉中，炉盘线圈的外形基本相同，线圈圈数、线圈绕制方向和线圈盘大小、薄厚、疏密程度会有所区别，这也是电磁炉额定功率不同的重要标志。市场上常用的炉盘线圈有 28 圈、32 圈、33 圈、36 圈和 102 圈，电感量有 137μH、140μH、175μH、210μH 等。

图 13-4 所示为不同品牌电磁炉中的炉盘线圈外形对比。

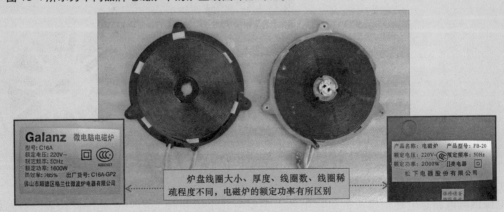

炉盘线圈大小、厚度、线圈数、线圈稀疏程度不同，电磁炉的额定功率有所区别

图 13-4　不同品牌电磁炉中的炉盘线圈外形对比

2 电路板

电路板是电磁炉内部的主要组成部分，也是承载电磁炉主要功能电路的关键部件。目前，常见的电磁炉通常设有两块或三块电路板，如图 13-5 所示，不同结构形式电路板的功能基本相同。

图 13-5 电磁炉中的电路板结构形式

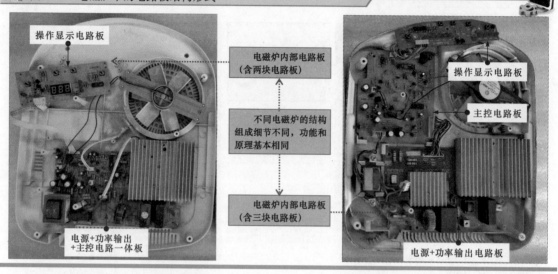

图 13-6 所示为采用三块电路板的电磁炉电路结构，根据电路功能，可将三块电路板划分为电源供电电路、功率输出电路、主控电路和操作显示电路。

图 13-6 采用三块电路板的电磁炉电路结构

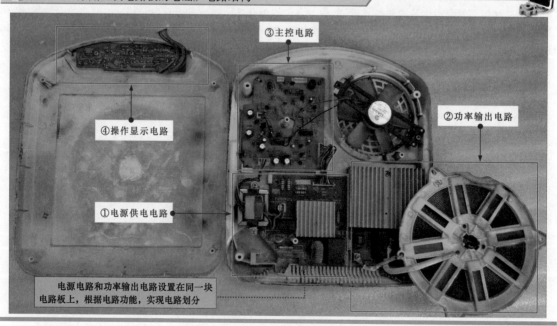

① 电源供电电路。

电源供电电路是电磁炉整机的供电电路，主要由几个体积较大的分立元器件构成，分布较稀疏，如图 13-7 所示。

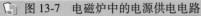

图 13-7　电磁炉中的电源供电电路

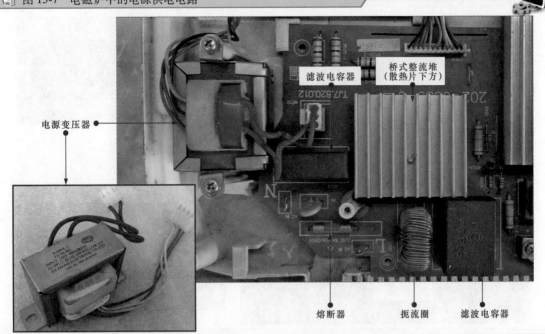

电源变压器

滤波电容器　桥式整流堆（散热片下方）

熔断器　扼流圈　滤波电容器

② 功率输出电路。

功率输出电路是电磁炉的负载电路，主要用来将电磁炉的电路功能进行体现和输出，实现电能向热能的转换。图 13-8 所示为典型电磁炉中的功率输出电路。

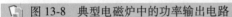

图 13-8　典型电磁炉中的功率输出电路

IGBT（散热片下方）

炉盘线圈背部

IGBT及阻尼二极管电路图形符号

阻尼二极管（散热片下方）

谐振电容

③ 主控电路。

主控电路是电磁炉中的控制电路，也是核心组成部分。电磁炉整机人工指令的接收、状态信号的输出、自动检测和控制功能的实现都是由该电路完成的。图 13-9 所示为典型电磁炉中的主控电路。

④ 操作显示电路。

操作显示电路是电磁炉实现人机交互的窗口，一般位于电磁炉上盖操作显示面板的下部。图 13-10 所示为典型电磁炉中的操作显示电路。

📖 图 13-9 典型电磁炉中的主控电路

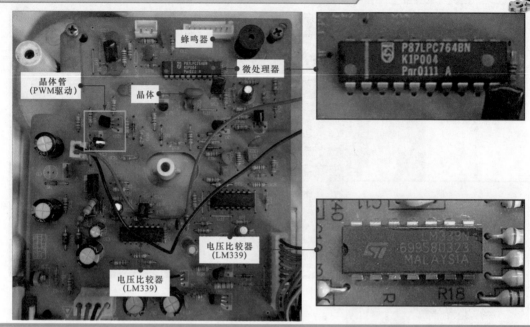

📖 图 13-10 典型电磁炉中的操作显示电路

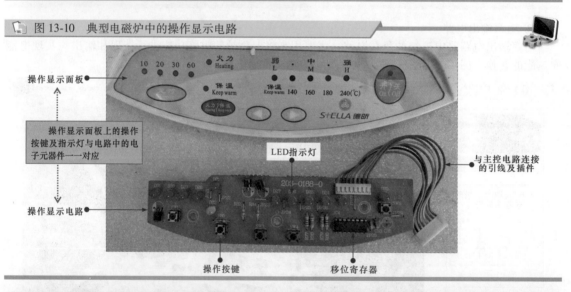

| 相关资料 |

　　不同品牌和型号电磁炉的功能不同，体现在操作控制方面表现为操作显示电路的具体结构不同。图 13-11 所示为集成了控制部分的典型电磁炉中的操作显示电路。

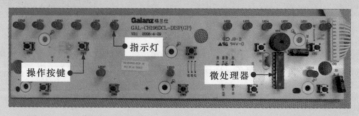

图 13-11　典型电磁炉中的操作显示电路（集成了控制部分）

3　散热风扇组件

电磁炉的散热口位于底部，电磁炉内部产生的热量可以通过风扇的作用由散热口及时排出，降低炉内的温度，有利于电磁炉的正常工作。

图 13-12 所示为典型电磁炉中的散热风扇组件。

图 13-12　典型电磁炉中的散热风扇组件

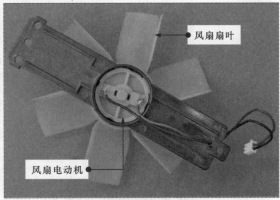

13.1.2　电压力锅的结构

电压力锅是一种能够实现对食材高压蒸煮的现代化厨房电器，集合了电饭锅和传统压力锅的特点。图 13-13 所示为典型电压力锅的外形结构。

图 13-13　典型电压力锅的外形结构

图 13-14 所示为典型电压力锅的整机结构。

1　加热器

图 13-15 所示为典型电压力锅的加热器。加热器通常铸造在铝盘中，安装在电压力锅的底部，加热器的正面平整，需要加热的锅具底面直接放置其上，通过传导的方式实现加热。加热器的反面主要有供电端、感应端和弹力支架。

图 13-14　典型电压力锅的整机结构

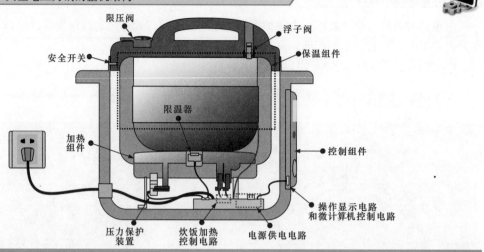

图 13-15　典型电压力锅的加热器

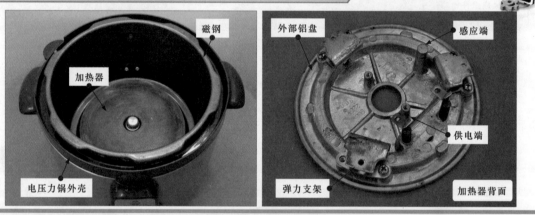

| 提示说明 |

　　图 13-16 所示为加热器与压力开关的控制关系，加热器的感应端主要与压力开关连接，通过弹力支架进行操作，感应端与压力开关接触，触动压力开关实现启停操作。

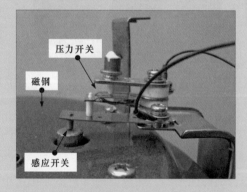

图 13-16　加热器与压力开关的控制关系

2 电源电路

电压力锅的电源电路通常位于电压力锅的底部，该电路在控制电路的控制下为加热盘供电，同时将交流 220V 电压转换成多路直流电压，为电压力锅其他电路或功能部件供电。如图 13-17 所示，电压力锅加热时，通过继电器内部开关的通断性能，实现对加热器的工作控制。当继电器绕组中有较大电流通过时，继电器内部触点闭合，便可接通加热器供电端。

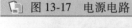
图 13-17　电源电路

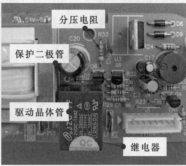
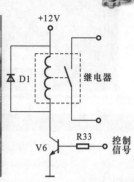

3 限温器

如图 13-18 所示，电压力锅中的限温器多采用热敏电阻式限温器（有些电压力锅也采用磁钢限温器）。它通常安装于电压力锅的底部，加热器的中央位置。当电压力锅的内锅放置好后，限温器直接与锅底接触，便可对内锅的温度进行监测。

图 13-18　电压力锅的限温器

| 相关资料 |

　　热敏电阻式限温器主要是通过热敏电阻控制电压力锅的温度。在室温环境中，热敏电阻式限温器阻值较大，与其连接的控制电路呈断路状态。在加热蒸煮食材时，热敏电阻式限温器的表面温度随食物煮熟而不断上升，当升至一定温度（例如 100～103℃）时，热敏电阻式限温器导通，使其连接的电路呈通路状态，为微处理器提供"蒸煮完成"的信号，电压力锅便会停止加热，并启动保温控制功能。

4 压力保护装置

图 13-19 所示为压力保护装置的结构，主要包括压力开关、限压阀、浮子阀和安全开关。

图 13-19　压力保护装置的结构

| 提示说明 |

　　压力保护装置主要是对电压力锅内部的压力进行控制，电压力锅的压力保护装置主要包括压力开关、限压阀、浮子阀和安全开关。压力开关安装在电饭煲的底部，限压阀、浮子阀和安全开关则安装在电压力锅的锅盖上。

5　操作显示及控制电路

　　图 13-20 所示为典型电压力锅的操作显示及控制电路。电压力锅的操作显示及控制电路被制成独立的电路单元，电路板上有很多按键开关用以实现人机交互，数码显示管和发光二极管用以显示电压力锅的工作状态。另外，在操作显示及控制电路中设有微处理器控制芯片，它是整个电压力锅的控制核心。工作的时候，微处理器会接收操作按键及各传感器送来的人工指令或检测信号，经内部程序运算处理，输出相应的控制指令来控制其他电路及功能部件工作。

图 13-20　典型电压力锅的操作显示及控制电路

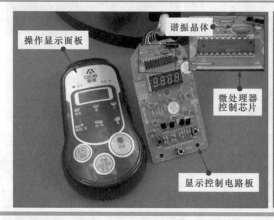

13.2　电磁炉和电压力锅的工作原理

13.2.1　电磁炉的加热原理

　　不同电磁炉的电路结构各异，基本工作原理大致相同。图 13-21 所示为电磁炉的加热原理示意图。

图 13-21 电磁炉的加热原理示意图

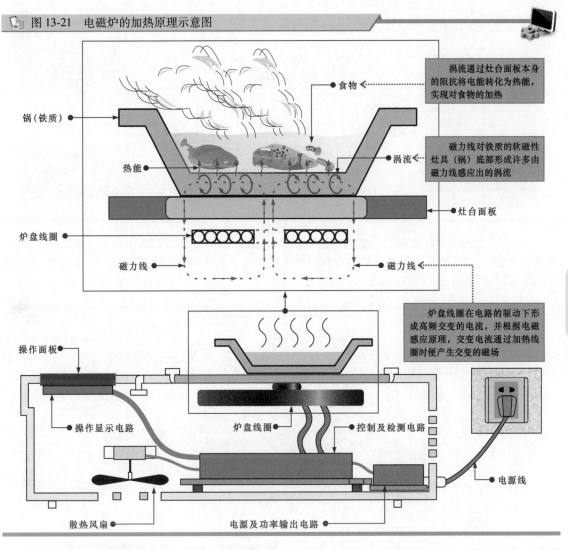

涡流通过灶台面板本身的阻抗将电能转化为热能，实现对食物的加热

磁力线对铁质的软磁性灶具（锅）底部形成许多由磁力线感应出的涡流

炉盘线圈在电路的驱动下形成高频交变的电流，并根据电磁感应原理，交变电流通过加热线圈时便产生交变的磁场

食物
锅（铁质）
热能
涡流
灶台面板
炉盘线圈
磁力线
磁力线

操作面板
操作显示电路
散热风扇
炉盘线圈
电源及功率输出电路
控制及检测电路
电源线

由图可知，电磁炉通电后，在内部控制电路、电源及功率输出电路的作用下，在炉盘线圈中产生电流。

根据电磁感应原理，炉盘线圈中的电流变化会在周围空间产生磁场，在磁场范围内如有铁磁性的物质，就会在其中产生高频涡流，高频涡流通过灶具本身的阻抗将电能转化为热能，实现对食物的加热、炊饭功能。

| 提示说明 |

当线圈中的电流随时间变化时，由于电磁感应，附近的另一个线圈会产生感应电流。实际上，这个线圈附近的任何导体都会产生感应电流。用图模拟感应电流看起来就像水中的旋涡，所以称其为涡电流，简称涡流。在电磁炉的工作过程中，灶具置于随时间变化的磁场中，灶具内将产生感应电流，在灶具内自成闭合回路产生涡流，使炊具产生大量的热量。

13.2.2 电磁炉的工作原理

图 13-22 所示为电磁炉的工作原理简图。市电 220V 通过桥式整流堆（四个整流二极管）将 220V 的交流电压整流为大约 300V 的直流电压，再经过扼流圈和平滑电容后加到炉盘线圈的一端，同时，在炉盘线圈的另一端接一个 IGBT。当 IGBT 导通时，炉盘线圈的电流通过 IGBT 形成回路，在炉盘线圈中就产生了电流。

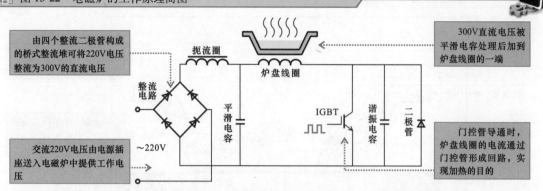

图 13-22 电磁炉的工作原理简图

由四个整流二极管构成的桥式整流堆可将220V电压整流为300V的直流电压

300V直流电压被平滑电容处理后加到炉盘线圈的一端

交流220V电压由电源插座送入电磁炉中提供工作电压

门控管导通时，炉盘线圈的电流通过门控管形成回路，实现加热的目的

图 13-23 所示为典型电磁炉的整机电路框图。电磁炉工作时，交流 220V 电压经桥式整流堆整流滤波后输出 300V 直流电压送到炉盘线圈，炉盘线圈与谐振电容形成高频谐振，将直流 300V 电压变成高频振荡电压，达 1000V 以上。

图 13-23 典型电磁炉的整机电路框图

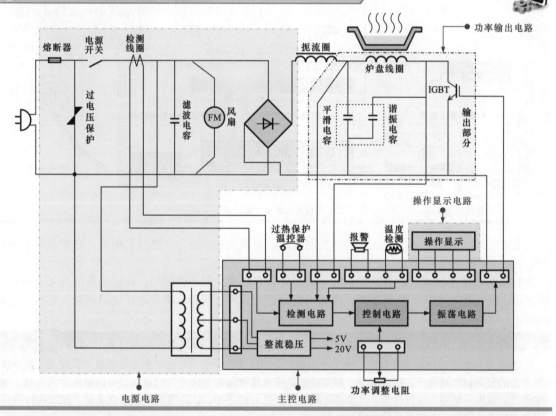

| 相关资料 |

电磁炉的电源供电电路由交流 220V 市电插头、熔断器、电源开关、过电压保护、电流检测等环节组成。若供电电流过大，则会烧毁熔断器；如果输入的电压过高，则过电压保护器件会进行过电压保护；如果电流过大，也会通过检测环节进行自动保护。

变压器是给控制板（控制电路单元）供电的，一般由交流 220V 输入后变成低压输出，再经过稳压电路变成 5V、12V、20V 等直流电压，为检测控制电路和脉冲信号产生电路提供电源。

电磁炉的主控电路部分主要包括检测电路、控制电路和振荡电路等，在电磁炉中被制成一个电路单元。该电路中振荡电路所产生的信号通过插件送给 IGBT，IGBT 的工作受栅极的控制。电磁炉工作时，脉冲信号产生电路为栅极提供驱动控制信号，使 IGBT 与炉盘线圈形成高频振荡。

电路单元中的检测电路在电磁炉工作时自动检测过电压、过电流、过热情况，并进行自动保护。例如，炉盘线圈中安装有温度传感器用来检测炉盘线圈温度，如果检测到的温度过高，则检测电路就会将该信号送给控制电路，然后通过控制电路控制振荡电路，切断脉冲信号产生电路，使其没有输出。过热保护温控器通常安装在 IGBT 集电极的散热片上，如果检测到 IGBT 的温度过高，则过热保护温控器便会自动断开，使整机进入断电保护状态。

图 13-24 所示为采用双 IGBT 控制的电磁炉电路框图。从图中可以看到，炉盘线圈是由两个 IGBT 组成的控制电路控制的。在加热线圈的两端并联有电容 C1，即高频谐振电容，在外电压的作用下，C1 两端会形成高频信号。

图 13-24 采用双 IGBT 控制的电磁炉电路框图

IGBT控制的脉冲频率就是炉盘线圈的工作频率，与电路的谐振频率一致才能形成一个良好的振荡条件，所以对电容的大小、线圈的电感量都有一定的要求
工作时，电磁炉通过调整功率实现火力调整。具体地讲，火力调整是通过改变脉冲信号脉宽的方式实现的。在该电路中，炉盘线圈脉冲频率的控制是由两个IGBT实现的。这两个IGBT交替工作，即第一个脉冲由第一个IGBT控制，第二个脉冲由第二个IGBT控制，第三个脉冲又回到第一个IGBT，如此反复。这种采用两个IGBT对脉冲频率进行交替控制的方式可以提高工作频率，同时可以减少两个IGBT的功率消耗
在电磁炉内部设有过电压、过电流和温度检测电路，工作时，如果出现过电压、过电流或温度过高的情况，则过电压、过电流和温度检测电路就会将检测信号传递给微处理器，微处理器便会将PWM脉冲产生电路关断，实现对整机的保护
铁制
平底锅
炉盘线圈
130～60μH
交流
220V
300V
L1
C2
5μ
C1
0.3μ
高频开关电流
变压器
低压电源电路
5V
12V
控制电路
CPU
PWM脉冲
产生电路
G
C
E
IGBT
过电压、过电流
和温度检测电路
操作显示电路
对PWM脉冲产生电路的控制采用微处理器的控制方式，微处理器（简称CPU）作为电磁炉的控制核心，在工作的时候接收操作显示电路的人工按键指令。操作开关就是将启动、关闭、功率大小、定时等工作指令送给微处理器，微处理器就会根据用户的要求对PWM脉冲产生电路进行控制，实现对炉盘线圈功率的控制，最终满足加热所需的功率要求
IGBT控制的脉冲频率是由PWM脉冲产生电路产生的。脉冲信号对IGBT开和关的时间进行控制。在一个脉冲周期内，IGBT导通时间越长，炉盘线圈输出功率就越大；反之，IGBT导通时间越短，炉盘线圈输出的功率就越小，通过这种方式控制IGBT的工作，即可实现火力调整

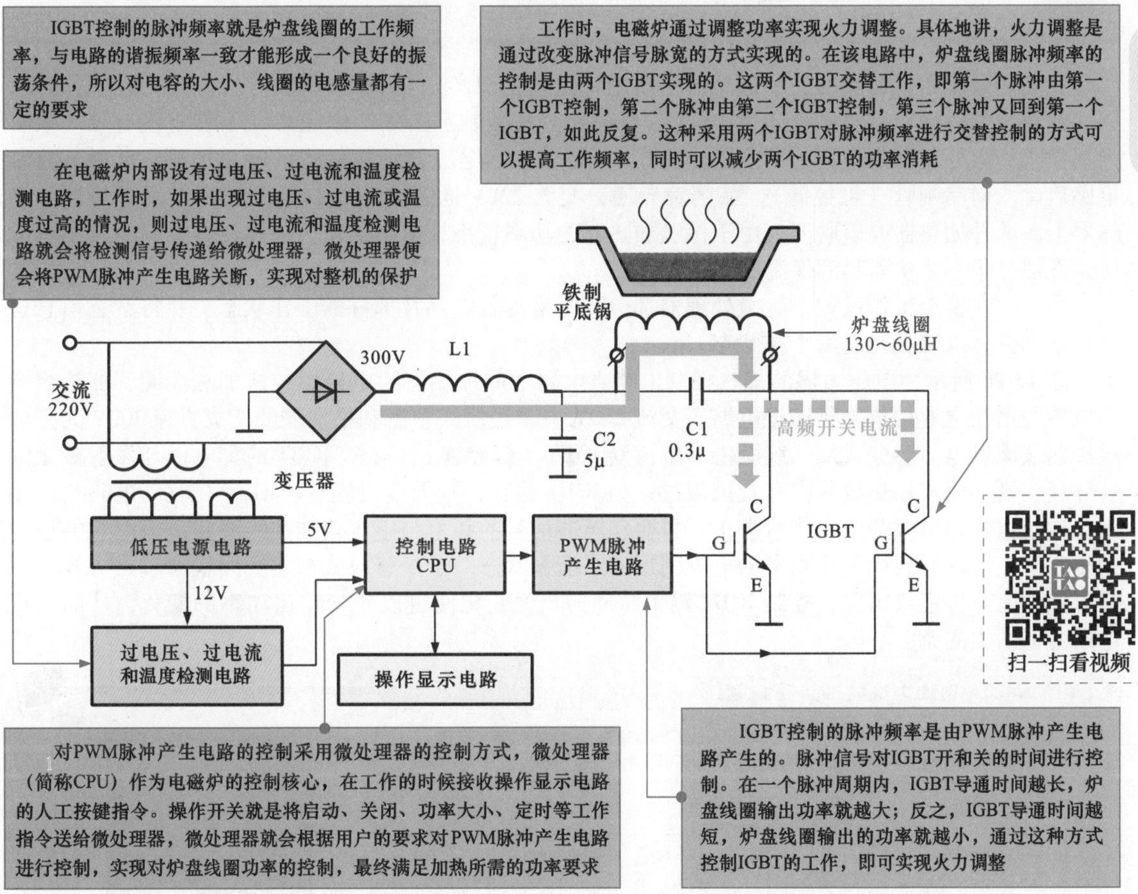

扫一扫看视频

13.2.3 电压力锅的工作原理

图 13-25 所示为电压力锅的电路控制原理。

接通电源后，交流 220V 市电通过直流稳压电源电路进行降压、整流、滤波和稳压后，为控制电路提供直流电压。当通过操作按键输入人工指令后，由微处理器根据人工指令和内部程序对继电器驱动电路进行控制，使继电器的触点接通，此时，交流 220V 的电压经继电器触点便加到加热器上，为加热器提供 220V 的交流工作电压，加热器开始加热工作。

📖 图 13-25　电压力锅的电路控制原理

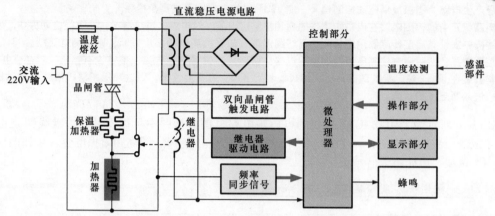

在加热过程中，锅底的温度传感器不断地将温度信息传送给微处理器，当锅内水分大量蒸发，锅底没有水的时候，其温度会超过 100℃，此时微处理器判别蒸煮工作完成（不管有没有熟，只要内锅没水，微处理器都会认为蒸煮工作完成），便会控制继电器释放触点，停止加热。此时，控制电路启动双向晶闸管（可控硅），晶闸管导通，交流 220V 通过晶闸管将电压加到保温加热器和加热器上，两种加热器成串联型。由于保温加热器的功率较小、电阻值较大，加热器上只有较小的电压，发热量很小，从而起到保温的作用。

另外，在整个工作过程中，微处理器都会随时检测各电路及部件的工作状态，并将状态信息送到显示部分，以便实时显示工作状态。

图 13-26 所示为电压力锅的加热控制电路。电路中的加热器为电磁感应式加热线圈。加热线圈的电感与谐振电容构成高频谐振电路。交流 220V 电源经桥式整流和平滑滤波变成直流 300V 为感应式加热线圈供电。感应式加热线圈中的电流受 IGBT（门控管）控制，IGBT 的集电极与发射极之间若导通，则感应式加热线圈中有直流流过；如 IGBT 截止，则无电流流过。IGBT 在驱动电路的作用下导通或截止，形成开关工作状态，如果驱动脉冲信号的频率与感应式加热线圈和谐振电容的谐振频率相同，则感应式加热线圈中的电流就形成了谐振状态。于是感应式加热线圈就通过磁力线的感应方式将能量传递给锅底，控制 IGBT 输出脉冲的宽度变化便可以改变输出功率的变化，从而实现电压力锅活力的调节。

📖 图 13-26　电压力锅的加热控制电路

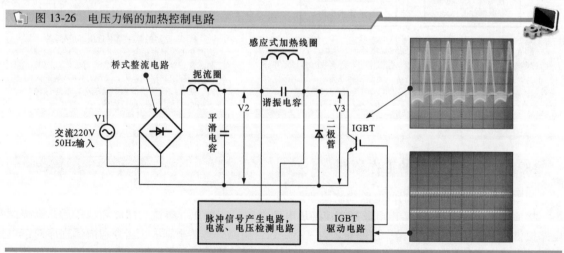

13.3 电磁炉和电压力锅的故障检修

13.3.1 电磁炉电源供电电路的故障检修

电磁炉作为一种厨房用具，最基本的功能是实现加热炊饭，因此出现故障后，最常见的故障也主要表现在炊饭功能和工作状态上，如"通电不工作""不加热"和"加热失控"等。

不同的故障现象往往与故障部位之间存在着对应关系。检修前，应认真分析和推断故障原因，圈定故障范围。

电磁炉的电源供电电路几乎可以为任何电路或部件提供工作条件。当电源供电电路出现故障时，常会引起电磁炉无法正常工作的故障现象。

在通常情况下，检修电源供电电路时可首先采用观察法检查主要元器件有无明显的损坏迹象，如观察熔断器是否有烧焦的迹象，电源变压器、三端稳压器等有无引脚虚焊、连焊等不良的现象。如果出现上述情况，则应立即更换损坏的元器件或重新焊接虚焊引脚。若从表面无法观测到故障部件时，则借助检测仪表对电路中关键点的电压参数进行检测，并根据检测结果分析和排除故障。

1 电源供电电路中关键点电压的检测方法

电源供电电路是否正常主要通过检测输出的各路电压是否正常来判断。若输出电压均不正常，则需要判断输入电压是否正常。若输入电压正常，而无电压输出，则可能是电源供电电路本身损坏。

例如，根据前面对电磁炉工作原理的分析可知，300V 电压是功率输出电路的工作条件，也是电源供电电路输出的直流电压，可通过检测 300V 滤波电容判断电压是否正常，如图 13-27 所示。

图 13-27 电磁炉电源供电电路中直流 300V 供电电压的检测方法

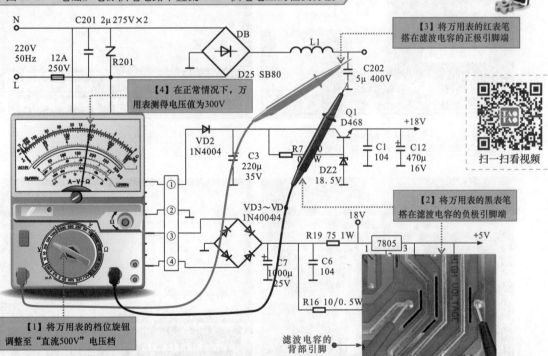

| 提示说明 |

若 300V 电压正常，则表明电源供电电路的交流输入及整流滤波电路正常；若无 300V 电压，则表明交流输入及整流滤波电路没有工作或有损坏的元器件。

电源供电电路直流输出电压（如图中的+18V、+5V）的供电检测方法与之相同。当电压正常时，说明电源供电电路正常；若实测无直流电压输出，则可能为电源电路异常，也可能是供电线路的负载部分存在短路故障，可进一步测量直流电压输出线路的对地阻值。

例如，若三端稳压器输出的5V电源为零，可检测5V电压的对地阻值是否正常，即检测电源供电电路中三端稳压器5V输出端引脚的对地阻值。若三端稳压器5V输出端引脚的对地阻值为0Ω，说明5V供电线路的负载部分存在短路故障，可逐一对5V供电线路上的负载进行检查，如微处理器、电压比较器等，排除负载短路故障后，电源供电电路输出可恢复正常（电源供电电路本身无异常情况时）。

2 电源供电电路中主要元器件的检测方法

扫一扫看视频

在检测电源供电电路的电压参数时，若供电参数异常，或电磁炉因损坏无法进行通电测试时，应检测电路中的主要组成部件，如桥式整流堆、降压变压器、三端稳压器等，通过排查各个组成部件的好坏，找到故障点并排除故障。

电源变压器是电磁炉中的电压变换元件，主要用于将交流220V电压降压，若电源变压器故障，将导致电磁炉不工作或加热不良等现象。

若怀疑电源变压器异常，则可在通电状态下，借助万用表检测输入侧和输出侧的电压值判断好坏，如图13-28所示。

图 13-28 电源供电电路中电源变压器的检测方法

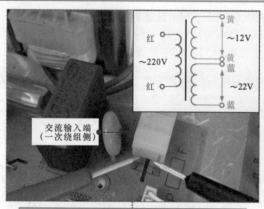

【1】将万用表的档位旋钮调至"交流250V"电压档，红、黑表笔搭在电源变压器交流输入端插件上

【2】观察指针万用表的读数，在正常情况下，可测得交流220V电压

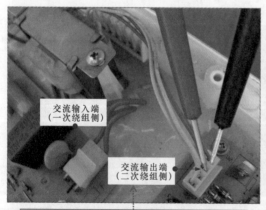

【3】将万用表的档位旋钮调至"交流50V"电压档，将红、黑表笔分别搭在电源变压器交流输出端的一个插件上，检测输出端的电压值

【4】在正常情况下，可测得交流22V电压。采用同样的方法在输出插件另外两个引脚上可测得交流12V电压，否则说明电源变压器不正常

| 提示说明 |

若怀疑电源变压器异常时，可在断电的状态下，使用万用表检测一次绕组之间、二次绕组之间及一次绕组和二次绕组之间阻值的方法判断好坏。

在正常情况下，一次绕组之间、二次绕组之间均应有一定的阻值，一次绕组和二次绕组之间的阻值应为无穷大，否则说明电源变压器损坏。

桥式整流堆用于将输入电磁炉中的交流 220V 电压整流成 300V 直流电压，为功率输出电路供电。若桥式整流堆损坏，则会引起电磁炉出现不开机、不加热、开机无反应等故障，可借助万用表检测桥式整流堆的输入、输出端电压值，检测和判断方法与检测电源变压器类似。

13.3.2　电磁炉功率输出电路的故障检修

在电磁炉中，当功率输出电路出现故障时，常会引起电磁炉通电跳闸、不加热、烧熔断器、无法开机等现象。

当怀疑电磁炉的功率输出电路异常时，可先借助检修仪表检测电路中的动态参数，如供电电压、PWM 驱动信号、IGBT 输出信号等。若参数异常时，说明相关电路部件可能未进入工作状态或损坏，可对所测电路范围内的主要部件进行排查，如高频谐振电容、IGBT、阻尼二极管等，找出损坏的元器件，修复和更换后即可排除故障。

1　功率输出电路动态参数的检测方法

功率输出电路正常工作需要基本的供电条件和驱动信号条件，只有在这些条件均满足的前提下才能够工作。

功率输出电路的主要参数包括 LC 谐振电路产生的高频信号、电路的 300V 供电电压、主控电路送给 IGBT 的 PWM 驱动信号及 IGBT 正常工作后的输出信号等。以 PWM 驱动信号的检测为例。

功率输出电路正常工作需要主控电路为 IGBT 提供 PWM 驱动信号。该信号也是满足功率输出电路进入工作状态的必要条件，可借助示波器检测前级主控电路送出的 PWM 驱动信号，也可在 IGBT 的 G 极进行检测，如图 13-29 所示。若该信号正常，说明主控电路部分工作正常；若无 PWM 驱动信号，则应对主控电路部分进行检测。

图 13-29　功率输出电路中 IGBT 驱动信号的检测方法

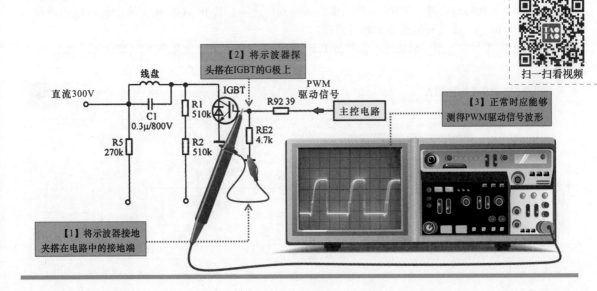

223

| 提示说明 |

在实际检测中，也可以找到主控电路与功率输出电路之间的连接插件，在连接插件处检测最为简单、易操作。

2 高频谐振电容的检测方法

高频谐振电容与炉盘线圈构成 LC 谐振电路，若谐振电容损坏，则电磁炉无法形成振荡回路，将引起电磁炉出现加热功率低、不加热、击穿 IGBT 等故障。

怀疑高频谐振电容时，一般可借助数字万用表的电容测量档检测电容量，将实测电容量与标称值相比较判断好坏，如图 13-30 所示。

图 13-30　高频谐振电容的检测方法

高频谐振电容的引脚分别与炉盘线圈接口引脚连接

【1】将万用表的量程调整至"CAP"电容档，红、黑表笔分别搭在高频谐振电容的两个引脚端

【2】观察万用表的读数，实际测得的电容量为 0.24μF，属于正常范围

3 IGBT 的检测方法

在功率输出电路中，IGBT（门控管）是十分关键的部件。IGBT 用于控制炉盘线圈的电流，即在高频脉冲信号的驱动下使流过炉盘线圈的电流形成高速开关电流，使炉盘线圈与并联电容形成高压谐振。由于工作环境特性，IGBT 是损坏率最高的元件之一。若 IGBT 损坏，将引起电磁炉出现通电跳闸、烧熔断器、无法开机或不加热等故障。

若怀疑 IGBT 异常，则可借助万用表检测 IGBT 各引脚间的正、反向阻值来判断好坏，如图 13-31 所示。

图 13-31　IGBT 的检测方法

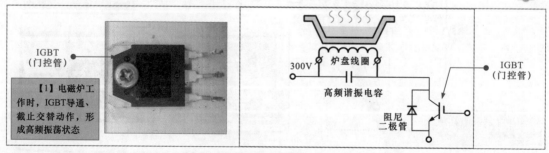

IGBT（门控管）

【1】电磁炉工作时，IGBT导通、截止交替动作，形成高频振荡状态

300V　炉盘线圈　　IGBT（门控管）

高频谐振电容

阻尼二极管

图 13-31　IGBT 的检测方法（续）

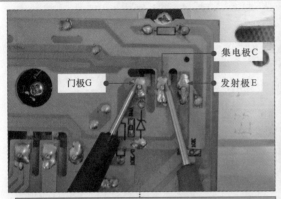

【2】将万用表的档位旋钮调至"×1k"欧姆档，黑表笔搭在IGBT的门极G引脚端，红表笔搭在IGBT的集电极C引脚端

【3】观察万用表的读数，在正常情况下，测得G-C引脚间的阻值为9×1kΩ=9kΩ

【4】保持万用表的档位旋钮位置不变，调换万用表的表笔，即红表笔搭在控制极，黑表笔搭在集电极，检测控制极与集电极之间的反向阻值

【5】在正常情况下，反向阻值为无穷大。使用同样的方法检测IGBT门极G与发射极E之间的正、反向阻值。实测控制极与发射极之间的正向阻值为3kΩ、反向阻值为5kΩ左右

225

| 提示说明 |

　　检测 IGBT（门控管）时，很容易因测试仪表的表笔在与其引脚的短时间碰触时造成 IGBT 瞬间饱和导通而击穿损坏。另外，在检修 IGBT 及相关电路后，当还未确定故障已完全被排除时，盲目通电试机很容易造成 IGBT 二次被烧毁，由于 IGBT 价格相对较高，因此在很大程度上增加了维修成本。

　　为了避免在检修过程中损坏 IGBT 等易损部件，可搭建一个安全检修环境，借助一些简易的方法判断电路的故障范围或是否恢复正常，如图 13-32 所示。

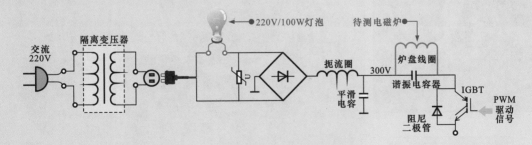

图 13-32　IGBT 故障检测中的保护措施

图中标注：
待测电磁炉
220V/100W灯泡
电源输入插件
炉盘线圈
熔断器
电源线

在电磁炉交流输入端串联一只220V/100W的灯泡作为限流元件	取下熔断器，将灯泡串联在熔断器两个接线端（本机型电磁炉的熔断器采用焊接方式，为简化操作，这里将灯泡串联在电源线的一相与电源输入插件之间）

图 13-32　IGBT 故障检测中的保护措施（续）

在实测样机中，在路检测 IGBT 时，门极与集电极之间的正向阻值为 9kΩ 左右，反向阻值为无穷大；门极与发射极之间的正向阻值为 3kΩ，反向阻值为 5kΩ 左右。若实际检测时，检测值与正常值有很大差异，则说明 IGBT 损坏。

另外，有些 IGBT 内部集成有阻尼二极管，因此检测集电极与发射极之间的阻值受内部阻尼二极管的影响，发射极与集电极之间二极管的正向阻值为 3kΩ（样机数值），反向阻值为无穷大。单独 IGBT 集电极与发射极之间的正、反向阻值均为无穷大。

扫一扫看视频

4　炉盘线圈的检修方法

炉盘线圈是电磁炉中的电热部件，是实现电能转换成热能的关键器件。若炉盘线圈损坏，将直接导致电磁炉无法加热的故障。

怀疑炉盘线圈异常时，可借助万用表检测炉盘线圈的阻值来判断炉盘线圈是否正常，如图 13-33 所示。

图 13-33　炉盘线圈的检测方法

炉盘线圈外圈引出头　　炉盘线圈内圈引出头

若测得炉盘线圈的阻值较大或为无穷大，均说明炉盘线圈已损坏

炉盘线圈

【3】在正常情况下，测得炉盘线圈的阻值接近0Ω

【2】将万用表的红、黑表笔搭在炉盘线圈的引脚上

【1】将万用表的档位旋钮调整至欧姆档

| 提示说明 |

在检修实践中，炉盘线圈损坏的概率很小，但需要注意的是，炉盘线圈背部的磁条部分可能会出现裂痕或损坏，若磁条存在漏电短路情况，将无法修复，只能将其连同炉盘线圈整体更换。

根据检修经验，若代换炉盘线圈，则最好将炉盘线圈配套的谐振电容一起更换，以保证炉盘线圈和谐振电容构成的 LC 谐振电路的谐振频率不变。

13.3.3 电磁炉主控电路的故障检修

在电磁炉中，主控电路是实现电磁炉整机功能自动控制的关键电路。当主控电路出现故障时，常会引起电磁炉不开机、不加热、无锅不报警等故障。

当怀疑电磁炉主控电路故障时，可首先测试电路中的动态参数，如电路中关键部位的电压值、微处理输出的控制信号、PWM 驱动信号等。若所测参数异常时，则说明相关的电路部件可能未进入工作状态或损坏，即可根据具体测试结果，先排查关联电路部分，在外围电路正常的前提下，即可对所测电路范围内的主要部件进行检测，如微处理器、电压比较器 LM339、温度传感器、散热风扇电动机等，找出损坏的元器件，修复或更换后即可排除故障。

电磁炉主控电路以微处理器和电压比较器为主要核心部件。

1 微处理器的检测方法

微处理器是非常重要的器件。若微处理器损坏，将直接导致电磁炉不开机、控制失常等故障。

怀疑微处理器异常时，可使用万用表对基本工作条件进行检测，即检测供电电压、复位电压和时钟信号，如图 13-34 所示。若在三大工作条件均满足的前提下，微处理器不工作，则多为微处理器本身损坏。

2 电压比较器的检测方法

电压比较器是电磁炉中的关键元件之一，在电磁炉中多采用 LM339，是电磁炉炉盘线圈正常工作的必要元件，电磁炉中许多检测信号的比较、判断及产生都是由 LM339 完成的。若 LM339 异常，将引起电磁炉不加热或加热异常故障。

当怀疑电压比较器异常时，通常可在断电条件下用万用表检测各引脚对地阻值的方法判断好坏，如图 13-35 所示。

图 13-34 微处理器三大工作条件的检测方法

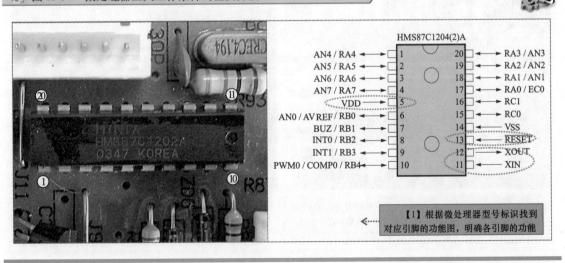

227

📖 图 13-34　微处理器三大工作条件的检测方法（续）

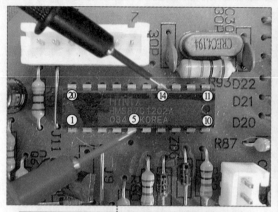

【2】将万用表的档位旋钮调至"直流10V"电压档，黑表笔搭在微处理器的接地端（14脚），红表笔搭在微处理器的5V供电端（5脚）

【3】在正常情况下，可测得5V供电电压；采用同样的方法在复位端、时钟信号端检测电压值，正常时，复位端有5V复位电压，时钟信号端有0.2V振荡电压

📖 图 13-35　电压比较器的检测方法

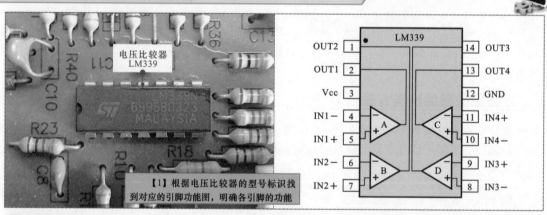

【1】根据电压比较器的型号标识找到对应的引脚功能图，明确各引脚的功能

【2】将万用表的档位旋钮调至"×1k"欧姆档，黑表笔搭在电压比较器的接地端（12脚），红表笔依次搭在电压比较器的各引脚上（以3脚为例），检测电压比较器各引脚的正向对地阻值

【3】在正常情况下，可测得3脚正向对地阻值为2.9kΩ；调换表笔，采用同样的方法检测电压比较器各引脚的反向对地阻值

| 相关资料 |

将实测结果与正常结果相比较，若偏差较大，则多为电压比较器内部损坏。在一般情况下，若电压比较器引脚对地阻值未出现多组数值为零或为无穷大的情况，则基本属于正常。

电压比较器 LM339 各引脚的对地阻值见表 13-1，可作为参数数据对照判断。

表 13-1　电压比较器 LM339 各引脚的对地阻值

引脚	对地阻值/kΩ	引脚	对地阻值/kΩ	引脚	对地阻值/kΩ	引脚	对地阻值/kΩ
①	7.4	⑤	7.4	⑨	4.5	⑬	5.2
②	3	⑥	1.7	⑩	8.5	⑭	5.4
③	2.9	⑦	4.5	⑪	7.4	—	—
④	5.5	⑧	9.4	⑫	0	—	—

操作按键损坏经常会引起电磁炉控制失灵的故障，检修时，可借助万用表检测操作按键的通/断情况判断操作按键是否损坏，如图 13-36 所示。

📷 图 13-36　操作按键的检测方法

229

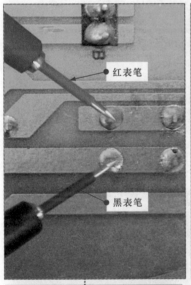

【1】将万用表的红、黑表笔分别搭在操作按键的两个引脚端

【2】按下操作按键时，操作按键处于导通状态，阻值为0Ω

【3】松开操作按键，操作按键处于导通状态，即阻值为无穷大

操作显示电路正常工作需要一定的工作电压，若电压不正常，则整个操作显示电路将不能正常工作，从而引起电磁炉出现按键无反应及指示灯、数码显示管无显示等故障。检测时，可在操作显示电路板与主电路板之间的连接插件处或电路主要器件（移位寄存器）的供电端检测，如图 13-37 所示。

13.3.4　电压力锅电源电路的故障检修

电压力锅电源电路出现故障时，主要表现为通电无反应故障。检修电源电路应重点对三端稳压器和桥式整流电路进行检测。

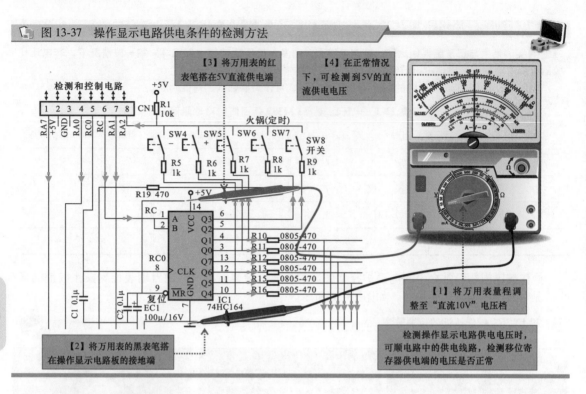

图 13-37　操作显示电路供电条件的检测方法

1 三端稳压器的检测

如图 13-38 所示，检测三端稳压器时，将万用表的量程调至"×10k"电压档。对三端稳压器输入电压的检测，正常情况下，应该能够检测到约 12V 的输入电压。然后，保持万用表黑表笔接地，将万用表的红表笔接三端稳压器的输出引脚端，正常时应该能够检测到约 5V 的电压。如果输入电压正常，无输出电压，则表明三端稳压器损坏。

图 13-38　三端稳压器的检测

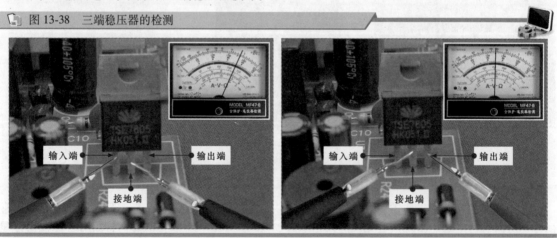

2 桥式整流电路的检测

电压力锅电源电路中的桥式整流电路多由四个整流二极管构成。检测时可使用万用表的电阻档分别对四个整流二极管进行测量。

如图 13-39 所示，调整万用表的量程至"×1k"电阻档，分别对四个整流二极管的正、反向阻值进行检测。

图 13-39　桥式整流电路中整流二极管的检测

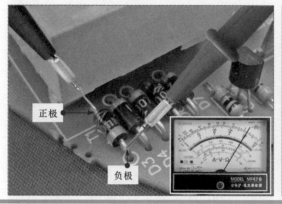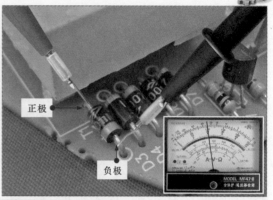

正常情况下，如果是开路检测整流二极管，实测结果应满足正向导通、反向截止的特性。即正向阻值为零，反向阻值为无穷大。

但如果是在路检测时，正、反向之间的阻值应该相差很大。若测得整流二极管的正、反向阻值均为无穷大，说明二极管内部断路损坏；若测得正、反向阻值均为 0，说明该二极管已被击穿短路；若测得二极管正、反向阻值相差不大，说明二极管性能不良。

13.3.5　电压力锅操作显示及控制电路的故障检测

电压力锅的操作显示及控制电路故障通常会引起电压力锅控制失常、操作不灵等故障。检修操作显示及控制电路，重点对晶闸管、操作按键、微处理器、加热继电器及蜂鸣器等部件进行检测。

1　晶闸管的检测

检测晶闸管，可采用开路检测各引脚阻值的方法。如图 13-40 所示，正常情况下，只有黑表笔接晶闸管的门极（G），红表笔接阴极（K）时会有固定的阻值（约 30Ω），其他引脚间的阻值均为无穷大。反之，则说明晶闸管损坏，应选用同型号晶闸管更换。

图 13-40　晶闸管的检测

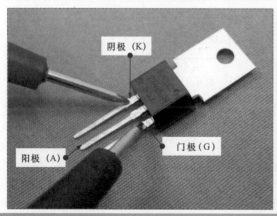

2　操作按键的检测

图 13-41 所示为操作按键的检测。调整万用表的量程至欧姆测量档，将万用表的红、黑表笔分别搭在操作按键不同焊盘的两个引脚端。在未按下操作按键时阻值为无穷大；当按下按键时，阻值应为零。若阻值没变化，应对操作按键进行更换。

231

图 13-41　操作按键的检测

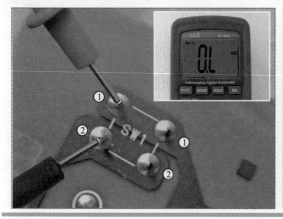

3　微处理器的检测

232

图 13-42 所示为微处理器的检测。微处理器是电压力锅控制电路中的核心部件，可分别检测微处理器的供电、时钟信号及各引脚的输出波形来判断性能好坏。

图 13-42　微处理器的检测

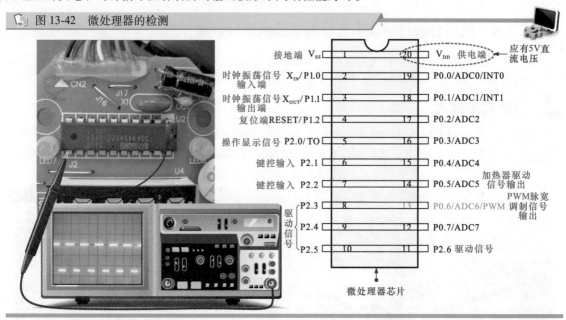

4　加热继电器的检测

加热继电器的检测如图 13-43 所示。加热继电器主要用于对加热器的供电进行控制。检测时，将红、黑两表笔分别搭在继电器两触点处，在未工作时阻值应为无穷大。当通电并启动加热按钮开始工作时，继电器吸合，此时所检测的阻值应为 0Ω。若阻值仍为无穷大，说明继电器损坏，需要更换。

例如，图 13-44 所示故障电压力锅通电后，有显示，但不能加热。

根据电路分析，该电压力锅采用晶闸管（可控硅）对炊饭加热器进行启/停控制。交流 220V电压经熔丝 FU1（185℃ 5A）和晶闸管加到炊饭加热器上。晶闸管的触发端接有一个受继电器控制的开关触点，继电器动作会触发晶闸管，使晶闸管导通，为加热器供电，开始炊饭。由于该电压力锅具有蒸炖功能，因此不能完全靠锅底的温度传感器判别饭是否煮熟来控制是否关机，而且通过水位检测开关，水位下降到一定程度，VT2 导通，继电器 K2 线圈得电，K2-1 接通，报警器动作。同时由于 VT2 导通使 VT1 截止，继电器 K1 线圈断电，晶闸管截止，加热器断电，炊饭停止。

图 13-43　加热继电器的检测

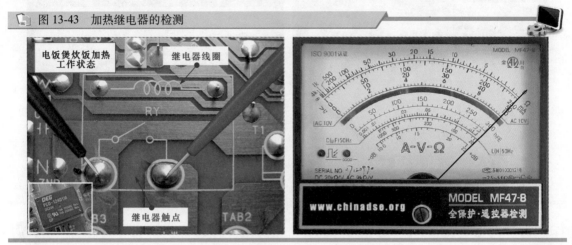

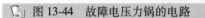

图 13-44　故障电压力锅的电路

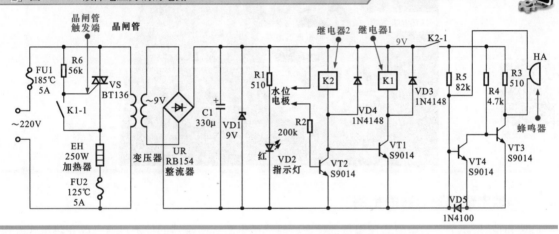

通电能够有显示，说明电源电路正常。执行加热功能后，不加热，应重点对加热盘和继电器进行检查。经检查发现，继电器 K1 损坏。更换同型号继电器后，故障排除。

5　蜂鸣器的检测

蜂鸣器在电压力锅中主要用于发出提示音。检测时，可使用万用表对其阻值进行检测。

图 13-45 所示为蜂鸣器的检测。将万用表调整至电阻"×100"档，用红、黑表笔分别搭在蜂鸣器的正、负电极。正常情况下，蜂鸣器的阻值为 850 Ω，并且在红、黑表笔接触电极的一瞬间，蜂鸣器会发出"吱吱"的声响。

13.3.6　电压力锅主要部件的检修

1　加热盘的检测

加热盘是电压力锅重要的加热部件，可利用电阻检测法判断性能好坏。如图 13-46 所示，将万用表量程调整至"×10k"电阻档，红、黑表笔分别搭接在电压力锅加热盘两个供电端处。正常情况下，加热盘两供电端之间应能检测到几十欧姆的阻值（当前实测为 99.8Ω）。如果所测得的阻值为无穷大或很小，则都表明加热盘故障，需要选用供电电压与功率相同的加热盘代换。

233

图 13-45　蜂鸣器的检测

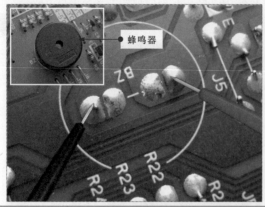

蜂鸣器

图 13-46　电压力锅加热盘的检测

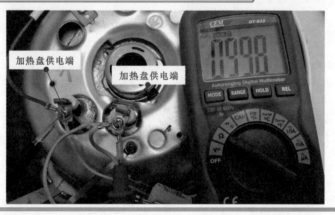

加热盘供电端　　加热盘供电端

扫一扫看视频

2　热敏电阻式限温器的检测

图 13-47 所示为热敏电阻式限温器的检测，对热敏电阻式限温器的检测可通过改变热敏式限温器周围的环境温度，观察其阻值的变化。常温状态下，热敏电阻式限温器应有一定的阻值，但当周围温度升高时，其阻值会随温度的变化而变化。如果是指针万用表应该能观察到指针的摆动。若温度变化而阻值不变，则说明热敏电阻式限温器损坏，需选择同规格型号的热敏电阻式限温器代换。

图 13-47　热敏电阻式限温器的检测

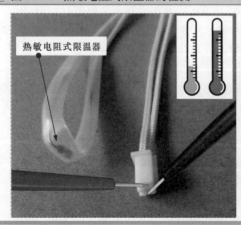

热敏电阻式限温器

　　例如，某品牌电压力锅通电后显示正常，执行加热工作也正常，但加热不会停止，出现干烧、糊锅的情况。

　　根据故障表现，说明电压力锅供电、控制功能均正常，出现糊锅的情况，初步判别是由于温度传感器（热敏电阻式限温器）故障，导致微处理器无法接收到停止加热的控制指令信号。拆卸电压力锅，对温度传感器进行检测。如图 13-48 所示，经检测发现温度传感器（热敏电阻式限温器）损坏，更换同规格温度传感器后故障排除。

图 13-48　故障电压力锅温度传感器的检测

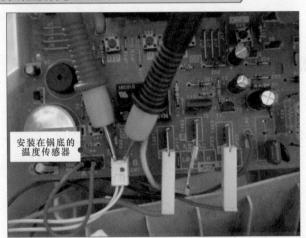

安装在锅底的
温度传感器

235

14.1　吸尘器和扫地机器人的结构

吸尘器和扫地机器人都是目前常用的家用清扫设备，不同的是，智能吸尘器主要通过"吸"实现清扫功能，扫地机器人以"扫""吸"结合实现清扫功能。

14.1.1　吸尘器的结构

吸尘器是借助吸气作用吸走灰尘或污物（如线、纸屑、头发等）的清洁电器。目前，吸尘器的种类多样，外形设计也各具特色，图 14-1 所示为几种吸尘器的实物外形。

图 14-1　几种吸尘器的实物外形

不论吸尘器的设计如何独特，外形如何变化，吸尘器的基本结构组成还是大同小异的，图 14-2 所示为典型吸尘器的结构。

图 14-2　典型吸尘器的结构

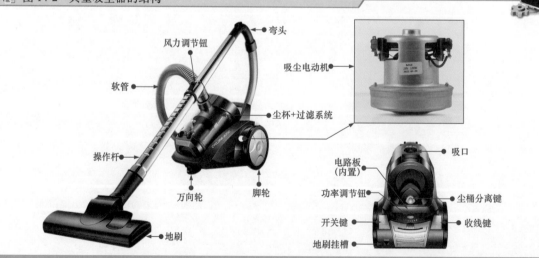

可以看到，吸尘器主要由吸尘电动机、功率调节钮、电路板、过滤系统及相关附件构成。

1 吸尘电动机

吸尘器中的吸尘电动机多采用涡轮式抽气机，如图 14-3 所示。可以看到，涡轮式抽气机主要包括两部分：一部分为涡轮抽气装置，内有涡轮叶片；另一部分为涡轮驱动电动机。

图 14-3 吸尘电动机（涡轮式抽气机）

图 14-4 所示为吸尘电动机（涡轮式抽气机）的内部结构，可以看到，其主要由外罩、定子组件、转子组件、轴承、导叶片、叶轮、外罩盖组成。吸尘电动机是吸尘器中的核心电气部件，运作时，可带动周围的空气沿着涡轮叶片进行轴向运动。

图 14-4 吸尘电动机（涡轮式抽气机）的内部结构

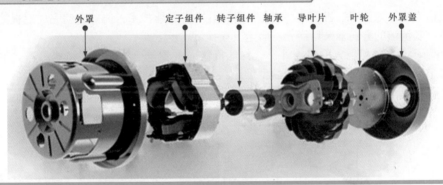

外罩　　定子组件　转子组件　轴承　导叶片　叶轮　外罩盖

2 功率调节钮

功率调节钮也称为吸力调整电位器，用于对吸尘器的抽气力度大小进行调节，通常位于吸尘器的外壳上，与吸尘器上的吸力调整旋钮连接，通过转动旋钮到不同的位置，可改变电位器的阻值大小，进而改变吸尘器电动机的转速。

3 电路板

吸尘器的电路板承载着控制吸尘器工作或动作的所有电子元器件，是吸尘器中的关键部件。

图 14-5 所示为典型吸尘器中的电路板。可以看到，其主要是由双向二极管、双向晶闸管、电容器、电阻器及调速电位器连接端等构成的。这些电子元器件按照一定的原则连接成具有一定控制功能的单元电路，进而控制吸尘器的工作状态。

📷 图 14-5　典型吸尘器中的电路板

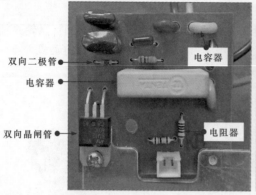

双向二极管

电容器

电容器

双向晶闸管

电阻器

4　过滤系统

吸尘器过滤系统主要包括尘袋和过滤材料。不同类型吸尘器过滤系统的具体过滤等级、材料等有所不同。

5　附件

吸尘器除了主要的电气、过滤、控制部件外，一般还设有收放线机构、按钮或滑动开关、保护部件、手柄和软管、接管、地刷、扁吸等。

14.1.2　扫地机器人的结构

扫地机器人也称地面清洁机器人。它是一种依托人工智能技术，能够自动完成地板清洁的移动式清扫设备。其清洁的方式常采用刷扫、吸尘及擦抹方式。

图 14-6 所示为扫地机器人的实物外形。扫地机器人主要包括充电座和扫地机器人主体机两部分。从外形上看，扫地机器人多采用圆盘型设计。

📷 图 14-6　扫地机器人的实物外形

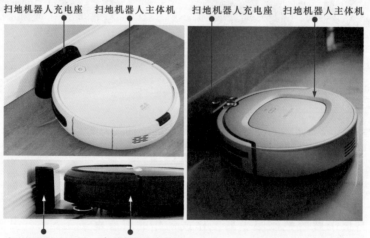

扫地机器人充电座　　扫地机器人主体机　　扫地机器人充电座　　扫地机器人主体机

扫地机器人充电座　　扫地机器人主体机

图 14-7 所示为扫地机器人的结构组成。在扫地机器人前端装有感应保险杠，以防止工作时扫地机器人与家具产生磕碰。正面设有操控显示面板，用以人机交互，显示工作状态。在顶端位置有

红外信号接收头，用以感应充电座顶部红外信号发射器发出的红外信号，从而实现自动返回充电的功能。

图 14-7 扫地机器人的结构组成

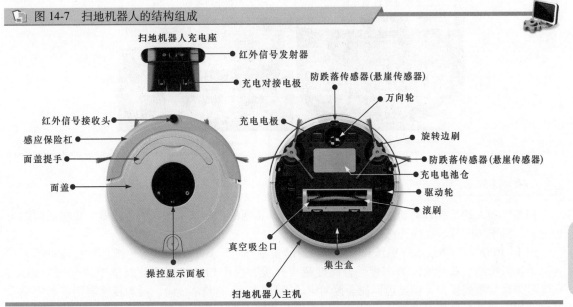

将扫地机器人翻转过来，可以看到，扫地机器人底部边缘设有多处防跌落传感器。扫地机器人的运行主要由驱动轮和万向轮实现。充电电池仓内装有充电电池，为整个扫地机器人供电。底部中间的缺口是真空吸尘口。内部装有滚刷，扫地机器人清扫的工作主要就是由前部边缘的两个旋转边刷和滚刷完成。然后，由安装在内部的吸尘电动机将地面垃圾及灰尘吸入集尘盒中。

如图 14-8 所示，打开扫地机器人的外壳，可以看到扫地机器人的内部结构。从扫地机器人的内部，主要可以看到主控电路板、驱动轮模块、旋转边刷驱动模块、集尘盒和激光头组件等。

图 14-8 扫地机器人的内部结构

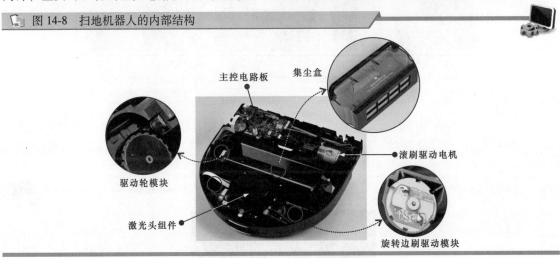

1 主控电路板

主控电路板是整个扫地机器人的控制核心。图 14-9 所示为不同扫地机器人的主控电路板，通常，主控电路板都采用微处理器集中控制。可以看到，在主控电路板的边缘有很多的接口，分别用以连接设在扫地机器人周边的传感器。随时接收传感器送来的信号，以便微处理器做出正确的控制指令。

图 14-9　不同扫地机器人的主控电路板

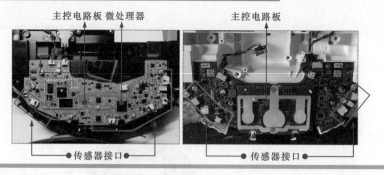

2　传感器

扫地机器人的智能移动功能基本上是依靠传感器实现的。扫地机器人的传感器主要包括防跌落传感器、沿墙传感器、碰撞传感器、激光头组件等。

图 14-10 所示为防跌落传感器和沿墙传感器的实物外形。其中，防跌落传感器在扫地机器人移动到边缘时检测机器与地面的高度。若高度超出预设，表明扫地机器人此时位于"悬崖"边缘，该信号传输给微处理器，微处理器便会控制驱动轮后转，避免跌落危险。沿墙传感器用以感应机器与墙壁的距离，当机器在墙边清扫时，在该传感器的作用下，使机器与墙体持续保持一定距离，避免机器频繁和墙体碰撞。

图 14-10　防跌落传感器和沿墙传感器的实物外形

图 14-11 所示为碰撞传感器。碰撞传感器多采用微动开关，即当扫地机器人碰撞到墙壁或家具时，能够改变路径行驶移动。通常，碰撞传感器外安装有缓冲保险杠，以减小磕碰带来的损害。

图 14-11　碰撞传感器

图 14-12 所示为超声波测距传感器。超声波测距传感器主要安装在扫地机器人的前端，用以实

现测距功能。

图 14-12　超声波测距传感器

| 相关资料 |

目前，很多扫地机器人还配有激光头组件。如图 14-13 所示，激光头组件内部由激光器和摄像头组成，激光头组件可在驱动电动机的驱动下 360°转向，实现精准的测距控制。

激光头驱动电动机　　激光头组件保护盖　　激光发射器　　　摄像头

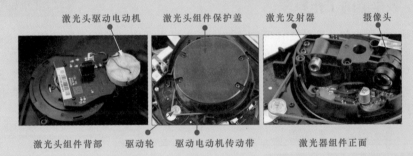

激光头组件背部　　驱动轮　　驱动电动机传动带　　激光器组件正面

图 14-13　扫地机器人中的激光头组件

3　集尘组件

集尘组件主要用以存放地面垃圾。在集尘盒的后端设有滤尘器，可以有效地滤除灰尘。图 14-14 所示为不同集尘盒的实物外形。集尘组件主要是由集尘盒和滤尘器构成的。有些具有拖地功能的集尘组件中还集成了水箱。

图 14-14　不同集尘盒的实物外形

带水箱的集尘组件　　　　　　　　　　　集尘盒　　注水口

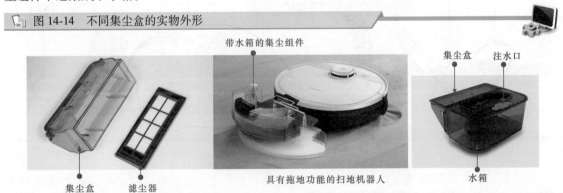

集尘盒　　滤尘器　　　　具有拖地功能的扫地机器人　　　水箱

4　充电电池

如图 14-15 所示，扫地机器人所使用的充电电池主要有镍氢电池和锂离子电池两种。其中，镍氢电池的造价更为低廉，但性能与锂离子电池相比有一定的差距。

🖼 图 14-15　扫地机器人的充电电池

充电电池（锂离子电池）

充电电池（镍氢电池）

14.2　吸尘器和扫地机器人的工作原理

14.2.1　吸尘器的工作原理

图 14-16 所示为典型吸尘器的工作原理示意图。当吸尘器通电按下工作按钮后，内部抽气机高速旋转，吸尘器内的空气迅速被排出，使吸尘器内的集尘室形成一个瞬间真空的状态。在此时由于外界气压大于集尘室内的气压，形成一个负压差。使得与外界相通的吸气口会吸入大量的空气，随着空气的灰尘等脏污一起被吸入吸尘器内，收集在集尘袋中，空气可以通过滤尘片排出吸尘器，形成一个循环，只将脏污收集到集尘袋中。

🖼 图 14-16　典型吸尘器的工作原理示意图

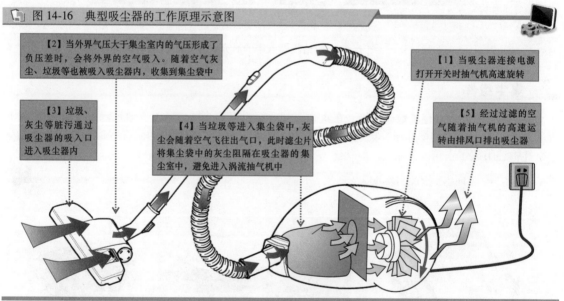

【2】当外界气压大于集尘室内的气压形成了负压差时，会将外界的空气吸入。随着空气灰尘、垃圾等也被吸入吸尘器内，收集到集尘袋中

【1】当吸尘器连接电源打开开关时抽气机高速旋转

【3】垃圾、灰尘等脏污通过吸尘器的吸入口进入吸尘器内

【4】当垃圾等进入集尘袋中，灰尘会随着空气飞往出气口，此时滤尘片将集尘袋中的灰尘阻隔在吸尘器的集尘室中，避免进入涡流抽气机中

【5】经过过滤的空气随着抽气机的高速运转由排风口排出吸尘器

图 14-17 所示为典型吸尘器电路原理图。

可以看到，交流 220V 电源经电源开关 S 为吸尘器电路供电，交流电源经双向晶闸管 VS 为驱动电动机提供电流，控制双向晶闸管 VS 的导通角（每个周期中的导通比例），就可以控制提供给驱动电动机的能量，从而达到控制驱动电动机速度的目的。双向晶闸管的 T2 和 T1 极之间可以双向导通，这样便可通过交流电流。

由于双向晶闸管接在交流供电电路中，触发脉冲的极性必须与交流电压的极性一致，因而每半个周期就需要有一个触发脉冲送给 G 极。

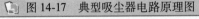

图 14-17 典型吸尘器电路原理图

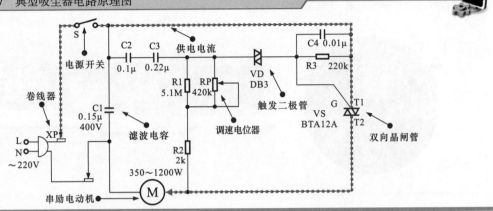

调整 RP 的电阻值，可以调整双向二极管（触发二极管）的触发脉冲的相位，从而控制 VS 的导通周期，就可实现驱动电动机的速度控制。如果导通周期长，则驱动电动机得到能量多，速度快，反之，则速度慢。

14.2.2 扫地机器人的工作原理

1 扫地机器人的控制原理

图 14-18 所示为扫地机器人的控制原理。扫地机器人的主控电路上有很多接口，分别与扫地机器人各传感器、边刷模块、驱动轮模块、滚刷模块等进行连接。工作的时候，由主控电路上的微处理器集中控制，各传感器及电路信息实时传送给微处理器。经微处理器运算处理后，向各功能模块发送控制指令，实现相应的功能。

图 14-18 扫地机器人的控制原理

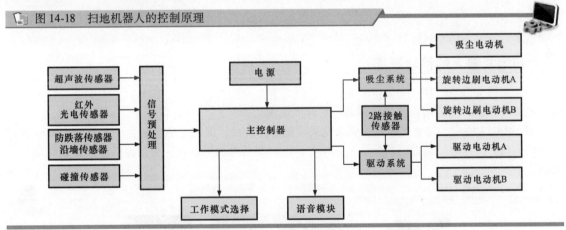

2 扫地机器人的清扫除尘原理

扫地机器人的清扫除尘工作主要由旋转边刷、滚刷以及设置在机器内部的吸尘电动机配合完成。

图 14-19 所示为扫地机器人的清扫原理。由图可知，当扫地机器人经过地面时，位于底部两侧边缘的边刷逆时针旋转，经地面杂物和灰尘集中到中央位置，伴随着中央真空吸尘口处 S 型滚刷的旋转，灰尘便被带入真空集成口。与此同时，位于内部的吸尘旋转，产生强大的吸力，便可将地面垃圾和灰尘吸扫入集尘盒中。

图 14-19　扫地机器人的清扫原理

旋转边刷　旋转边刷　滚刷　集尘盒　滤尘罩　吸尘电动机

真空吸尘口　真空吸尘口

| 相关资料 |

如图 14-20 所示，有些扫地机器人在滚刷的前端还安装了胶刷，这种设计大大提升了清扫的效率和质量。

胶刷

滚刷

图 14-20　采用滚刷和胶刷的清扫系统

3　扫地机器人的移动原理

扫地机器人的运行移动主要依靠底部的驱动轮和万向轮配合完成。扫地机器人的驱动轮由驱动电动机驱动控制，经传动齿轮带动驱动轮旋转实现移动。

如图 14-21 所示，扫地机器人的驱动轮采用模块化设计，即一个驱动轮由一套驱动电动机和驱动齿轮构成。工作时，微处理器发送控制指令，控制驱动电动机旋转，为扫地机器人提供移动的主要动力。

图 14-21　扫地机器人的驱动轮模块

驱动轮　　　　　　　　　　驱动轮模块　　驱动轮电动机

通常，扫地机器人中的驱动电动机多采用步进电动机，这种电动机是通过脉冲信号驱动的，即一个脉冲可使电动机转动一个角度。图 14-22 所示为典型步进电动机的驱动电路，在该驱动控制电路中，L298N 是产生驱动脉冲的芯片（常用于驱动步进电动机的还有 L293 芯片）。L297 是控制指令转换电路，它常和 L298N 配合使用。微处理器用以控制驱动电路的工作状态，可以看到微处理器通过多条引线对步进电动机进行控制。其中，CW/$\overline{\text{CCW}}$ 为转向控制，$\overline{\text{CLOCK}}$ 为时钟信号，HALF/$\overline{\text{FULL}}$ 为半角和全角控制，ENABLE 为使能控制，$\overline{\text{RESET}}$ 为复位信号，V_{ref} 为基准电压。微处理器根据传送的信号实现前进、后退和转向控制。

L298N 芯片的 2、3、13、14 脚分别接步进电动机的两相绕组。通过控制步进电动机的脉冲顺序和方向实现对电动机转动方向和速度的驱动控制。

图 14-22　典型步进电动机的驱动电路

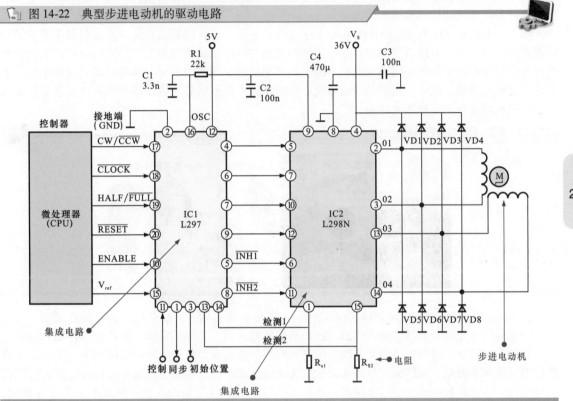

扫地机器人的移动主要通过驱动轮驱动完成，在移动过程中，万向轮的转动即可实现扫地机器人自由转向。

如图 14-23 所示，目前很多扫地机器人都具备摆脱缠绕的功能设计。这类扫地机器人的万向轮通常采用黑白间隔条纹设计，其内部设有光电传感器，在万向轮滚动时通过其表面的黑白间隔变换检测扫地机器人的运行状态，一旦扫地机器人被地面线缆缠绕绊住行动，万向轮的黑边间隔条纹便不会变化。此时，光电传感器便将信息传送给微处理器，微处理器便确定扫地机器人当前处于

图 14-23　万向轮的摆脱缠绕功能设计

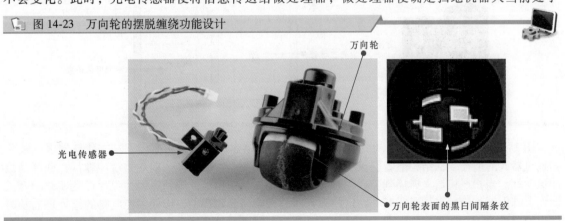

牵绊缠绕状态，便会向驱动轮电动机发送反转指令，驱动轮电动机带动驱动轮反转，扫地机器人便实现后退的动作，从而摆脱缠绕。

4 扫地机器人的自动感应原理

扫地机器人在移动及清扫过程中，可以自动躲避障碍物，并能够在"悬崖"边缘停止并回退，遇到墙壁或家具时，可提前减速，即使碰撞也以微小的触碰后改变行动轨迹。这一切自动感应控制都是通过其内部的传感器实现的。

图 14-24 所示为超声波测距传感器的工作原理示意图。该传感器是由超声波发射器和超声波接收器两部分组成的。电路通过发射与接收的延迟时间来判断障碍物的距离。当障碍物相距较远，超声波发射到接收的延迟时间间隔较长；当障碍物相距较近，超声波发射到接收的延迟时间很短，表明即将碰撞障碍物。此时，检测到的信号便会传给主控电路的微处理器，微处理器便会发送控制指令，控制驱动轮电动机减速或转向。

图 14-24 超声波测距传感器的工作原理示意图

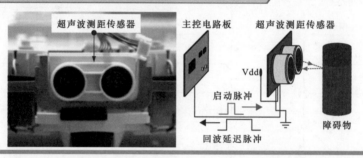

图 14-25 所示为光电传感器的原理示意图。光电传感器多用于沿墙传感器或跌落传感器。其内部是由发光二极管和光电晶体管构成的。以跌落传感器为例，工作的时候，跌落传感器内部的发光二极管发光射向下方地面，因地面与跌落传感器距离较近，发射的光会及时反射回来。光电晶体管接收到反射回来的光，阻值会发生变化，这个变化量会实时传送给微处理器。当扫地机器人位于高处边缘时，高度距离远远超过安全距离。这时，由发光二极管发射的光便不能反射给光电晶体管，光电晶体管的阻值便不会发生变化。该信息被微处理器接收后，便可确认扫地机器人此时处于高处边缘。微处理器随即向驱动轮发送控制指令，控制驱动轮暂停并反转，这样扫地机器人便可安全脱离危险地带。

图 14-25 光电传感器的原理示意图

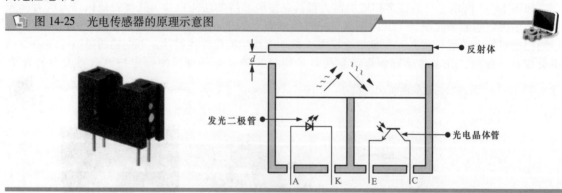

图 14-26 所示为碰撞传感器的内部结构。碰撞传感器也叫接触式传感器。这类传感器多安装于扫地机器人的前端。从结构上看，该传感器采用微动开关。在微动开关前端是缓冲弹片，外部是缓冲保险杠。当扫地机器人碰撞到障碍物时，缓冲保险杠会挤压缓冲弹片，缓冲弹片形变使微动开关动作，其内部相应触点接通或断开，以此来判断是否触碰到障碍物，以便主控电路的微处理器及时做出控制指令。

图 14-26　碰撞传感器的内部结构

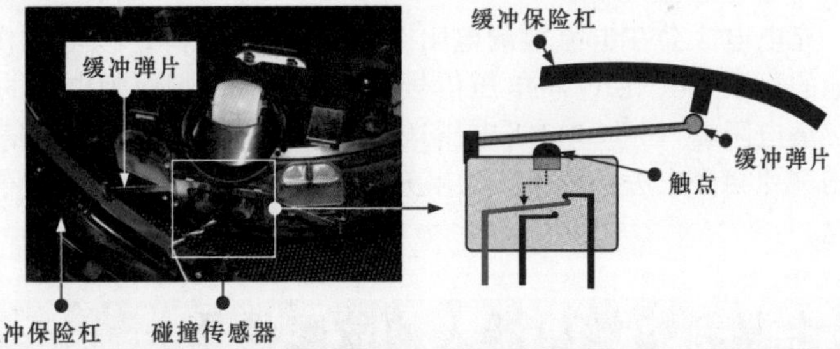

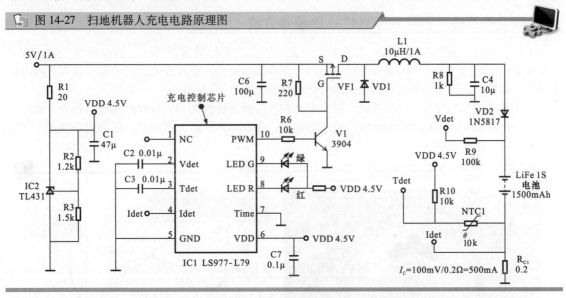

缓冲保险杠

缓冲弹片

缓冲保险杠　碰撞传感器

缓冲弹片

触点

5　扫地机器人的充电原理

　　扫地机器人是由电池供电的自行运转的吸尘器，因而电池的充电是扫地之前必做的工作。扫地机器人多采用锂电池，图 14-27 所示为扫地机器人充电电路原理图，LS977-L79 是充电电路的控制芯片，它是一种双列 10 脚的贴片式集成电路，其引脚功能见表 14-1。该电路内部设有脉宽调制（PWM）信号产生电路，其输出的 PWM 信号经过晶体管放大后对 PMOS 场效应晶体管进行控制，使之产生 PWM 电流对锂电池进行充电。在充电的过程中，不断地对电池的电压、充电电流以及温度进行检测，芯片设有电压信号、温度信号和电流信号输入端，通过对输入信号的识别与处理，输出 PWM 信号进行控制，完成充电工作。

图 14-27　扫地机器人充电电路原理图

表 14-1　充电电路的控制芯片 LS977-L79 的引脚功能

引脚号	名称	功能	引脚号	名称	功能
1	NC	空脚	6	VDD	电源端
2	Vdet	电池电压检测输入	7	Time	充电时间保护
3	Tdet	温度检测输入	8	LED R	红色 LED 充电状态
4	Idet	充电电流检测输入	9	LED G	绿色 LED 充电完成
5	GND	地	10	PWM	主充电输出 PWM 信号

　　从图 14-27 可见，充电电压为 5V（1A），该电压一路送到场效应晶体管 VF1 的 S 极，一路经 R1 和稳压电路（TL431）形成 4.5V 的直流电压为芯片 LS977-L79 的 6 脚供电，芯片得电后由 10 脚

输出 PWM 脉冲信号，该信号经晶体管 V1 放大后去驱动场效应晶体管 VF1 的栅极，VF1 输出的脉冲电流经 L1 和 VD2 为电池充电。

在充电过程中，充电电流会在电流检测电阻 R_{C1} 上形成电压降，该电压作为电流信号送到 IC1 的 4 脚，同时在电池的正极经电阻 R9 将电压信号送到 IC1 的 2 脚作为电池的电压信号。在电池的负端经负温度系数热敏电阻器（NTC1）将电压送到 IC1 的 3 脚，作为温度信号。如这三项中任何一项超过安全值，则芯片会停止进行充电。如果充电电压达到要求值，也会停止充电，表示充电完成，绿色指示灯点亮。

14.3 吸尘器和扫地机器人的故障检修

14.3.1 吸尘器的故障检修

吸尘器作为一种典型的小型家电产品，其核心器件就是电动机，并由机械部件、控制部件进行控制。常见的故障有：接通电源后，吸尘器无反应；接通电源后，涡轮式抽气机（电动机）不工作；调整档位吸力无变化；集尘室灰尘过多；吸尘不干净等。出现上述故障时，应重点检修吸尘器的机械部件、控制部件，即根据吸尘器的整机结构和工作原理，确定主要检测部位。一般先检查吸尘器的各机械部件排除硬件故障，如制动装置、卷线器、集尘室、电源线及软管等，然后结合故障特点和检修分析判断，对怀疑异常的主要电气部件，如电源开关、起动电容器、吸力调整电位器、涡轮式抽气机等进行逐一检测，找出故障原因，排除故障。

1 吸尘电动机（涡轮式抽气机）的检修方法

吸尘电动机（涡轮式抽气机）是吸尘器中实现吸尘功能的关键器件，若通电后吸尘器出现吸尘能力减弱、无法吸尘或开机不动作等故障时，在排除电源线、电源开关、起动电容器以及吸力调整旋钮的故障外，还需要重点对涡轮式抽气机的性能进行检修。

若怀疑涡轮式抽气机出现故障时，应先对其内部的减振橡胶块和减振橡胶帽进行检查，确定其正常后，再使用万用表对驱动电动机绕组进行检测。图 14-28 所示为驱动电动机及定子绕组、转子绕组、电刷的连接关系。

图 14-28　驱动电动机及定子绕组、转子绕组、电刷的连接关系

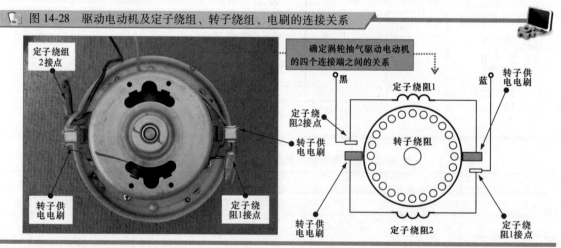

涡轮式抽气机的检修方法如图 14-29 所示。

2 吸尘器开机正常但不能工作的故障检修

将吸尘器打开后可听到有"嗡嗡"的声音，但吸尘器不能正常进行吸尘工作。

因为在开机时可听到"嗡嗡"声，表明吸尘器的电路是接通的，涡轮式抽气机有电流通过，

而涡轮式抽气机不转动，就表明起动电容器或电动机有故障。

249

📷 图 14-29 涡轮式抽气机的检修方法

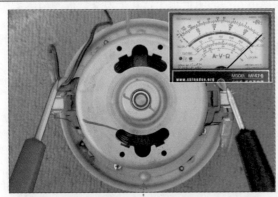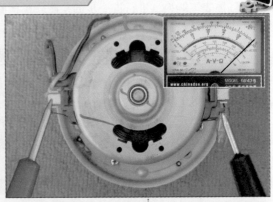

【1】将万用表的红表笔搭在定子绕组2接点上，黑表笔搭在转子供电电刷上，正常情况下，万用表测得阻值应接近0Ω

【2】将万用表的红表笔搭在转子供电电刷上，将万用表的黑表笔搭在定子绕组1接点上，正常情况下，万用表测得阻值应为0Ω

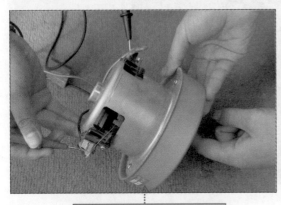

【3】将万用表的红黑表笔分别搭在转子连接端上

【4】在正常情况下，万用表指针处于摆动状态

在吸尘器中找到控制电路板，在控制电路板中找到起动电容器的位置，在电路板的背面找到起动电容器的两端引脚，如图 14-30 所示。

📷 图 14-30 起动电容器的两端引脚

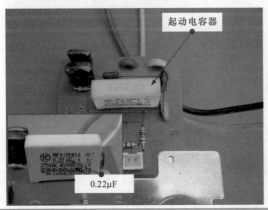

起动电容器

起动电容器两端引脚

0.22μF

使用万用表检测起动电容器的阻值，将万用表调整至"×10k"档，再将两表笔分搭在起动电

容器的两端引脚。正常情况下，应可以看到万用表上有一个充放电的过程，若电容器的阻值几乎为零，则怀疑其可能损坏。

将红黑表笔调换，进行进一步的检测。经检测该电容器的阻值很小，几乎为零。检测结果表明该起动电容器已经损坏，更换同型号起动电容器，故障排除。

3 吸尘器吸尘能力减弱并有噪声的故障检修

打开吸尘器开关使其处于工作状态时，吸尘能力减弱只能清洁较轻的灰尘，无法将纸屑等清除，还伴随着较大的噪声。

当吸尘器出现上述故障现象时，怀疑可能是涡轮抽气机出现故障。将吸尘器的涡轮式抽气机拆卸后，首先检查涡轮式抽气机减振橡胶帽是否有老化现象，如图 14-31 所示。若出现老化现象，将其更换即可。

图 14-31 检查涡轮式抽气机减振橡胶帽

检查涡轮式抽气机减振橡胶帽是否出现老化

经检查后可以确定减振橡胶帽正常，再查看减振橡胶块是否出现老化或开裂等现象，如图 14-32 所示，检查时，要注意减振橡胶块的两边都需要查看。如果减振橡胶块出现老化现象将其更换即可，若减振橡胶块有裂痕，则使用固定胶将裂痕部分重新粘牢。

图 14-32 检查减振橡胶块

检查减振橡胶块的底部

检查减振橡胶块的上部

经检查减振橡胶块正常，可进一步拆卸涡轮式抽气机装置，即可看到涡轮式抽气驱动电动机的四个连接端。

如图 14-33 所示，检查涡轮式抽气驱动电动机定子连接端是否与绕组连接线断开。若定子绕组断开，将断开连接端的定子绕组重新绕制，重新连接。

图 14-33 检查定子绕组连接端

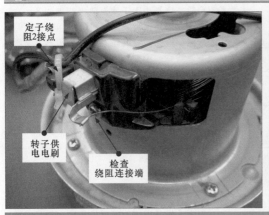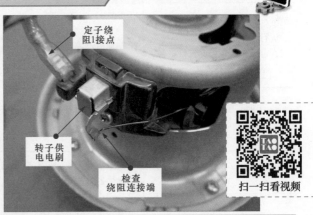

若连接无误，继续对涡轮式抽气驱动电动机绕组的阻值进行检测。

经查，涡轮式抽气驱动电动机良好。继续按图 14-34 所示，旋转涡轮叶片以检查涡轮叶片是否与涡轮抽气驱动电动机固定良好。

图 14-34 旋转涡轮叶片

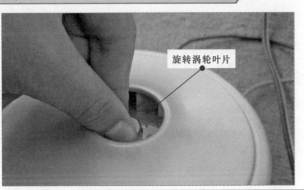

旋转涡轮叶片

经检测发现涡轮叶片与涡轮抽气驱动电动机没有固定良好，造成电动机组件振动过大，导致吸尘器无法正常进行吸尘工作，重新安装固定，故障排除。

14.3.2 扫地机器人的故障检修

扫地机器人内部电路集成度高，各功能模块多采用模块化设计，并通过连接引线与主控电路板相连。因此，对扫地机器人的检测可根据故障表现对相应的功能模块进行检测。

其中，故障率较高的部件主要有充电电池、驱动电动机、传感器等。

除上述硬性故障外，由于使用环境或保养设置不当，也会使扫地机器人工作状态不良。对于此类常见故障可按表 14-2 所列进行故障排查。

表 14-2 扫地机器人常见故障的检修方法

故障表现	故障原因	解决方法
扫地机器人运行中突然停止或关机	电池电量耗尽	为扫地机器人充电
	扫地机器人当前为定点模式（10min 自动暂停）	等待一会再使用，或调整模式

（续）

故障表现	故障原因	解决方法
运行中偶尔会从台阶上掉下或在台阶边缘暂停并红灯报警	扫地机器人防跌落失效或不灵	检查台阶高度是否大于预设值（一般为 8cm），若不大于预设值，则影响扫地机器人运行是正常的，非故障；检查扫地机器人底部的传感器是否太脏或有遮挡物；检查扫地机器人是否在强光条件下，应避免强光条件下工作
充不进电，充电显示充满后，也不能开机	开机键异常	检查开机键，可能按键功能不良
	充电电池异常	检查充电电池及充电电池的连接状态，多属于充电电池老化或损坏，需同型号代换
吸尘效果不佳	扫地机器人集尘盒有杂物堵塞，或滤尘器过脏	清洁积尘盒，更换滤尘器
旋转边刷不转	边刷未及时清理毛发及缠绕物，边刷电动机因超负荷运行导致烧坏，主控板元器件也烧坏	清理边刷毛发及缠绕物，更换边刷电动机，维修主板
扫地机器人启动后，左、右轮不转，有些机器同时提示轮组过载	左、右轮因异物卡死或松动	清理左、右轮异物
	轮组中的齿轮或电动机异常	更换整个轮组（包括齿轮或电动机）
滚刷转，边刷不转，主毛刷和侧毛刷都不转	边刷部分有毛发等异物缠绕	清理毛发等异物
	若手动边刷能转，但有明显异常声，多为边刷组件的电动机磨损严重	更换边刷组件
	滚刷部分有毛发等异物缠绕	清理整个滚刷组件
	主板有渗水导致导航部件线路腐蚀	检测主机部分
遥控不灵敏	遥控器电池电压太低	更换遥控器电池
	扫地机器人放置在已开启的充电座和虚拟墙的前方	拔掉充电座的电源，关掉虚拟墙
	遥控器本身异常	打开充电座，让扫地机器人切换到找充电座模式运行，若扫地机器人找充电器能转圈，则说明为遥控器问题，更换遥控器；若不能转圈，则说明为遥控接收头损坏，更换按键板
	扫地机器人遥控接收头异常	
扫地机器人无法充电	扫地机器人与充电座的充电极片未充分接触	调整扫地机器人，使其主机与充电座的充电极片充分接触
	充电座未接通电源，扫地机器人电源开关打开，导致电量损耗	接通充电座电源，关闭扫地机器人电源开关。扫地机器人不工作时，应使其保持充电状态
扫地机器人无法返回充电	充电座摆放位置不正确	按照扫地机器人说明书要求，调整充电座的摆放位置
扫地机器人工作时声音过大	边刷、滚刷等被杂物缠绕；集尘盒、滤尘器被堵住	定期清理及保养边刷、滚刷，集尘盒和滤尘器等

（续）

故障表现	故障原因	解决方法
抹布支架安装后，扫地机器人工作时不渗水	抹布支架的小磁铁脱落	修复抹布支架小磁铁或更换抹布支架
	扫地机器人水箱内无水	给水箱加水
	扫地机器人主机底部出水孔堵塞	清理扫地机器人底部的出水孔或清理水箱滤网
扫地机器人无法连接 WiFi	WiFi 信号不好	调整扫地机器人位置，确保主机处于 WiFi 信号覆盖区域内
	WiFi 连接异常	重置 WiFi 并下载扫地机器人最新手机客户端后再次连接

1 扫地机器人不吸尘的故障检修

按下扫地机器人启动键，扫地机器人开机行走，执行清扫工作，但没有吸尘功能。这时，应着重对吸尘电动机进行检查。

首先可将手放在排风口处感受是否有风排出，若没有，则需要对吸尘电动机模块进行拆卸检测。图 14-35 所示为待测吸尘电动机模块。

图 14-35 待测吸尘电动机模块

风道出风口　　　　　吸尘电动机扇叶　　　　　吸尘电动机

首先对吸尘电动机扇叶及风道进行检查，即吸尘电动机扇叶是否有破损或污物缠绕的情况，风道是否密闭，有无堵塞的情况。若有上述不良情况，应及时清理。

如果吸尘电动机扇叶和风道均状态良好，则怀疑吸尘电动机故障。可采用外接直流供电的方式为吸尘电动机供电，观察吸尘电动机是否起动运转，若在正常供电情况下电动机不转，则基本怀疑电动机损坏。可使用万用表对吸尘电动机绕组的阻值进行检测。正常情况下，实测电动机绕组应有一定的阻值。当前实测阻值为无穷大，说明电动机绕组断路，选用同型号吸尘电动机代换。重新安装后开机，故障排除。

2 扫地机器人防跌落失效的故障检修

扫地机器人开机工作正常，能够在平地移动清扫，但如果移动到台阶边缘无法做出暂停或后退动作，经常会从台阶上掉下去。出现这种情况，则基本确定防跌落功能失常，此时应对防跌落传感器模块进行检查。

首先检测扫地机器人底部跌落传感器处是否有污物遮挡，若有明显污物遮挡或脏污情况，应及时处理。

若跌落传感器表面清洁，则需对跌落传感器的性能进行检测。如图 14-36 所示，首先将万用表的黑表笔接跌落传感器的 A 极，红表笔接 K 极，检测其内部红外发光二极管的正向阻值，正常情况下应能够检测到几千欧姆的阻值（当前实测值为 20kΩ）。然后调换表笔检测反向阻值，正常情况下应为无穷大。

图 14-36　检测跌落传感器内部的红外发光二极管

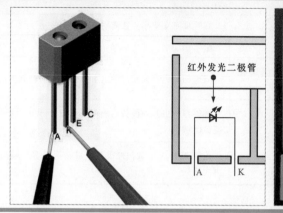

接下来，按图 14-37 所示，将黑表笔接 C 极，红表笔接 E 极，检测光电晶体管的阻值。当前在未接收到光照的情况下，光电晶体管的阻值应为无穷大。此时，可使用手机上的手电光对光电晶体管进行照射，在接收到照射的同时，观察阻值变化，所检测的光电晶体管的阻值应变小，这说明光电晶体管正常。实测光电晶体管的阻值在光照前后都为无穷大，说明跌落传感器内部的光电晶体管损坏，用同型号跌落传感器代换后重新开机测试，故障排除。

图 14-37　检测跌落传感器内光电晶体管

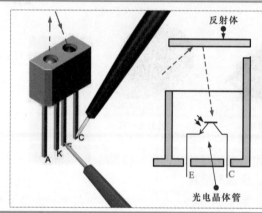

15.1 空气净化器和新风系统的结构

15.1.1 空气净化器的结构

空气净化器是对空气进行净化处理的机器。图 15-1 所示为典型空气净化器的外部结构。其外部主要由操作/显示面板、进风口及内部滤尘网、栅格出风口、传感器检测口等部分构成。

图 15-2 所示为典型空气净化器的内部结构。其内部主要是由主电路板、传感器组件、滤网等部分构成。

图 15-1 典型空气净化器的外部结构

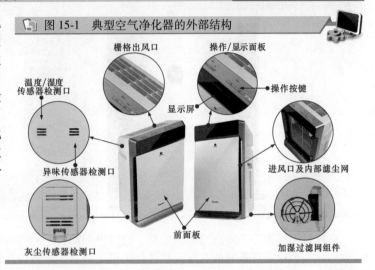

温度/湿度传感器检测口
栅格出风口
操作/显示面板
显示屏
操作按键
异味传感器检测口
进风口及内部滤尘网
前面板
灰尘传感器检测口
加湿过滤网组件

图 15-2 典型空气净化器的内部结构

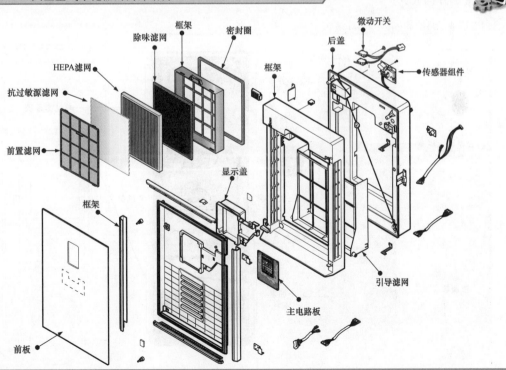

除味滤网
框架
密封圈
框架
后盖
微动开关
传感器组件
HEPA滤网
抗过敏源滤网
前置滤网
显示盖
框架
引导滤网
主电路板
前板

15.1.2　新风系统的结构

新风系统是一种新型室内通风排气设备，它能把室内污浊的空气排出室外的同时也将室外的空气经杀菌、过滤、净化后引入室内。

目前新风系统主要分为管道式新风系统和无管道式新风系统，其中管道式新风系统由新风机和管道配件组成，通过新风机净化室外空气导入室内，通过管道将室内空气排出，适用于工业或大面积区域使用；无管道式新风系统由新风机组成，由新风机净化室外空气导入室内，安装方便，适合家庭使用。这里主要介绍适合家庭使用的无管道式新风系统。

图 15-3 所示为几种新风机的实物外形。

图 15-3　几种新风机的实物外形

新风机实际上是一种空气净化设备，通过内部动力驱动能够使室内空气产生循环，排出室内污浊的空气，吸收室外新鲜的空气，并进行杀菌、消毒、过滤等处理后输入室内。

图 15-4 所示为典型新风机的内部结构。可以看到，其主要由触控显示屏、风机、过滤系统、电路板等部分构成。

图 15-4　典型新风机的内部结构

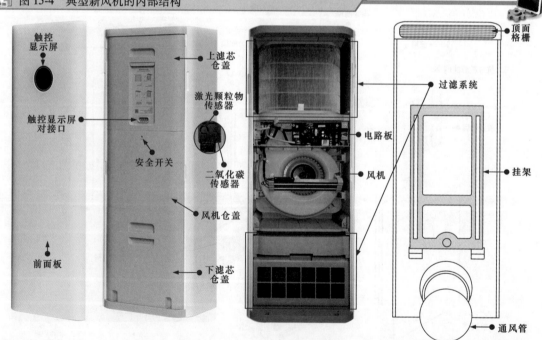

| 相关资料 |

不同品牌型号的家用新风机内部结构相似，图 15-5 所示为另一种典型新风机的结构组成示意图。

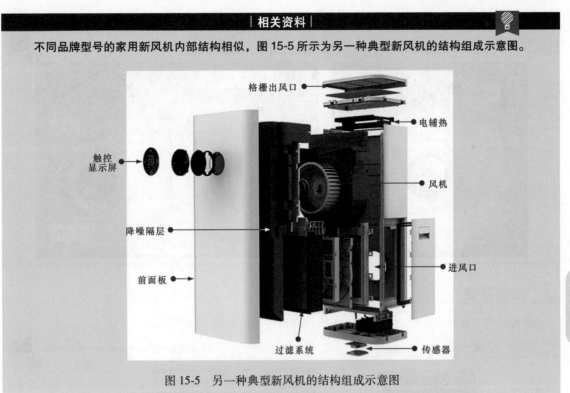

图 15-5　另一种典型新风机的结构组成示意图

1　触控显示屏

触控显示屏是新风机指令输入、状态显示、数据输出显示的电气部件，图 15-6 所示为典型新风机上的触控显示屏。

图 15-6　典型新风机上的触控显示屏

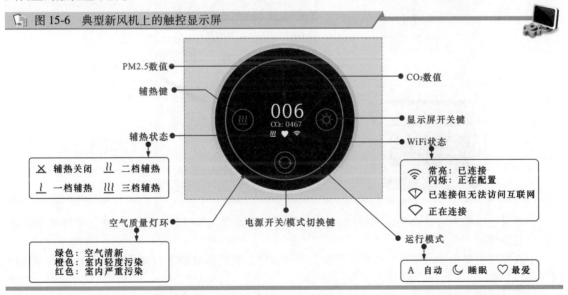

2　风机

新风机中采用高效率、降噪声离心风机，用于将经过杀菌、过滤、净化、热交换等处理后的室外新鲜空气强制性送入室内，同时把经过过滤、净化和热交换处理后的室内有害气体强制性排出室外。

图 15-7 所示为典型新风机中的风机部分。

图 15-7　典型新风机中的风机部分

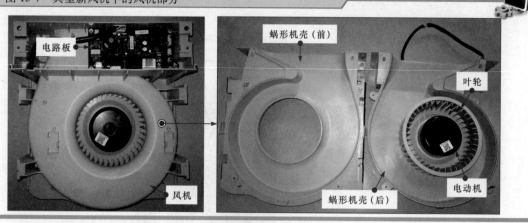

3　过滤系统

258

新风机的过滤系统一般分为初效、中效、高效过滤，如图 15-8 所示。

图 15-8　典型新风机中的过滤系统

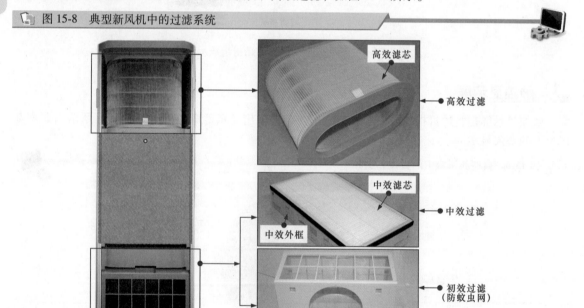

初效过滤也称为防蚊虫网，有效防蚊虫、柳絮等过敏原，一般为大容量滤盒，可拆卸水洗清洁，反复使用。

中效过滤主要用于滤除 PM10 花粉、粉尘等过敏原，减轻高效滤芯过滤负担，延长高效滤芯使用寿命。

高效过滤用于强力除菌，并可实现 PM2.5 以上颗粒>99.9% 的高效滤除。

4　电路板

电路板是新风机中电气部件的供电、连接和控制部分，一般安装在风机上方，如图 15-9 所示。

图 15-9 典型新风机中的电路板

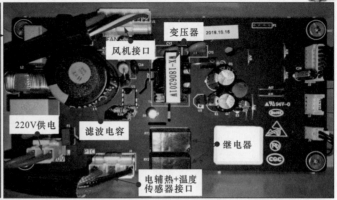

电路板

风机接口

变压器 2018.10.15

220V供电

滤波电容

继电器

风机

电辅热+温度
传感器接口

15.2 空气净化器和新风系统的工作原理

15.2.1 空气净化器的工作原理

目前，空气净化器主要采用过滤网实现除尘滤尘的效果。图 15-10 所示为空气净化器的工作原理，空气净化器是对空气进行净化处理的机器，可以有效吸附、分解或转化空气中的灰尘、异味、杂质、细菌及其他污染物，进而为室内提供清洁、安全的空气。

图 15-10 空气净化器的工作原理

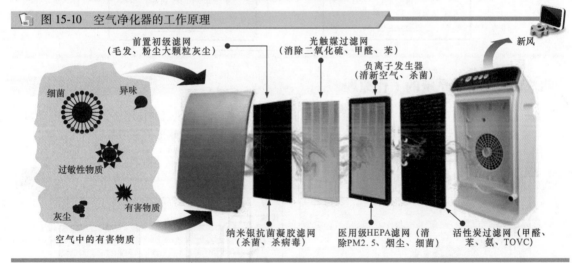

前置初级滤网
（毛发、粉尘大颗粒灰尘）

光触媒过滤网
（消除二氧化硫、甲醛、苯）

新风

负离子发生器
（清新空气、杀菌）

细菌　　异味

过敏性物质

灰尘　　有害物质

空气中的有害物质

纳米银抗菌凝胶滤网
（杀菌、杀病毒）

医用级HEPA滤网（清除PM2.5、烟尘、细菌）

活性炭过滤网（甲醛、苯、氨、TOVC）

空气净化器的空气循环系统主要是由风机和风道组成的。风机由扇叶和电动机构成，用于使空气形成气流。风道是由进风通道和排风通道组成的。电动机带动扇叶高速旋转，推动空气形成强力气流，使室内的空气通过滤尘网并进行循环，在循环的过程中，空气中的灰尘和霉菌被滤尘网拦截、捕捉和分解，不断地循环工作使室内的全部空气得到净化。空气净化器在室内的位置及所形成的气流如图 15-11 所示。

图 15-12 所示为空气净化器的电路结构，它是由电源电路和系统控制电路两部分构成的。电源电路为空气净化器各功能部件及单元电路供电，而系统控制电路则主要实现对空气净化部件的工作管理，其电路外连接有传感器，随时向系统控制电路传送当前的环境信息，以便系统控制电路自动工作。

图 15-11　空气净化器在室内的位置及所形成的气流

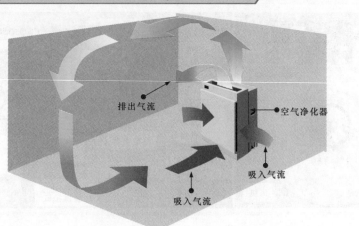

图 15-12　空气净化器的电路结构

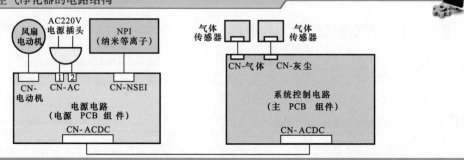

15.2.2　新风系统的工作原理

新风系统是实现室内与室外空气循环的设备，其工作的过程就是在风机的作用下，由离心电动机带动大直径风轮高速旋转，形成强大而平稳的气流，在离心力的作用下通过蜗形机壳持续输出大风量。

图 15-13 所示为两种结构的新风系统工作原理示意图。

图 15-13　两种结构的新风系统工作原理示意图

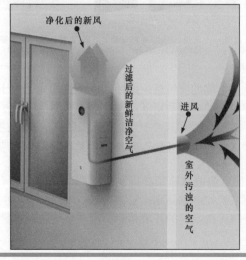
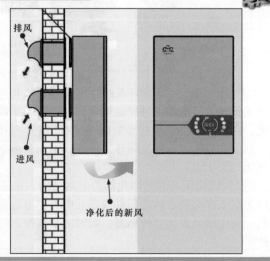

15.3 空气净化器和新风系统的故障检修

15.3.1 空气净化器的故障检修

1 空气净化器主要电气部件的故障检修

（1）电动机的维修方法

如果空气净化器在运行过程中出现不转或转速不均匀、运转噪声等情况，应对电动机进行检查。图 15-14 所示为空气净化器风扇和电动机的拆卸方法。

图 15-14 空气净化器风扇和电动机的拆卸方法

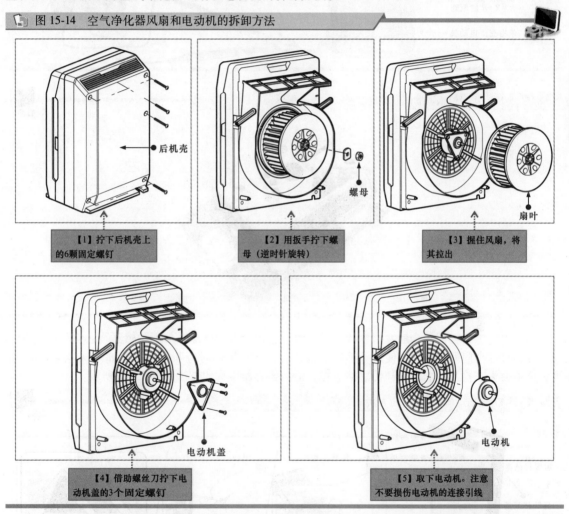

【1】拧下后机壳上的6颗固定螺钉

【2】用扳手拧下螺母（逆时针旋转）

【3】握住风扇，将其拉出

【4】借助螺丝刀拧下电动机盖的3个固定螺钉

【5】取下电动机。注意不要损伤电动机的连接引线

空气净化器的电动机多采用单相交流电动机。图 15-15 所示为空气净化器电动机的检测，检测时，使用万用表分别检测电动机任意两接线端的阻值，其中两组阻值之和应基本等于另一组阻值。

若检测时发现某两个接线端的阻值趋于无穷大，则说明电动机绕组中有断路的情况。若三组测量值不满足等式关系，则说明电动机绕组可能存在绕组间短路的情况。此时需要对电动机进行更换。

（2）灰尘传感器的维修方法

图 15-16 所示为灰尘传感器的电路单元，可检测空气中灰尘的含量，PM2.5 检测传感器是检测微颗粒灰尘的传感器。它将检测值变成电信号作为空气净化器的参考信息，经控制电路对净化器的各种装置进行控制，如风量和风速的控制及电离装置的控制。

📖 图 15-15　空气净化器电动机的检测

起动绕组阻值R_1

公共端

起动绕组

起动绕组端

起动与运行
绕组阻值R_3

运行绕组

运行绕组端

运行绕组阻值R_2

单相交流电动机
测量结果应遵循
$R_3=R_1+R_2$的原则

单相交流电动机

实测起动绕组的阻值R_1为
698Ω，运行绕组的阻值R_2为
507Ω，R_3为1205Ω

满足$698Ω+507Ω=1205Ω$的
关系，则说明空气净化器电动机
绕组正常

📖 图 15-16　灰尘传感器的电路单元

若灰尘传感器脏污，会触发报警状态。此时应进行检查和清洁，灰尘传感器装在空气净化器左侧下部，打开小门即可看到。使用干棉签清洁镜头，注意操作时应断开电源。如果灰尘覆盖镜头，则传感器会失去检测功能。拆卸传感器盖板，清洁传感器镜头的方法如图 15-17 所示。

📖 图 15-17　清洁传感器镜头的方法

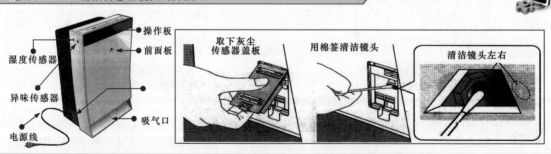

操作板

湿度传感器

前面板

取下灰尘
传感器盖板

用棉签清洁镜头

清洁镜头左右

异味传感器

吸气口

电源线

2　空气净化器能正常开机，但显示屏显示失常的故障检修

空气净化器通电开机正常，但显示屏显示失常。

空气净化器开机能进入工作状态，只有显示屏显示失常，可能是显示屏和触摸键电路板故障。图 15-18 所示为显示屏和触摸键电路板的拆卸检查。

图 15-18　显示屏和触摸键电路板的拆卸检查

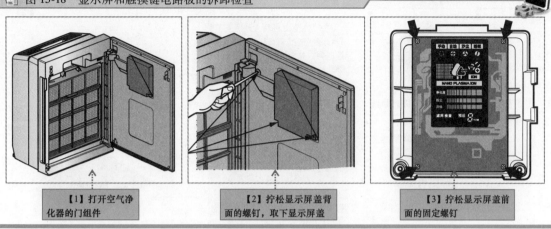

【1】打开空气净化器的门组件

【2】拧松显示屏盖背面的螺钉，取下显示屏盖

【3】拧松显示屏盖前面的固定螺钉

经检查，电路板损坏，选择同型号电路板代换，故障排除。

3　空气净化器能正常工作，但出风伴随有异味的故障检修

空气净化器通电开机正常，也能正常工作，但出风总伴随有异味。

根据故障表现，说明空气净化器各单元电路工作正常，各功能部件也能正常工作。所以应重点对空气净化器内的滤网进行检查，可能是滤网不清洁所致。

图 15-19 所示为滤网的拆卸，先切断电源，然后对空气净化器中的滤网进行拆卸。

图 15-19　滤网的拆卸

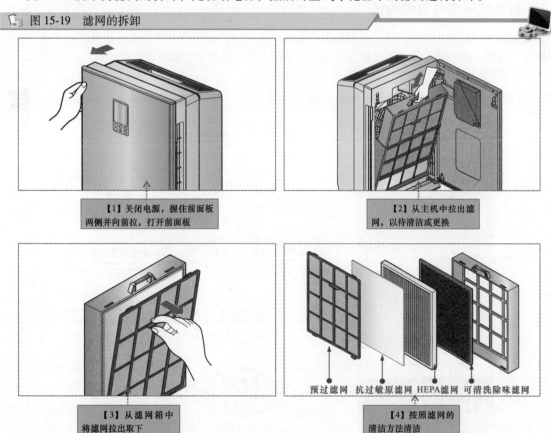

【1】关闭电源，握住前面板两侧并向前拉，打开前面板

【2】从主机中拉出滤网，以待清洁或更换

【3】从滤网箱中将滤网拉出取下

预过滤网　抗过敏原滤网　HEPA滤网　可清洗除味滤网

【4】按照滤网的清洁方法清洁

滤网的清洁与更换如图 15-20 所示。

📷 图 15-20　滤网的清洁与更换

预过滤网	【1】清洗周期大约为每月1次，使用吸尘器或软毛刷清洁预过滤网。如果堵塞严重，则用中性洗涤剂清洗
	【2】每6~12个月更换一次滤网
HEPA滤网	【3】清洗周期大约为每6个月1次，在水中摇动滤网以清除颗粒
	【4】清洗周期大约为每6个月1次，将滤网在加有中性洗涤剂的温水中浸泡1h，在水中摇动过滤网以清除颗粒

抗菌滤网

除味滤网

注意，滤网清洁后一定要晾干，不可直接装入机器，否则会因潮湿引发电路故障，或者因为潮湿霉变导致异味再次产生。

15.3.2　新风系统的故障检修

新风系统出现故障主要有不工作、出风量小、噪声变大、联网和控制功能失常等。检修新风系统故障，主要根据故障表现排查相关的部件。

1　新风机不工作故障检修

新风机不工作多为供电异常，主要检查供电相关的部分，如检查电源插座、新风机电源接口、电源板等，另外，触控显示屏采用对接口连接的机型中，若前面板未扣紧也会导致机器不工作故障。

图 15-21 所示为新风机不工作故障的检修流程。

📷 图 15-21　新风机不工作故障的检修流程

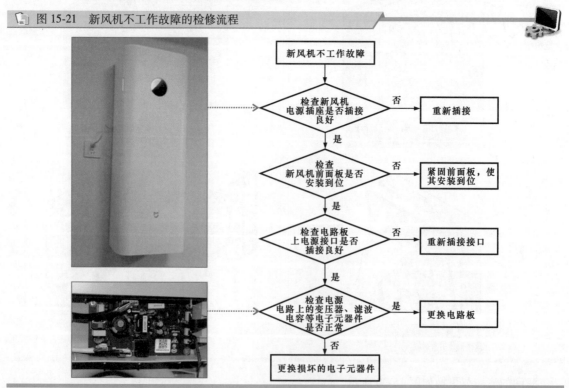

2 新风机出风量变小、噪声变大

使用一段时间后，新风机出风量变小、噪声变大，主要原因为滤芯堵塞，应及时清洗防蚊虫网，并根据使用周期确认滤芯寿命，更换中效或高效滤芯。

3 新风机联网和控制功能失常

新风机联网和控制功能失常主要表现为联网失败、APP 无法控制等，检修方法如图 15-22 所示。

图 15-22 新风机联网和控制功能失常故障检修方法

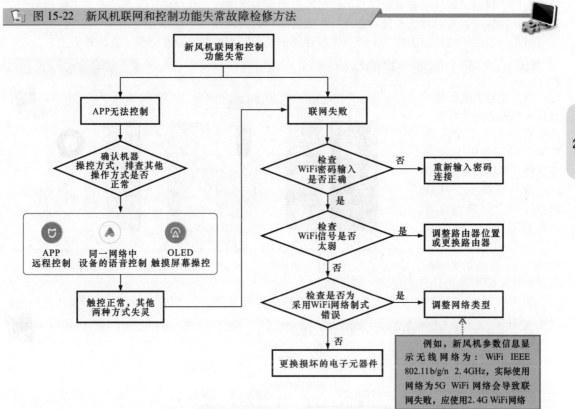

第16章 智能手机的故障检测与维修

16.1 智能手机的结构

智能手机是一种具有独立操作系统，可通过通信网络接入无线网络，且能够安装多种由第三方提供的应用程序，来对智能手机功能进行扩充的一种通信设备。

目前，智能手机种类多样，不同品牌设计风格也不同，外观多以长方形、直板式为主。

16.1.1 华为智能手机的结构

华为智能手机是由华为技术有限公司研发生产的智能手机。图 16-1 所示为目前流行的几种华为智能手机实物外形。

图 16-1 几种华为智能手机实物外形

华为P50 Pro智能手机　　华为nova 9智能手机　　华为Mate 40 Pro智能手机

虽然智能手机外观设计不同，但基本都可以在智能手机上找到显示屏、按键、摄像头、听筒、话筒、扬声器、耳机插孔、USB/充电插孔、存储卡插孔等。

图 16-2 所示为典型华为智能手机的外部结构，其主体部分为显示屏部分，该部分几乎占据智

图 16-2 典型华为智能手机的外部结构

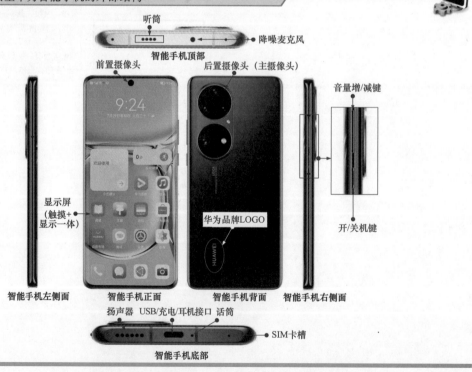

听筒　降噪麦克风

智能手机顶部

前置摄像头　后置摄像头（主摄像头）

音量增/减键

显示屏（触摸+显示一体）

华为品牌LOGO

开/关机键

智能手机左侧面　智能手机正面　智能手机背面　智能手机右侧面

扬声器　USB/充电/耳机接口　话筒

SIM卡槽

智能手机底部

能手机整个正面，是触摸与显示一体的功能部件。在智能手机顶部、底部和左、右侧面安装有各种按键，包括开/关机键、音量增/减键、USB/充电/耳机接口、SIM 卡槽、话筒等功能部件。在智能手机背部，主要设有摄像头、指纹识别键等。

图 16-3 所示为典型华为智能手机的内部结构。可以看到，智能手机的内部主要是由显示屏组件、主电路板及各种功能部件、电池和盖板等构成。

📷 图 16-3　典型华为智能手机的内部结构

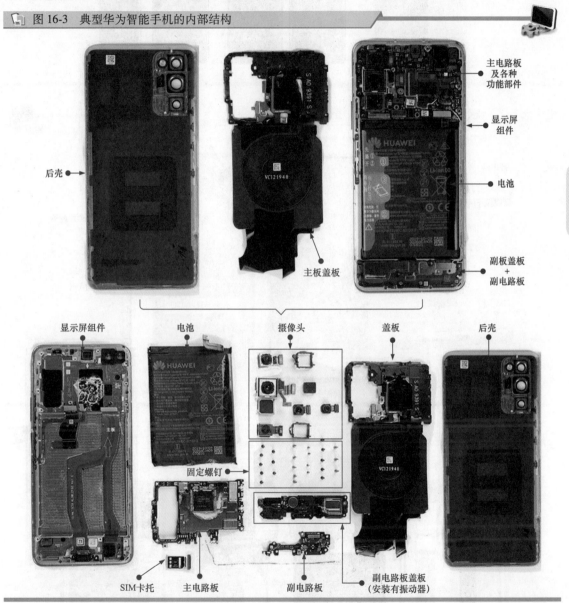

267

16.1.2　小米智能手机的结构

小米智能手机是由北京小米科技有限责任公司研发生产的智能手机。图 16-4 所示为目前流行的几种小米智能手机实物外形。

虽然智能手机外观设计不同，但基本都可以在智能手机上找到显示屏、按键、摄像头、听筒、话筒、扬声器、耳机插孔、USB/充电插孔、存储卡插孔等。

图 16-5 所示为典型小米智能手机的外部结构，有长方形、直板式外观。

图 16-6 所示为典型小米智能手机的内部结构。

图 16-4　几种小米智能手机实物外形

小米12Pro智能手机　　　小米11智能手机　　　小米10智能手机

图 16-5　典型小米智能手机的外部结构

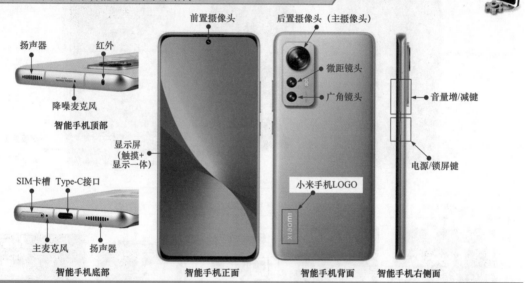

扬声器　　　红外

降噪麦克风

智能手机顶部

SIM卡槽　Type-C接口

主麦克风　　　扬声器

智能手机底部

前置摄像头

显示屏
（触摸+
显示一体）

智能手机正面

后置摄像头（主摄像头）

微距镜头

广角镜头

小米手机LOGO

智能手机背面

音量增/减键

电源/锁屏键

智能手机右侧面

图 16-6　典型小米智能手机的内部结构

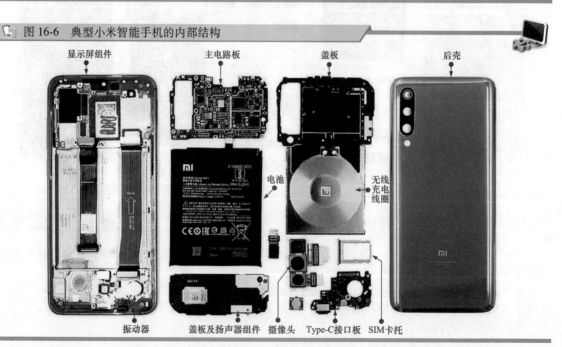

显示屏组件　　　　主电路板　　　　盖板　　　　　后壳

电池

无线
充电
线圈

振动器　　　盖板及扬声器组件　　摄像头　　Type-C接口板　SIM卡托

16.1.3　OPPO 智能手机的结构

OPPO 智能手机是由 OPPO 广东移动通信有限公司研发生产的智能手机。图 16-7 所示为几种 OPPO 智能手机实物外形。

图 16-7　几种 OPPO 智能手机实物外形

OPPO A96智能手机　　　　OPPO Reno7 Pro智能手机　　　　OPPO A72智能手机

图 16-8 所示为典型 OPPO 智能手机的外部结构，有长方形、直板式外观。

图 16-8　典型 OPPO 智能手机的外部结构

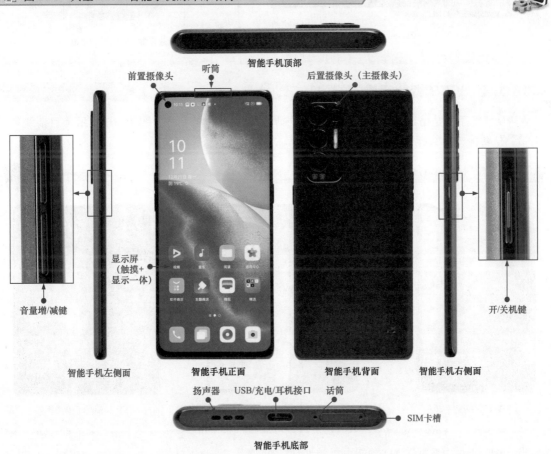

图 16-9 所示为典型 OPPO 智能手机的内部结构。

图 16-9　典型 OPPO 智能手机的内部结构

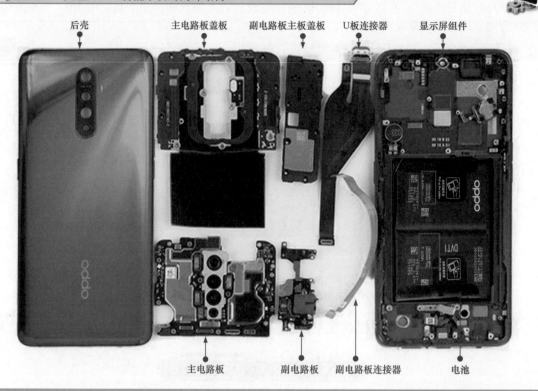

后壳　主电路板盖板　副电路板主板盖板　U板连接器　显示屏组件

主电路板　副电路板　副电路板连接器　电池

16.1.4　VIVO 智能手机的结构

VIVO 智能手机是由维沃移动通信有限公司研发生产的智能手机。图 16-10 所示为目前流行的几种 VIVO 智能手机实物外形。

图 16-10　几种 VIVO 智能手机实物外形

VIVO Y10智能手机

VIVO X70 Pro+智能手机

VIVO X60 Pro智能手机

图 16-11 所示为典型 VIVO 智能手机的外部结构。

图 16-11 典型 VIVO 智能手机的外部结构

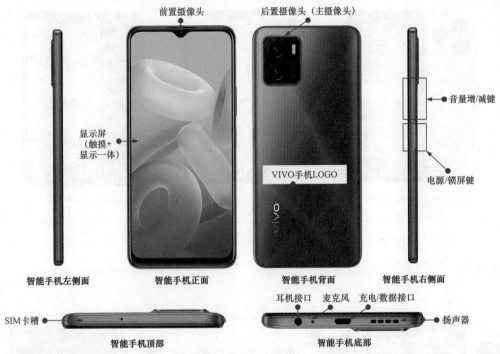

前置摄像头　　　后置摄像头（主摄像头）

音量增/减键

显示屏
（触摸+
显示一体）

VIVO手机LOGO

vivo

电源/锁屏键

智能手机左侧面　　　智能手机正面　　　智能手机背面　　　智能手机右侧面

271

耳机接口　麦克风　充电/数据接口

SIM卡槽

扬声器

智能手机顶部　　　　　　　智能手机底部

图 16-12 所示为典型 VIVO 智能手机的内部结构。

图 16-12 典型 VIVO 智能手机的内部结构

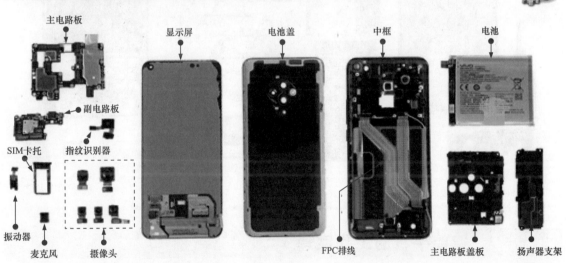

主电路板　　　　显示屏　　　电池盖　　　中框　　　电池

副电路板

SIM卡托　　指纹识别器

振动器

麦克风　　摄像头　　FPC排线　　主电路板盖板　　扬声器支架

16.1.5　苹果智能手机的结构

苹果智能手机是由苹果公司研发生产的智能手机。图 16-13 所示为几种苹果智能手机实物外形。

📖 图 16-13　几种苹果智能手机实物外形

iPhone 13 Pro智能手机

iPhone 12智能手机

iPhone 11智能手机

图 16-14 所示为典型苹果智能手机的内部结构。

📖 图 16-14　典型苹果智能手机的内部结构

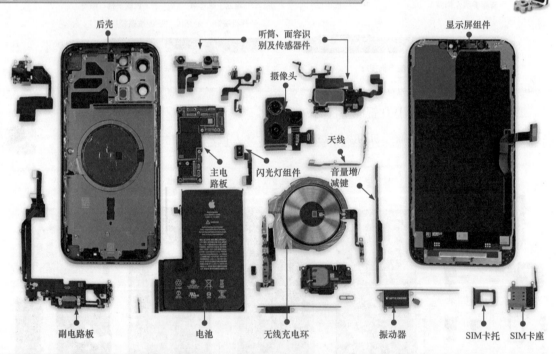

16.2　智能手机的工作原理

16.2.1　智能手机的整机控制过程

智能手机的整机控制过程是指在智能手机内微处理器及操作系统的控制下，各功能电路协同工作，实现智能手机通话、上网、视频/影音播放等功能的过程。

如图 16-15 所示，智能手机的整机控制过程主要分为手机信号接收的控制过程、手机信号发送的控制过程和手机其他功能的控制过程。

图 16-15　智能手机的整机控制过程

手机基站构建的通信网络

扫一扫看视频

电磁波传输

手机基站1

通信网络传输

拨打手机

【1】在向对方手机发送信号时，用户讲话的声音由话筒变成电信号，电信号经语音电路、射频电路、微处理器及数据处理电路进行处理（各个单元电路进行协同工作），最后由天线将处理后的用户声音信号发射到附近基站并由通信网络传输

【2】远端基站接收到信号后，接听手机接收附近基站天线发射的电磁波。电磁波经射频电路、语音电路、微处理器及数据处理电路进行处理（各个单元电路进行协同工作），向听筒输送话音信号

接听手机

手机基站n

273

要实现手机信号接收、发送以及其他控制功能，都需要由电源电路为其各功能部件提供所需的直流电压，这样智能手机才能够正常工作。

│提示说明│

　　智能手机之间的通信即为信号的转换、传输和还原的过程。这一过程是通过手机基站构建的通信网络实现的。

　　当拨打电话时，智能手机将语音转化成信号，然后通过电磁波的形式发送到距离最近的基站，基站接收到信号之后，再通过通信网络传输到覆盖对方智能手机信号的基站，然后再由基站把信号发送给对方智能手机，智能手机接收到信号之后再把信号转换成语音，从而实现双方通话。

16.2.2　智能手机的电路关系

　　智能手机是由各单元电路协同工作，完成手机信号的接收、发送以及其他功能的控制。各单元电路之间存在一定的控制关系，从而实现协调作用。

　　如图 16-16 所示，为了便于理解智能手机的控制关系，通常根据电路的功能特点，将智能手机划分成 7 个单元电路模块，各单元电路之间相互配合、协同工作。

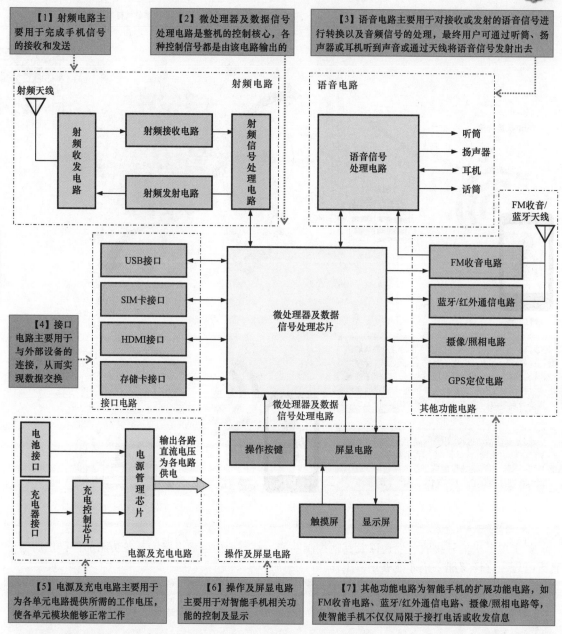

图 16-16　智能手机的整机控制关系

【1】 射频电路主要用于完成手机信号的接收和发送

【2】 微处理器及数据信号处理电路是整机的控制核心，各种控制信号都是由该电路输出的

【3】 语音电路主要用于对接收或发射的语音信号进行转换以及音频信号的处理，最终用户可通过听筒、扬声器或耳机听到声音或通过天线将语音信号发射出去

【4】 接口电路主要用于与外部设备的连接，从而实现数据交换

【5】 电源及充电电路主要用于为各单元电路提供所需的工作电压，使各单元模块能够正常工作

【6】 操作及屏显电路主要用于对智能手机相关功能的控制及显示

【7】 其他功能电路为智能手机的扩展功能电路，如FM收音电路、蓝牙/红外通信电路、摄像/照相电路等，使智能手机不仅仅局限于接打电话或收发信息

　　智能手机的整个控制过程非常细致、复杂，为了能够更好地厘清关系，我们以信号的处理过程作为主线，深入探究各单元电路之间是如何配合工作的。

　　图 16-17 所示为智能手机信号处理过程。通常，我们可以将手机信号的处理划分成两条线，一条是手机接收信号的处理过程，另一条是手机发射信号的处理过程。

　　智能手机在通话过程中实际上是收发信号双向同时传送和处理的过程，而射频电路部分中的射频收发电路是智能手机接收信号和发射信号的共用部分。另外除收发两路主信号外，还有一些信号属于辅助信号，如射频时钟电路产生的时钟信号；微处理器及数据处理电路产生的控制信号、显示信号等，它们都是为主信号服务的信号。

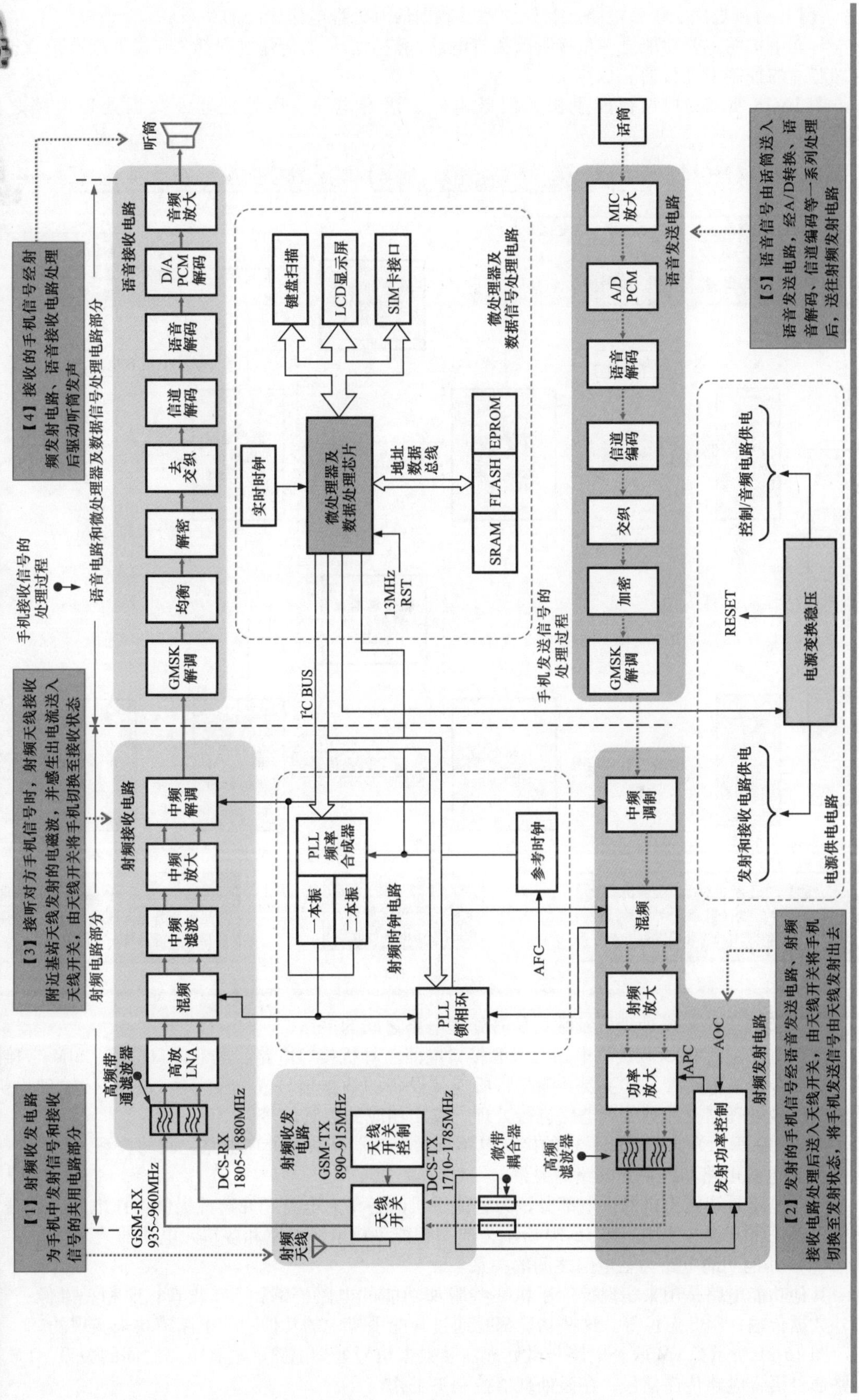

图16-17 智能手机信号处理过程

【1】射频收发电路
为手机中发射信号和接收信号的共用电路部分

【3】接听对方手机信号时，射频天线接收
附近基站天线发射的电磁波，并感生出电流送入天线开关，由天线开关将手机切换至接收状态

【4】接收的手机信号经射
频发射电路，语音接收电路处理后驱动听筒发声

手机接收信号的
处理过程——语音电路和微处理器及数据信号处理电路部分

射频电路部分

听筒

语音接收电路

GSM-RX 935～960MHz
DCS-RX 1805～1880MHz

| 高频带通滤波器 | 高放 LNA | 混频 | 中频滤波 | 中频放大 | 中频解调 | GMSK解调 | 均衡 | 解密 | 去交织 | 信道解码 | 语音解码 | D/A PCM 解码 | 音频放大 |

射频接收电路

射频时钟电路

一本振
二本振
PLL频率合成器

参考时钟
AFC

实时时钟

PLL锁相环

微处理器及数据信号处理电路

| 键盘扫描 |
| LCD显示屏 |
| SIM卡接口 |

| 微处理器及数据处理芯片 | 地址数据总线 |
| SRAM FLASH EPROM |

13MHz
RST

I²C BUS

手机发送信号的处理过程

| GMSK解调 | 加密 | 交织 | 信道编码 | 语音解码 | A/D PCM | MIC放大 |

话筒

语音发送电路

RESET

电源变换稳压

控制/音频电路供电

发射和接收电路供电

电源供电电路

中频调制

混频

射频放大

功率放大
APC

发射功率控制
AOC

射频发射电路

射频收发电路
GSM-TX 890～915MHz
DCS-TX 1710～1785MHz

天线开关控制

天线开关

微带耦合器

高频滤波器

射频天线

【2】发射的手机信号经语音发送电路、射频接收电路处理后送入天线开关，由天线开关将手机切换至发射状态，将手机发送信号由天线发射出去

【5】语音信号由话筒送入语音发送电路，经A/D转换、语音解码、信道编码等一系列处理后，送往射频发射电路

（1）射频电路、语音电路、微处理器及数据信号处理电路之间的关系

智能手机的主要功能之一是接听或拨打电话，整个信号的传输过程都是在微处理器及数据信号处理芯片的控制下进行的。

图 16-18 所示为典型智能手机的射频电路、语音电路、微处理器及数据处理电路之间的关系。

图 16-18　典型智能手机的射频电路、语音电路、微处理器及数据处理电路之间的关系

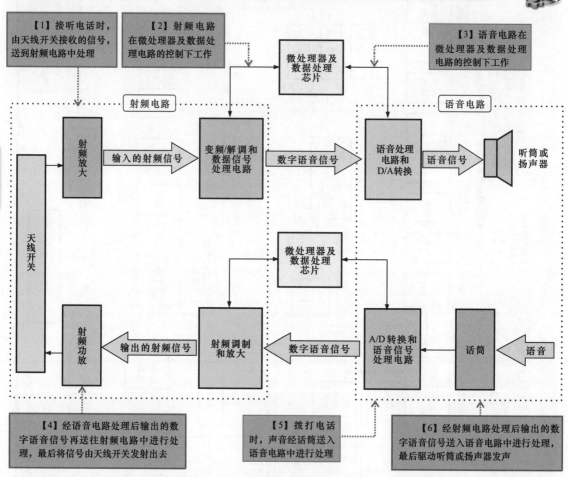

（2）接口电路与微处理器及数据信号处理电路之间的关系

接口电路主要有 USB 接口电路、电源接口电路、耳机接口电路、电池接口电路、SIM 卡接口电路、存储卡接口电路等，其主要功能是将所连接设备的数据信号或电压等通过接口传输到手机中，然后再经微处理器及数据处理电路进行处理，发出相应的控制信号。

图 16-19 所示为典型智能手机的接口电路与微处理器及数据处理电路之间的关系。

（3）电源电路和各单元电路的关系

电源电路是智能手机的供电部分，为智能手机的各单元电路和元器件提供工作电压，保证智能手机可以正常开机并使用。图 16-20 所示为典型智能手机电源电路和各单元电路的关系。

（4）其他功能电路与各电路之间的关系

其他功能电路是用来实现智能手机一些附加功能的电路，例如 FM 收音；照相、摄像；蓝牙、红外数据传输；GPS 定位等。这些功能都是通过智能手机中的其他功能电路模块来实现的。

图 16-21 所示为 FM 收音电路与微处理器及数据信号处理电路、语音电路之间的关系。FM 收音电路通过语音电路传递信号，在微处理器控制下工作。

图 16-19　典型智能手机的接口电路与微处理器及数据处理电路之间的关系

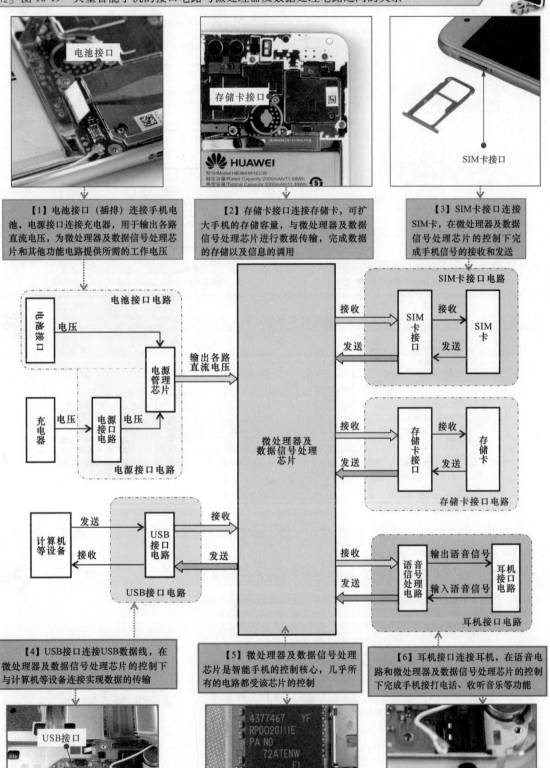

【1】电池接口（插排）连接手机电池，电源接口连接充电器，用于输出各路直流电压，为微处理器及数据信号处理芯片和其他功能电路提供所需的工作电压

【2】存储卡接口连接存储卡，可扩大手机的存储容量，与微处理器及数据信号处理芯片进行数据传输，完成数据的存储以及信息的调用

【3】SIM卡接口连接SIM卡，在微处理器及数据信号处理芯片的控制下完成手机信号的接收和发送

【4】USB接口连接USB数据线，在微处理器及数据信号处理芯片的控制下与计算机等设备连接实现数据的传输

【5】微处理器及数据信号处理芯片是智能手机的控制核心，几乎所有的电路都受该芯片的控制

【6】耳机接口连接耳机，在语音电路和微处理器及数据信号处理芯片的控制下完成手机接打电话、收听音乐等功能

图 16-20　典型智能手机电源电路和各单元电路的关系

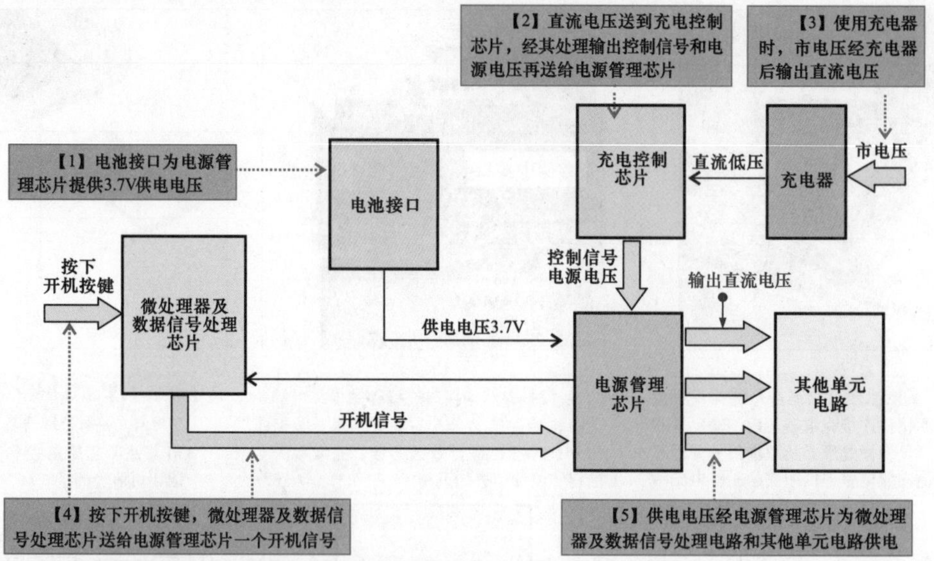

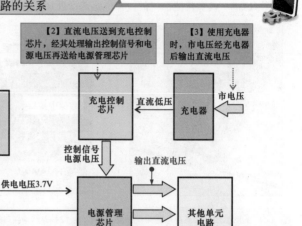

【2】直流电压送到充电控制芯片，经其处理输出控制信号和电源电压再送给电源管理芯片

【3】使用充电器时，市电压经充电器后输出直流电压

【1】电池接口为电源管理芯片提供3.7V供电电压

电池接口

充电控制芯片

充电器

直流低压

市电压

按下开机按键

微处理器及数据信号处理芯片

控制信号电源电压

输出直流电压

供电电压3.7V

电源管理芯片

其他单元电路

开机信号

【4】按下开机按键，微处理器及数据信号处理芯片送给电源管理芯片一个开机信号

【5】供电电压经电源管理芯片为微处理器及数据信号处理电路和其他单元电路供电

图 16-21　FM 收音电路与微处理器及数据信号处理电路、语音电路之间的关系

【1】耳机的负端作为FM天线接收天空中的信号

FM天线

【2】耳机接收天空中的信号通过耳机接口送入FM收音模块中

接收

FM收音模块

接收

语音电路

接收

扬声器或耳机

【4】FM收音模块对接收的信号进行处理后，送入语音电路中，经处理后输出语音信号送往耳机或扬声器中，使其发声

【3】FM收音模块、语音电路均在微处理器及数据信号处理芯片的控制下工作

微处理器及数据信号处理芯片

如图 16-22 和图 16-23 所示，摄像/照相电路、蓝牙/红外通信电路在微处理器及数据信号处理电路的控制下实现电路功能。

图 16-22　摄像/照相电路与微处理器及数据信号处理电路之间的关系

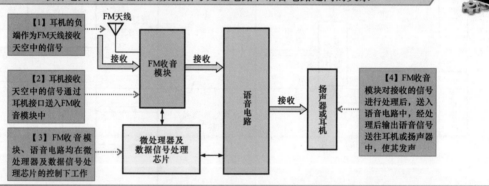

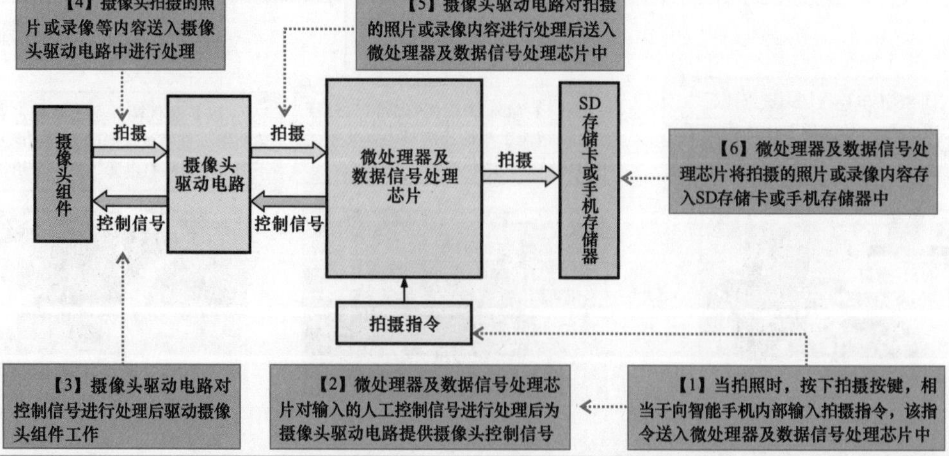

【4】摄像头拍摄的照片或录像等内容送入摄像头驱动电路中进行处理

【5】摄像头驱动电路对拍摄的照片或录像内容进行处理后送入微处理器及数据信号处理芯片中

摄像头组件

拍摄

摄像头驱动电路

拍摄

微处理器及数据信号处理芯片

拍摄

SD存储卡或手机存储器

【6】微处理器及数据信号处理芯片将拍摄的照片或录像内容存入SD存储卡或手机存储器中

控制信号

控制信号

拍摄指令

【3】摄像头驱动电路对控制信号进行处理后驱动摄像头组件工作

【2】微处理器及数据信号处理芯片对输入的人工控制信号进行处理后为摄像头驱动电路提供摄像头控制信号

【1】当拍照时，按下拍摄按键，相当于向智能手机内部输入拍摄指令，该指令送入微处理器及数据信号处理芯片中

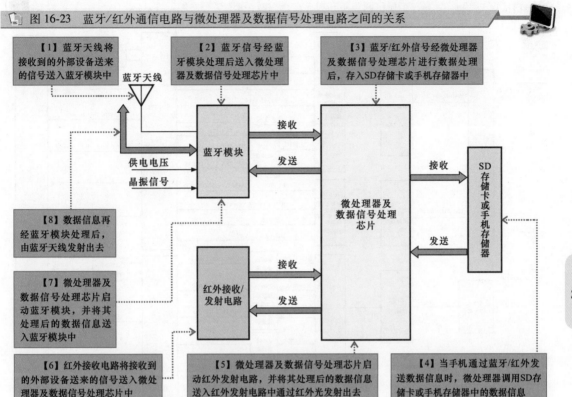

图 16-23 蓝牙/红外通信电路与微处理器及数据信号处理电路之间的关系

【1】蓝牙天线将接收到的外部设备送来的信号送入蓝牙模块中

【2】蓝牙信号经蓝牙模块处理后送入微处理器及数据信号处理芯片中

【3】蓝牙/红外信号经微处理器及数据信号处理芯片进行数据处理后，存入SD存储卡或手机存储器中

【8】数据信息再经蓝牙模块处理后，由蓝牙天线发射出去

【7】微处理器及数据信号处理芯片启动蓝牙模块，并将其处理后的数据信息送入蓝牙模块中

【6】红外接收电路将接收到的外部设备送来的信号送入微处理器及数据信号处理芯片中

【5】微处理器及数据信号处理芯片启动红外发射电路，并将其处理后的数据信息送入红外发射电路中通过红外光发射出去

【4】当手机通过蓝牙/红外发送数据信息时，微处理器调用SD存储卡或手机存储器中的数据信息

16.2.3 智能手机射频电路的分析

射频电路是智能手机实现通信的前端电路单元，主要用于接收手机基站送来的射频信号和发射声音或数据信号。

以华为 Mate 20 Pro 型智能手机中的射频电路为例，图 16-24 所示为该智能手机中射频电路接收和发送信号的流程框图。

射频前端模块电路是智能手机射频电路中射频信号接收和发射的公共处理通道。

图 16-25 所示为华为 Mate 20 Pro 型智能手机中的中/高频信号前端模块电路，该电路以 U3501（QM77031）为核心，对发射和接收的中/高频手机信号进行处理。

在中/高频手机信号的接收状态，由天线接收的中/高频手机信号经前级电路后，再经射频开关 U3803 送入手机信号处理电路中，经电容器 C3540、C3555、C3553、C3529，电感器 L3547 送至 U3501 的 57 脚（MB_ANT）和 59 脚（HB_ANT），经 U3501 对接收信号处理后，分别由 5、7、10、39、45、47 脚输出，送往后级低噪声放大器 U3404 中。

在中/高频手机信号的发射状态，来自射频收发芯片 U3301（HI6363）的发射射频信号（TX1_HB1_MB、TX1_HB2_HB）经 L3501、L3503 送入 U3501 的 31 脚（MB_IN）、20 脚（HB_IN），经 U3501 对发射信号处理后，由 57、59 脚输出，送往射频开关电路中，再经滤波器后，由天线发射出去。

射频收发电路是射频电路中处理接收信号和发射信号的共用电路单元，图 16-26 所示为华为 Mate 20 Pro 型智能手机中的射频收发电路，该电路以射频收发芯片 U3301（HI6363）为核心。

射频收发芯片 U3301（HI6363）是智能手机中射频电路与其他电路关联的桥梁，接收和发送的手机信号均经由 U3301 后，接收到手机中或发射出去。

图 16-24　该智能手机中射频电路接收和发送信号的流程框图

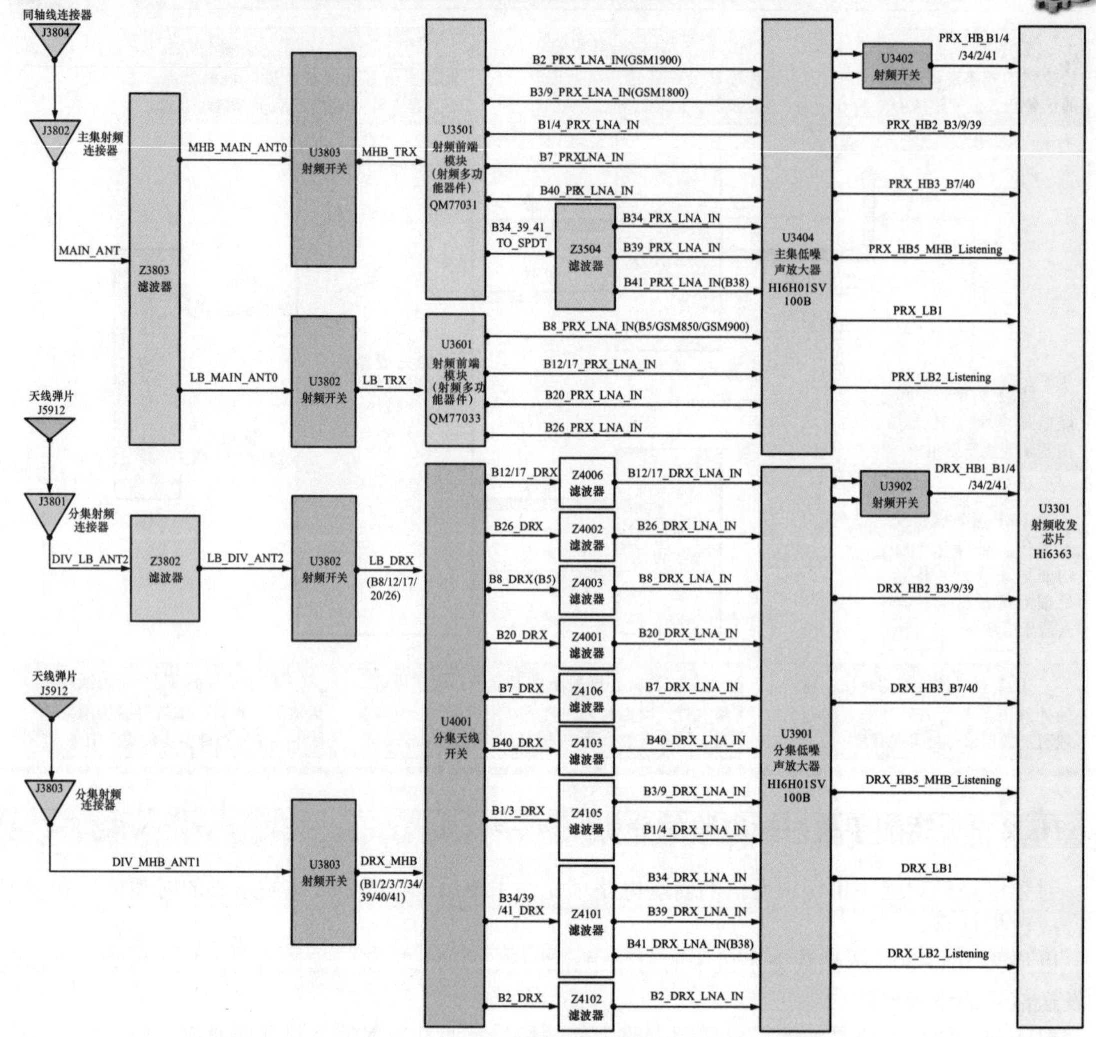

a) 射频电路接收信号框图

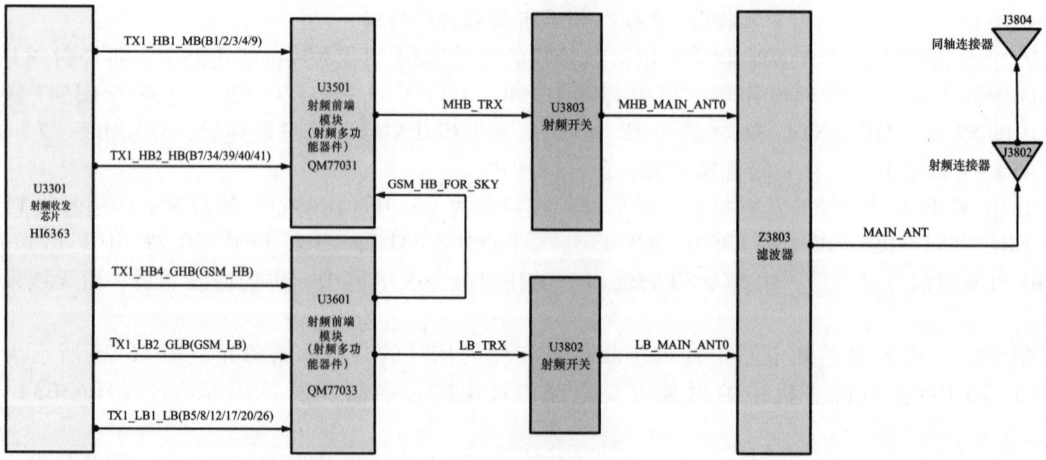

b) 射频电路发射信号框图

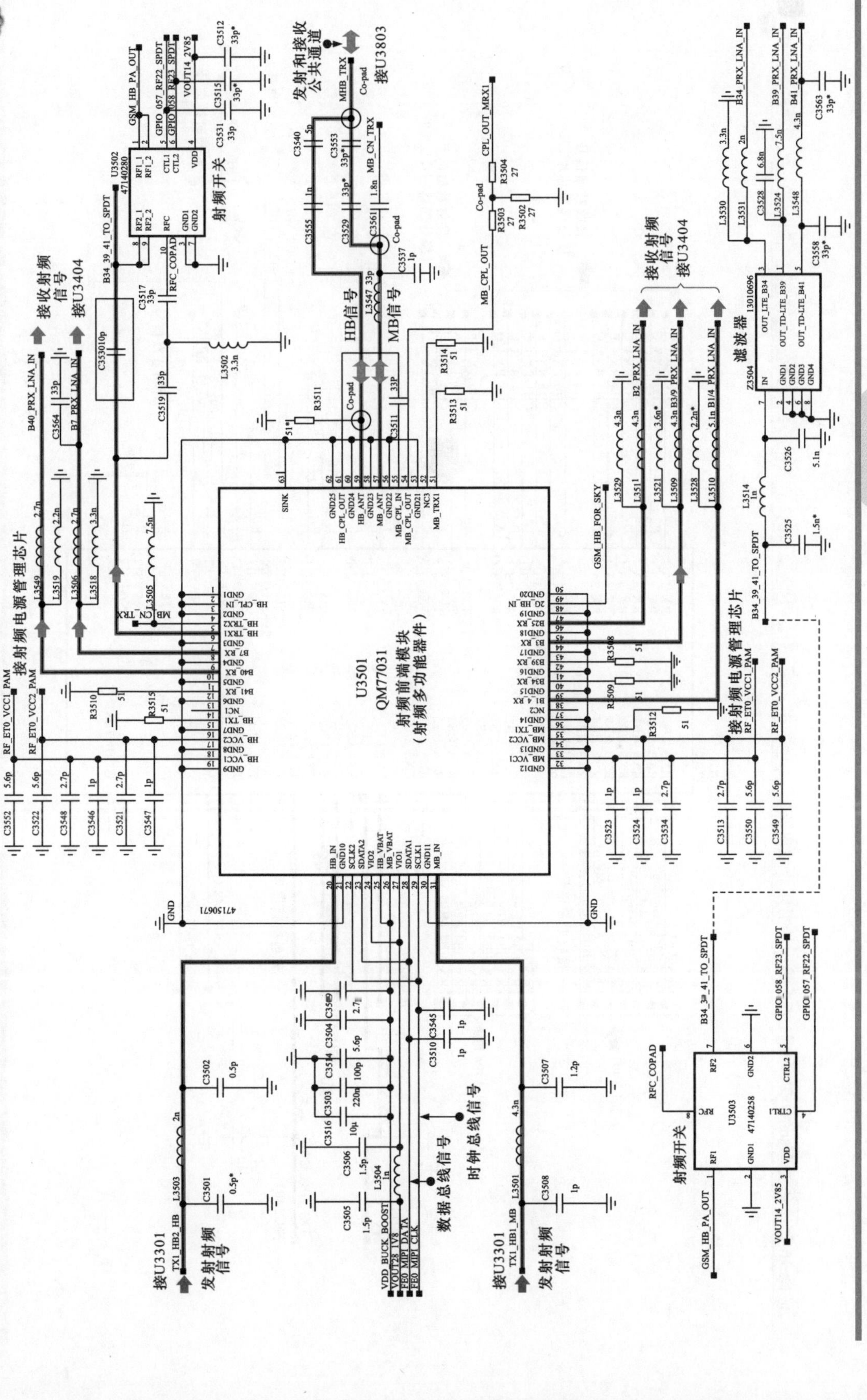

图 16-25 华为 Mate 20 Pro 型智能手机中的中/高频信号前端模块电路

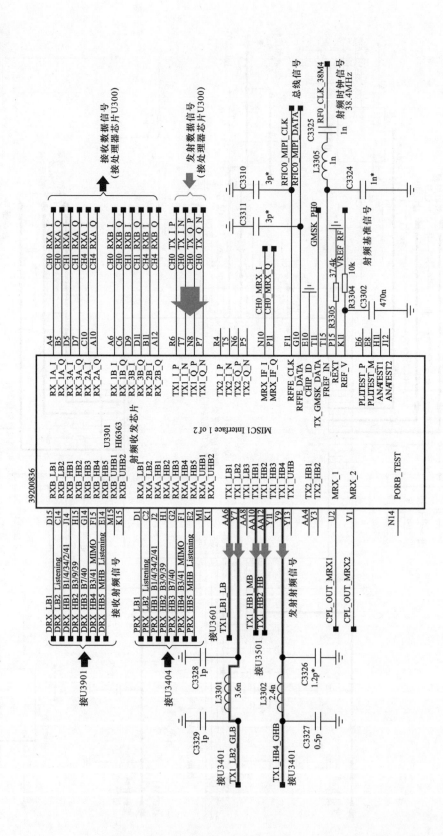

图 16-26 华为 Mate 20 Pro 型智能手机中的射频收发电路

射频收发芯片 U3301 (HI6363) 采用 1.09V、1.8V 供电，与处理器芯片之间通过 MIPI 总线进行连接和控制。

U3301 的 T15 端为 38.4MHz 时钟信号端 (RF0_CLK_38M4)，该信号是 U3301 芯片正常工作的基本条件之一。

U3301 的 D15、C14、J14、H15、G14、F15、E14 引脚端连接分集低噪声放大器 U3901，D1、C2、J2、H1、G2、F1、E2 引脚端连接主集低噪声放大器 U3404，是智能手机在接收信号状态时，射频信号的接收端。

U3301 的 AA10、AA12 引脚端连接射频前端模块 U3501，AA6、Y7、Y9 引脚端连接前端模块 U3601，是智能手机发射信号状态时，射频信号的发射端。

U3301 的 A4、B5、D5、D7、C10、A10、A6、C6、D9、D11、B11、A12、R6、T7、N8、P7 引脚端为基带信号端，这些引脚端与处理器芯片 U300 关联，进行基带信号的传输。

U3301 的 F11、G10 端为总线时钟信号端 (RFIC0_MIPI_CLK)、总线数据信号端 (RFIC0_MIPI_DATA)，U3301 与处理器芯片 U300 之间由这两个引脚端进行数据控制和时钟信号的同步控制。

| 提示说明 |

38.4MHz 的振荡信号在射频电路接收和发射两种状态下作为基准信号，并形成本振信号。

在接收信号状态下，本振信号与射频信号处理芯片内部电路进行混频 (降频)，混频后得到降频信号 (RX)，然后才送往后级电路中。

在发射信号状态下，本振信号与发射信号 (TX) 进行变频 (调制和升频)，变频后变成射频信号再发射出去。

16.2.4 智能手机微处理器及主数据处理电路的分析

微处理器及主数据处理电路是智能手机中用来实现整机控制和进行各种数据处理的电路，该电路主要由微处理器及主数据处理芯片和相关的外围元件构成。

微处理器部分是整机的控制核心，该电路正常工作需要同时满足多个条件，即直流供电电压、复位信号、时钟信号等。

当微处理器满足工作条件时，则可根据输入端送入的人工指令信号，通过控制总线、I^2C 控制信号来控制相关的功能电路进入指定的工作状态；通过信号线与存储器之间进行信号的传输和数据调用。

数据处理部分大多与微处理器集成到一个大规模集成电路中，用于处理各功能电路送来的数据信息，完成数据的处理，是智能手机中关键的电路部分。

不同品牌和型号的智能手机，微处理器及数据处理电路采用的具体芯片型号可能不同，但电路的控制和数据处理的流程相似。图 16-27 所示为华为 Mate 20 X 型智能手机中微处理器及主数据处理电路的流程框图。

微处理器及数据处理电路规模庞大，图 16-28 所示为微处理器及数据处理电路的射频接口 (RF Interface) 部分，该部分电路主要与射频电路关联，实现基带数据信号的收/发控制。

16.2.5 智能手机电源及充电电路的分析

智能手机电源及充电电路的工作过程即为在电路作用下，实现电池放电 (为各电路供电) 和充电的过程。

图 16-29 所示为华为 Mate 20 Pro 型智能手机的电源及充电电路流程框图。

图 16-30 所示为华为 Mate 20 Pro 智能手机开机电路简图，该智能手机的开机电路主要由电源管理芯片 U1000 (HI6421V100)、微处理器及数据处理芯片 U300 (HI3680V100)、存储器 U1400 (硬盘)、充电管理芯片 U1603 (HI6523) 以及 DC-DC 转换芯片 U1201、CPU 供电芯片 U1301、U1302 等构成。

284

图 16-27 华为 Mate 20 X 型智能手机中微处理器及主数据处理电路的流程框图

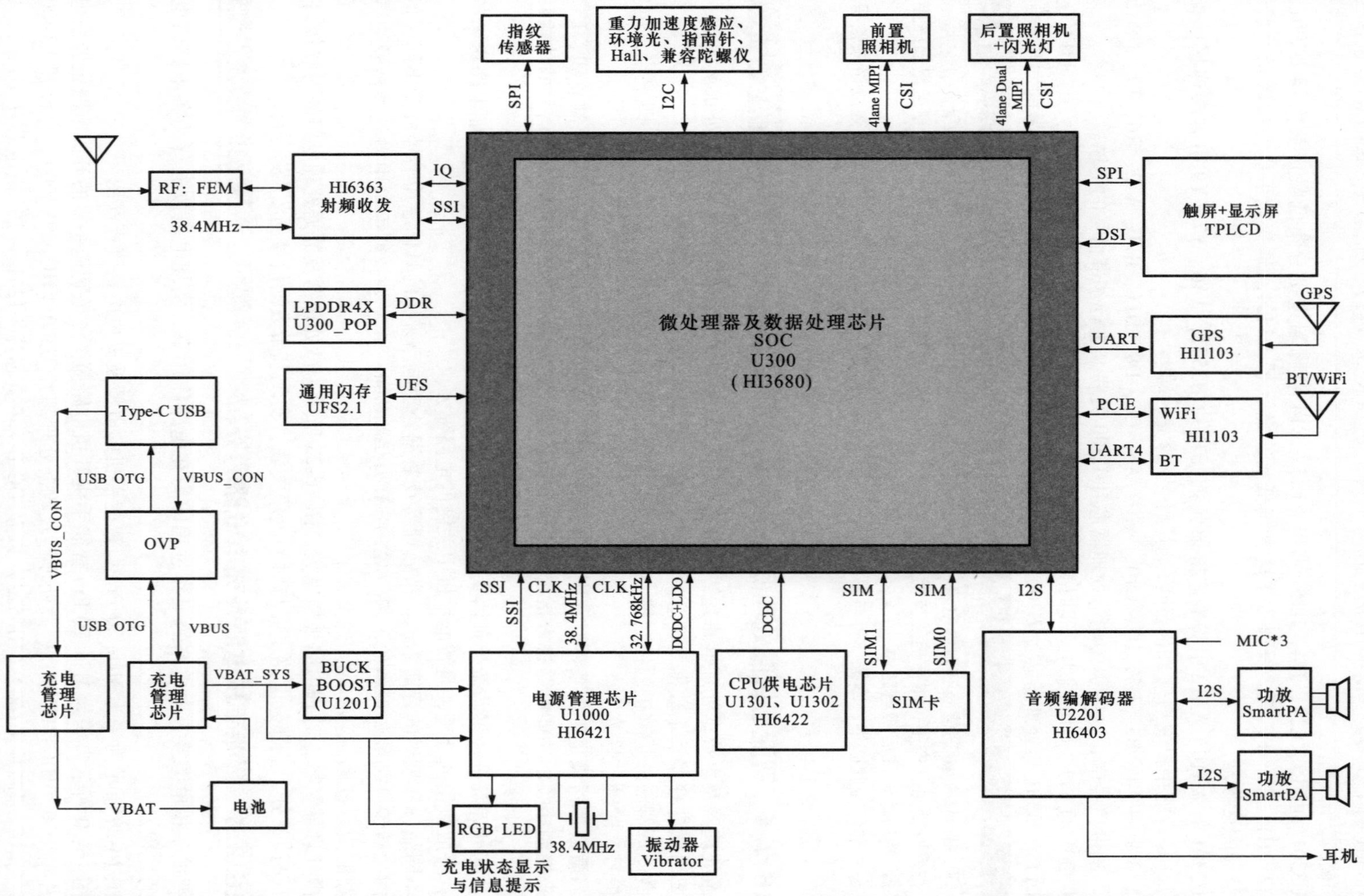

图 16-28　微处理器及数据处理电路的射频接口（RF Interface）部分

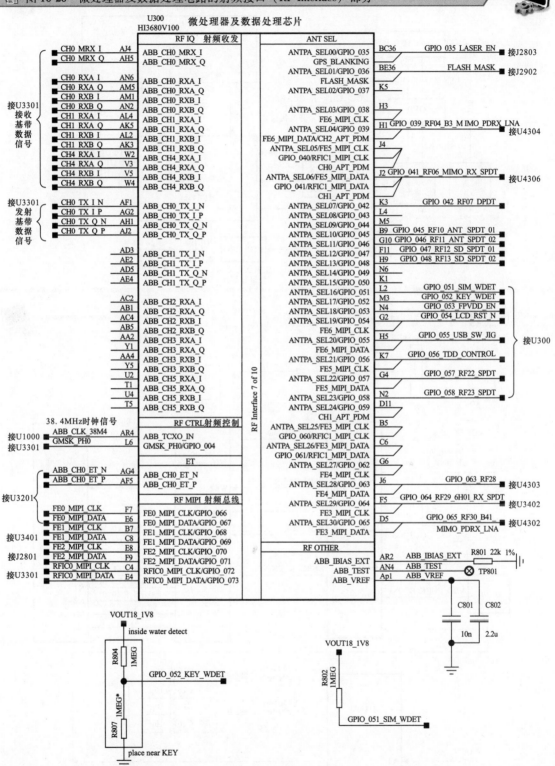

图 16-29　华为 Mate 20 Pro 型智能手机的电源及充电电路流程框图

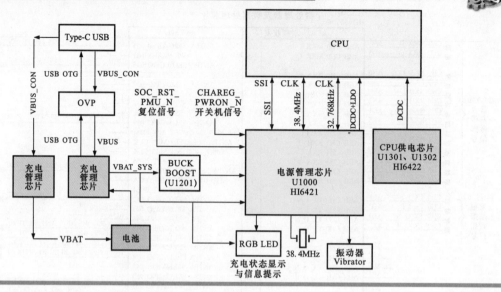
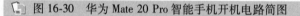

图 16-30　华为 Mate 20 Pro 智能手机开机电路简图

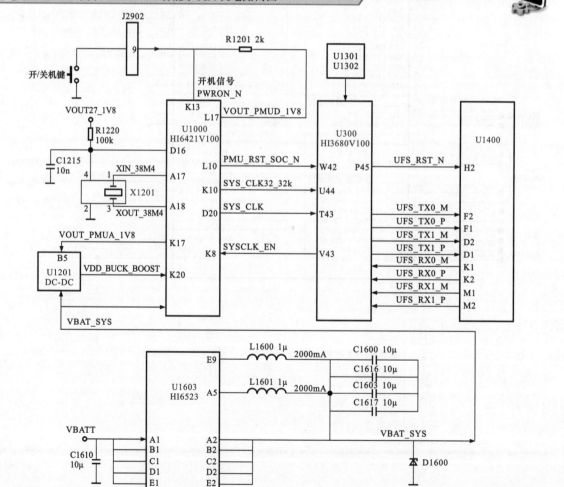

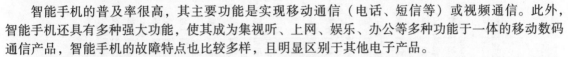

16.3 智能手机的故障检修

智能手机的普及率很高，其主要功能是实现移动通信（电话、短信等）或视频通信。此外，智能手机还具有多种强大功能，使其成为集视听、上网、娱乐、办公等多种功能于一体的移动数码通信产品，智能手机的故障特点也比较多样，且明显区别于其他电子产品。

智能手机出现故障主要可分为两种，一种是软件故障，另一种是硬件故障。其中，由软件引发的智能手机故障，指的是如系统程序或一些应用软件数据受损、错误或兼容性问题，导致的智能手机反应慢、死机、无法开机等故障，该类故障需要对软件部分进行排查。

硬件故障是指由智能手机硬件引发的故障，即智能手机中组成核心配件本身损坏或配件中的元器件老化或失效、印制电路板短路、断线，引脚焊点虚焊、脱焊等引起的智能手机无法开机、充电失常、信号失常、功能性失灵等故障。

16.3.1 智能手机的故障检修要点

图 16-31 所示为华为 Mate 20 Pro 智能手机的检修要点，图中标注除了该智能手机电路板上的主要芯片功能及检修要点。

287

16.3.2 智能手机不开机的故障检修

无法开机的故障是智能手机出现频率较高的故障之一，对于这种故障，首先排除软件故障，即可采用充电、强制重启等方法进行修复处理。若排查软件正常，再对硬件部分进行检修。

在智能手机不开机故障检修中，电源及充电电路、微处理器及数据信号处理电路出现故障是最为常见的两个原因，图 16-32 所示为智能手机不开机故障的检修分析。

| 提示说明 |

智能手机不开机的故障原因有很多，在检修的时候要尽可能核查故障原因，进而可以根据故障原因准确找到故障线索。

例如，如果是因手机掉落或磕碰造成无法开机时，多因 CPU、电源或内存部位有开焊的情况，可采用对地阻值法重点排查。如果是在充电过程中突然出现无法开机的故障，则重点排查充电电路中的关键元件，如充电管理芯片、电源管理芯片。如果是因进水而无法开机，则故障排查较为复杂，需彻底干燥后仔细观察是否有因进水腐蚀的元器件，特别是变色元件应及时更换，如果发现 BGA 芯片有进水迹象，通常拆卸代换。

如果无法确定不开机的故障原因，则需要按规范流程进行系统排查。通常，可首先检查智能手机主电路板的上电状态，即检查上电后是否有电流。

如果上电后按下开/关机键，智能手机无电流，首先排查开/关机键是否正常，然后依次检测开/关机键到电源 IC 和电池正极到电源之间是否存在短路。同时要检查电源 IC 是否正常。

如果上电后按下开/关机键，智能手机能够检测到 20mA 左右的小电流，则证明 CPU 没有工作，应重点对 CPU 及时钟进行检查。

如果上电后按下开/关机键，智能手机能够检测到大电流，这种情况可能是电源电路部分有短路的元器件。应重点检测与电池正极相连的元器件。

例如，一台 OPPO R11s 智能手机未进水、未摔，在正常使用中出现不开机故障，开机无电流。

根据故障表现，该故障机未进水，未摔，正常使用中出现的不开机，首先开机检查开/关机键引脚（电路板上的开/关机键连接触点 ANT3002、ANT3004）的电压，确认开/关机键引脚电压是否正常。

图 16-33 所示为 OPPO R11s 智能手机开/关机键及外围元器件电路。

图 16-34 所示为 OPPO R11s 智能手机主电源管理芯片 U3801（PM660）与开/关机键引脚关联的电路部分。

图 16-31　华为 Mate 20 Pro 智能手机的检修要点

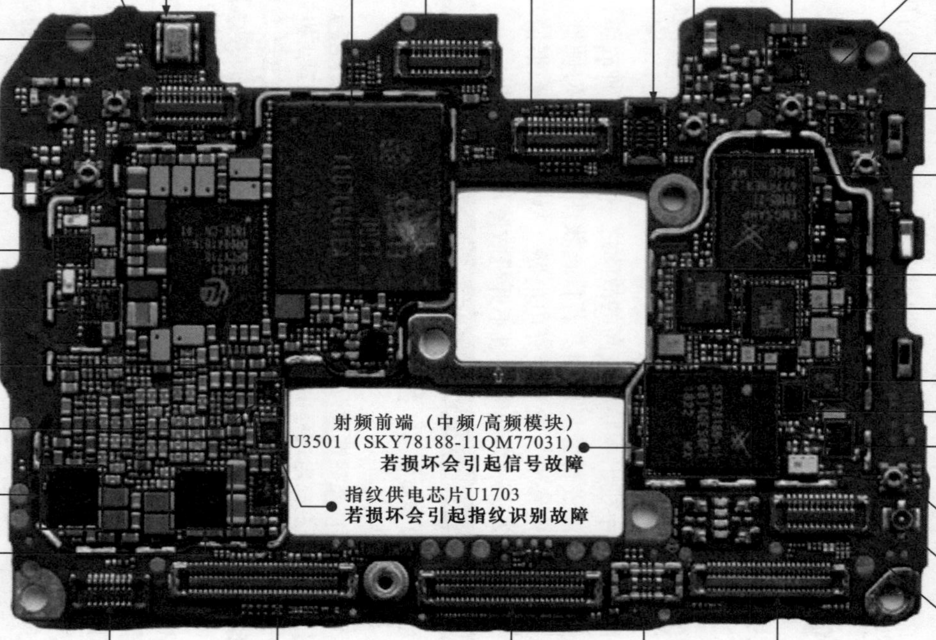
三色灯连接器J2804
若损坏会引起三色灯故障
IR补光灯连接器J2003
若损坏会引起IR补光灯故障
副话筒MIC2301
若损坏会引起送话故障
前摄像头连接器J2002
若损坏会引起摄像故障
通用闪存存储器U1400
若损坏会引起不开机故障
红外线连接器 J1902
若损坏会引起红外线识别故障
WiFi射频连接器2 J5601
若损坏会引起信号故障
WiFi射频连接器1 J5401
若损坏会引起WiFi故障
WiFi射频连接器3 J5501
若损坏会引起重力感应故障
射频开关U5401
若损坏会引起WiFi故障
射频开关U5402
若损坏会引起WiFi故障
电源管理芯片U1000
(HI6421V100)
若损坏会引起不开机或功能故障
LCD供电芯片U1702
若损坏会引起显示故障
GPU供电芯片U1302
(HI6422V310)
若损坏会引起不开机故障
CPU供电芯片U1301
(HI6422V310)
若损坏会引起不开机故障
射频前端（中频/高频模块）
U3501（SKY78188-11QM77031）
若损坏会引起信号故障
指纹供电芯片U1703
若损坏会引起指纹识别故障
分集射频连接器J3803
若损坏会引起信号故障
射频开关U5904
若损坏会引起信号故障
分集射频连接器J3801
若损坏会引起信号故障
射频开关U5903
若损坏会引起信号故障
MIMO射频连接器J4301
若损坏会引起信号故障
射频前端（低频/超低频
模块）U3601（QM77033）
若损坏会引起信号故障
射频低噪声放大器
U3404（HI6H01SV100B）
若损坏会引起信号故障
射频低噪声放大器U3901
（HI6H01SV100B）
若损坏会引起信号故障
射频开关U4001
若损坏会引起信号故障
射频开关U3802
若损坏会引起信号故障
射频开关U3803
若损坏会引起信号故障
主集射频连接器J3802
若损坏会引起信号故障
主天线连接器J3804
若损坏会引起信号故障
扬声器/主话筒连接器J2801
若损坏会引起喇叭/送话故障
闪光灯连接器J2803
若损坏会引起闪光灯故障
LCD/ TP/指 纹连接器J1701
若损坏会引起显示/触摸/指纹故障
主FPC连接器J2901
若损坏会引起充电/
送话/SD卡故障
电池连接器J2902
若损坏会引起开关机/充电故障
架高板连接器J2902
（连接扬声器、听筒、开机键）
若损坏会引起扬声器/听筒/开机键等故障

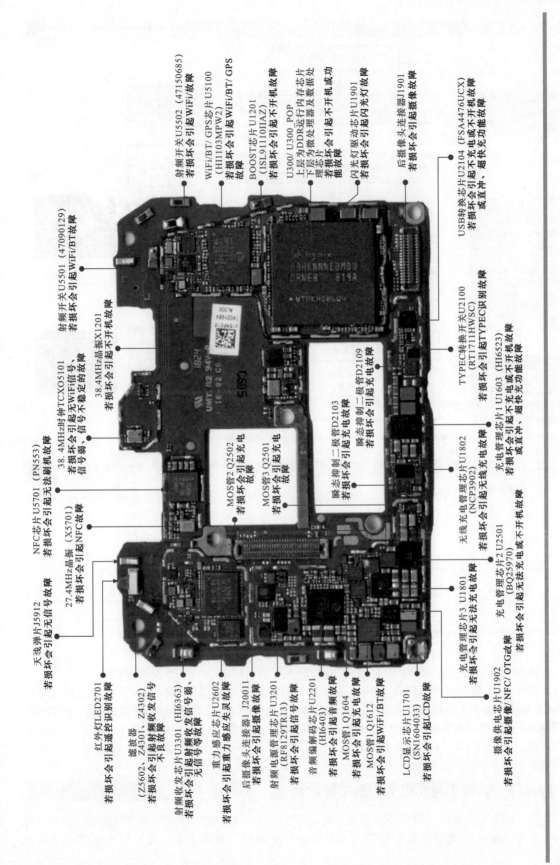

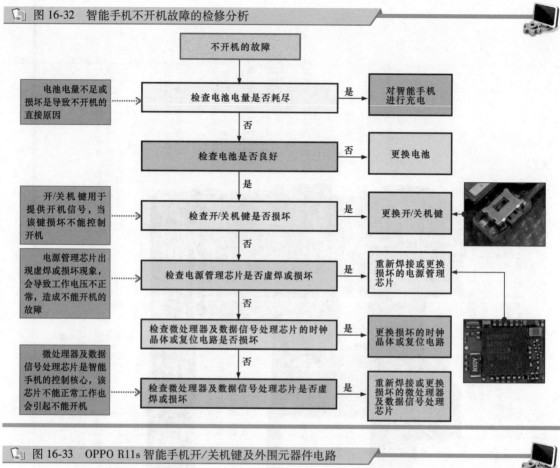

图 16-32　智能手机不开机故障的检修分析

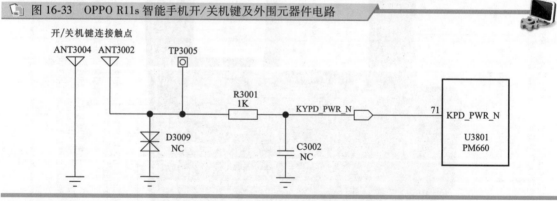

图 16-33　OPPO R11s 智能手机开/关机键及外围元器件电路

　　首先借助万用表检测 OPPO R11s 智能手机开/关机键引脚电压，如图 16-35 所示。

　　实测开/关机键引脚电压仅为 1.5V，正常为 1.8V，结合图 16-35 可知，开/关机键引脚 KYPD_PWR_N 直接连接至主电源管理芯片 U3801（PM660）的 71 脚，沿着开/关机键连接触点 ANT3002、ANT3004，注意检测电阻器 D3009、R3001、C3002 未发现异常，怀疑主电源芯片 U3801（PM660）引脚虚焊。拆下 OPPO R11s 智能手机主电源芯片 U3801（PM660）后重新焊接，如图 16-36 所示。

　　重装智能手机后，开机测试故障排除。

16.3.3　智能手机充电失常的故障检修

　　智能手机充电失常的故障主要表现为开机、操作软件、接收电话或数据信息均正常，但插上充电器进行充电时，无充电响应；或插上充电器进行充电时，能够正常充电，但充电时电池发热严重。

图 16-34　OPPO R11s 智能手机主电源管理芯片 U3801（PM660）与开/关机键引脚
关联的电路部分

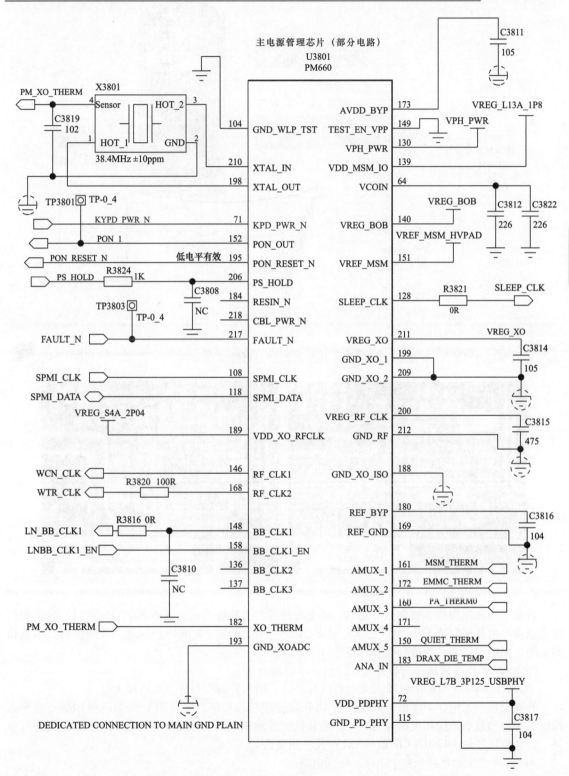

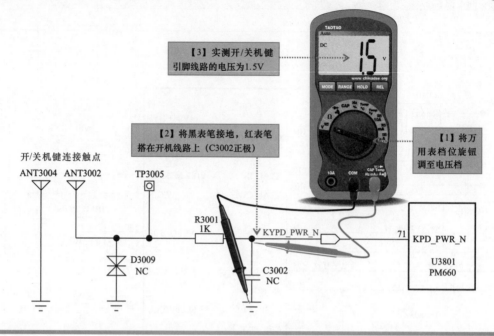

图 16-35　借助万用表检测 OPPO R11s 智能手机开/关机键引脚电压

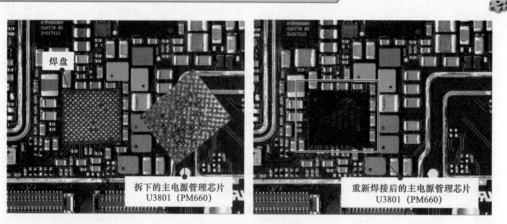

图 16-36　OPPO R11s 智能手机主电源芯片 U3801（PM660）补焊

　　智能手机充电失常主要包括不充电、充电发热等。当智能手机出现不充电的故障时，应首先排除充电器与电源接口或 USB 接口连接不良的因素，然后重点对充电器、电池、电源接口、电流检测电阻、充电控制芯片等进行检查，排除故障。

　　图 16-37 所示为智能手机不充电故障的基本检修分析。

　　例如，iPhone11 智能手机插入充电器没有反应，插入数据线与计算机连接无反应。

　　智能手机不充电、不联机，首先排查 USB 数据线是否损坏，若排除 USB 数据线问题，应重点检查与充电和数据传输相关的电路，与充电和数据传输相关的电路主要有尾插插座 J8200 及外围电路、USB 管理芯片 U6300（CBTL1612A1）及外围电路。

　　图 16-38 所示为尾插插座 J8200 及外围电路。

　　图 16-39 所示为 USB 管理芯片 U6300（CBTL1612A1）及外围电路。

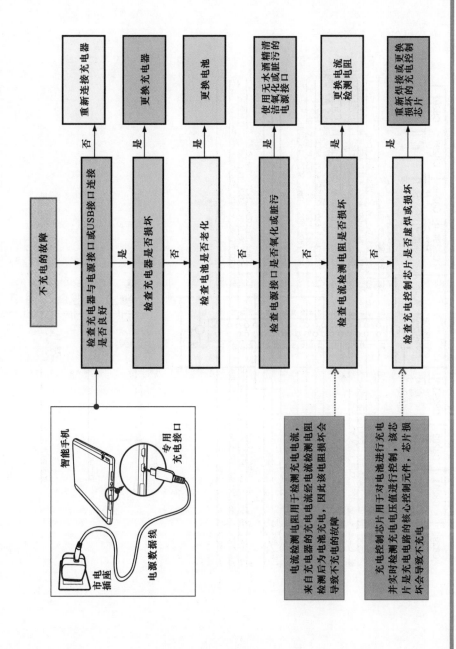

图 16-37　智能手机不充电故障的基本检修分析

293

294

图16-38 尾插插座 J8200 及外围电路

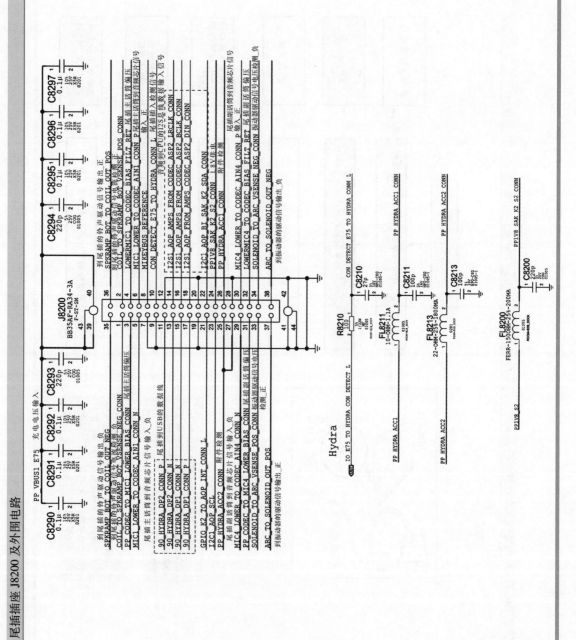

图 16-39 USB 管理芯片 U6300 (CBTL1612A1) 及外围电路

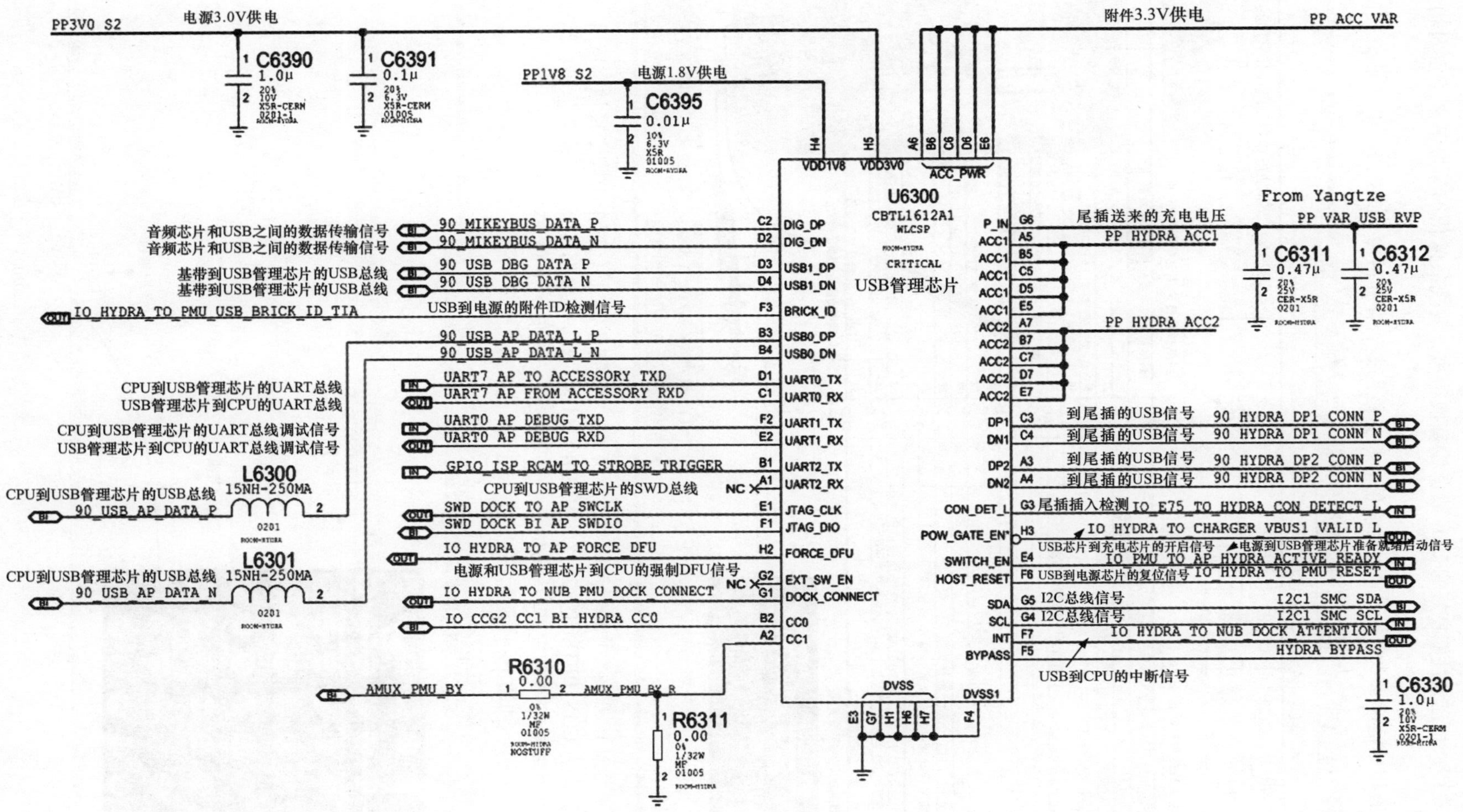

首先用一根已知性能良好的 USB 数据线替换检查，发现故障依旧。接下来重点对相关电路进行检测。

检查尾插插座 J8200 各引脚对地阻值，检查线路是否存在故障，如图 16-40 所示。

图 16-40　尾插插座 J8200 引脚对地阻值的检测

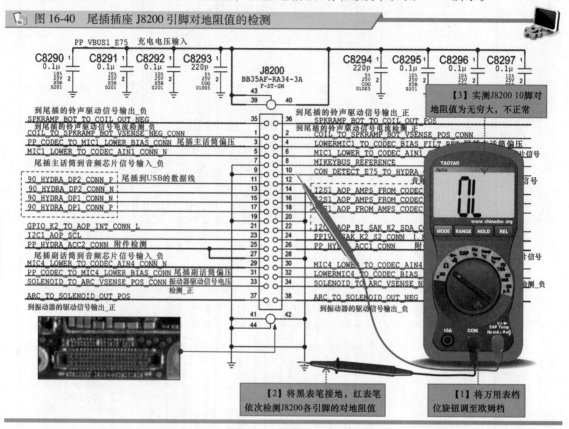

实测发现 J8200 的 10 脚对地阻值为无穷大，根据电路关系，这个引脚未接地，应有一定阻值，该引脚标识为 CON_DETECT_E75_TO_HYDRA_CONN_L，是数据线插入的检测信号，结合图 16-39可知，该引脚由 USB 管理芯片 U6300 的 G3 脚发出，经保护电阻 R8210、滤波电容 C8210 后送入 J8200 的 10 脚，如图 16-41 所示。

图 16-41　J8200 的 10 脚与 U6300 的连接关系

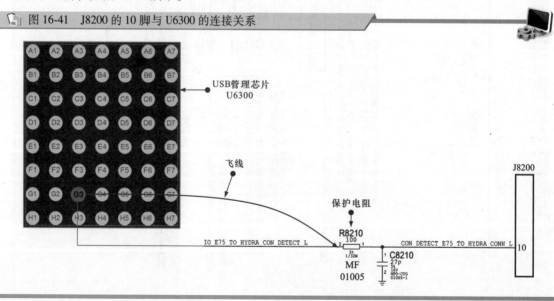

经检测发现 USB 管理芯片焊盘底脚断线，从 U6300 的 G3 脚直接飞线至电阻器 R8210，回装 U6300 后，装机测试，故障排除。

16.3.4 智能手机信号失常的故障检修

智能手机信号失常故障主要包括有信号但不能拨打或接听电话、无信号等情况。其中，当智能手机出现有信号但不能拨打或接听电话的故障时，应首先排除射频电路故障，然后再对微处理器及数据信号处理芯片进行检修。

当智能手机出现无信号的故障时，应首先排除 SIM 卡座故障，然后重点对射频电路中的相关元件进行检测排除，若均正常再将故障点锁定在微处理器及数据信号处理芯片上。

图 16-42 所示为智能手机无信号故障的检修分析。

图 16-42 智能手机无信号故障的检修分析

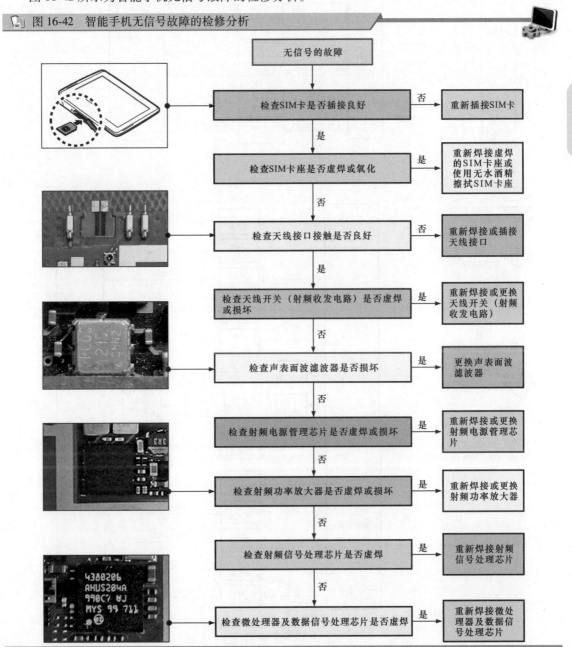

例如，荣耀畅玩 8A 智能手机全网通手机，双卡使用时，主卡 4G 网络正常，副卡安装移动和

电信手机卡正常，但联通卡接收不到信号，即无 WCDMA 接收信号。

　　根据故障表现可知，该智能手机在移动和电信制式下工作正常，仅在联通制式下接收不到信号，因此故障范围应锁定在联通制式下信号接收电路部分。

　　图 16-43 所示为荣耀畅玩 8A 智能手机射频信号接收电路框图。

图 16-43　荣耀畅玩 8A 智能手机射频信号接收电路框图

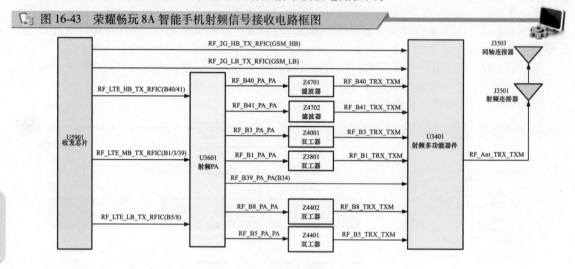

a) 射频发射框图

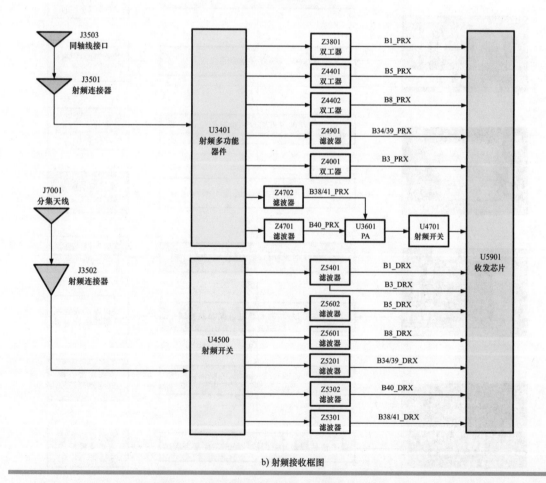

b) 射频接收框图

图 16-44 所示为荣耀畅玩 8A 智能手机射频收发电路原理图，该电路以射频收发芯片 U5901

（MT6177）为核心。

图 16-44　荣耀畅玩 8A 智能手机射频收发电路原理图

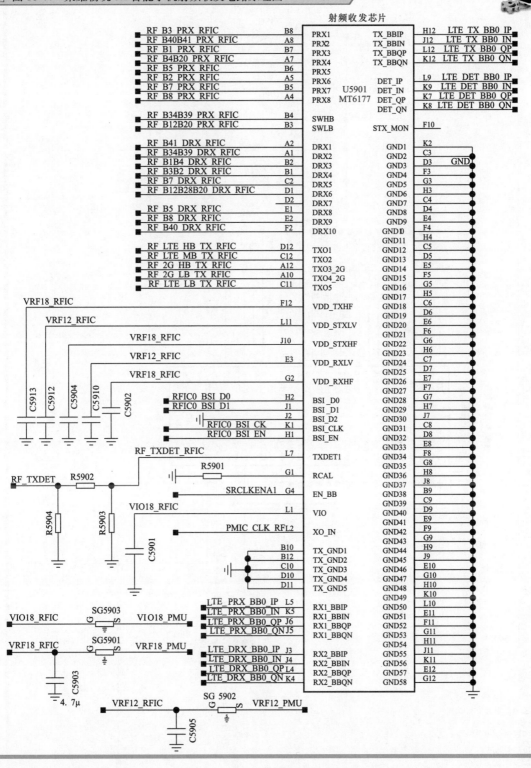

图 16-45 所示为荣耀畅玩 8A 智能手机射频多功能器件 U3401（RF5216ATR13）及相关外围电路原理图。

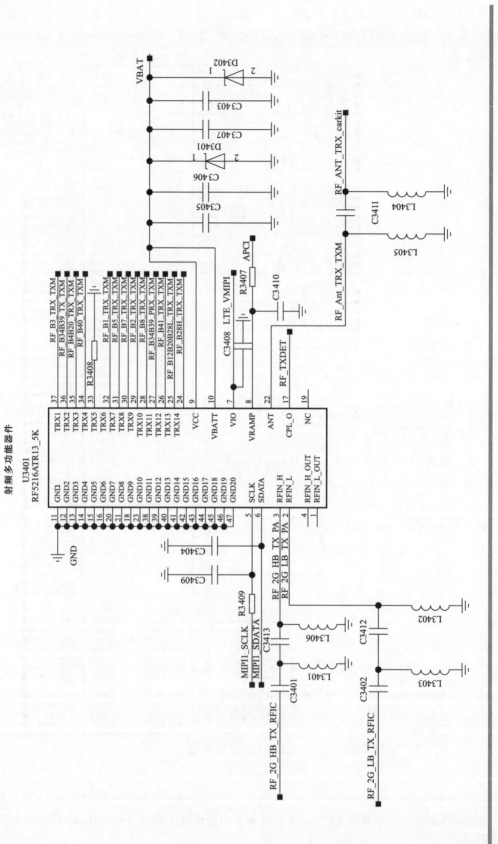

图 16-45 荣耀畅玩 8A 智能手机射频多功能器件 U3401（RF5216ATR13）及相关外围电路原理图

首先目测智能手机信号收发电路部分元器件无明显掉件、变色情况，同轴线与连接器连接也正常，接下来顺信号流程逐级检测。

WCDMA 制式接收不到信号，则接下来顺荣耀畅玩 8A 智能手机 WCDMA 制式下接收信号流程逐级检查，如图 16-46 所示。

图 16-46　WCDMA 制式模式下接收信号流程逐级检查

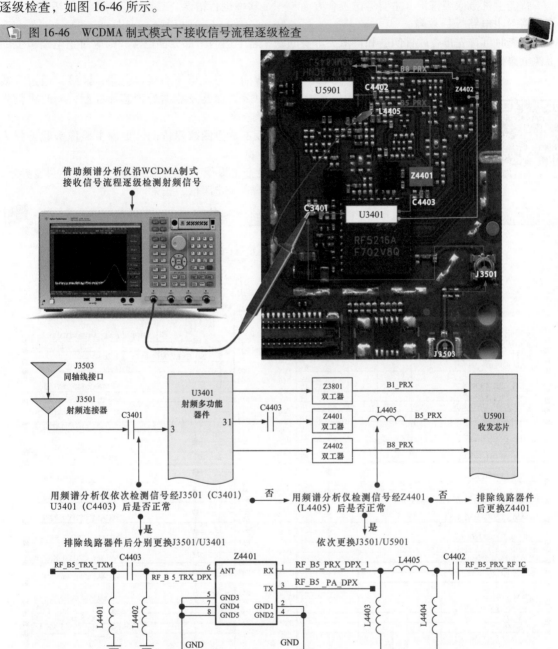

在该故障例中，最后更换 Z4401 后故障排除。

16.3.5　智能手机功能性失灵的故障检修

智能手机功能性失灵故障是指智能手机能够进行基本的操作和使用，只是在某一方面功能失效或异常，如屏幕无显示、触摸不准、检测不到卡、指纹识别失效、听筒无声、摄像头打不开、无铃声等。

针对智能手机功能性失灵故障，故障线索相对明显，检修时重点针对相应的功能电路和部件进行检修排查即可。

例如，华为 Mate 20 Pro 智能手机主摄像头（即后置摄像头）打不开。

智能手机摄像头打不开主要考虑三个方面：一是软件运行错误，二是摄像头本身损坏，三是摄像电路（主电路板）故障。

检修时可首先排查软件问题和摄像头本身问题，若上述两个部分都正常，则应对主电路板上的摄像电路进行检测排查。

图 16-47 所示为华为 Mate 20 Pro 智能手机主摄像头接口电路，该接口通过排线连接主摄像头，主摄像头受主电路板中微处理器及数据处理芯片控制，同时将信号经该接口电路送回微处理器及数据处理芯片。

扫一扫看视频

首先将智能手机升级为最新软件版本，检测故障依旧。更换主摄像头验证仍无法打开，确认为摄像电路及主电路板不良。

检查主电路板外观无明显异常，检查主摄像头连接器 J2001 外观也无明显异常，测量共模电感 T2006 ~ T2010 对地阻值均有一定阻值，正常。

图 16-47　华为 Mate 20 Pro 智能手机主摄像头接口电路

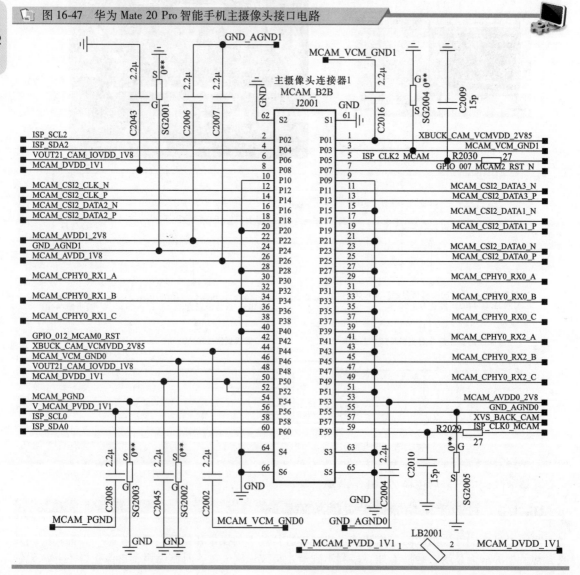

图 16-47 华为 Mate 20 Pro 智能手机主摄像头接口电路（续）

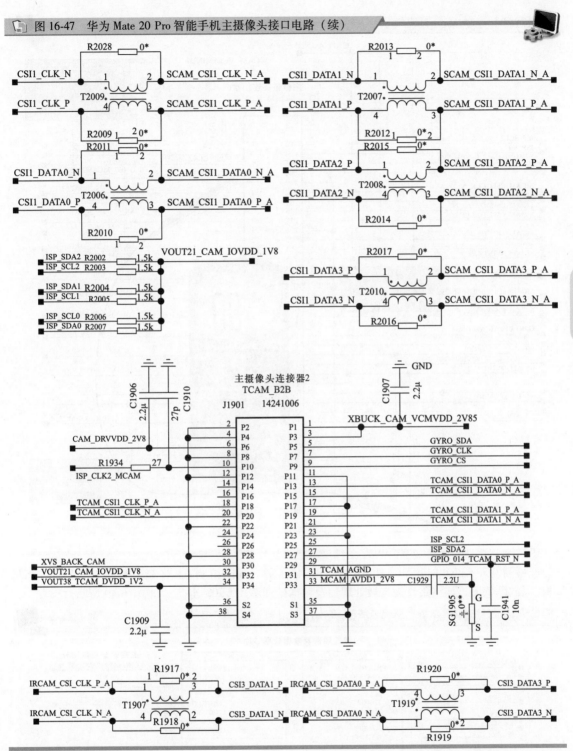

接着逐一检测主摄像头时钟、复位、供电和数据等线路的对地阻值。即分别检测 MCAM_CSI2_CLK_N（PIN12）、MCAM_CSI2_CLK_P（PIN14）、GPIO_012_MCAM0_RST（PIN42）、ISP_SCL0（PIN58）、ISP_SDA0（PIN60）、ISP_CLK2_MCAM（PIN5）、GPIO_007_MCAM2_RST_N（PIN7）、ISP_CLK0_MCAM（PIN59）、ISP_SCL2（PIN2）、ISP_SDA2（PIN4）、VOUT21_CAM_IOVDD_1V8（PIN6）的对地阻值，如图 16-48 所示。

图 16-48　主摄像头时钟、复位、供电和数据等线路对地阻值的检测

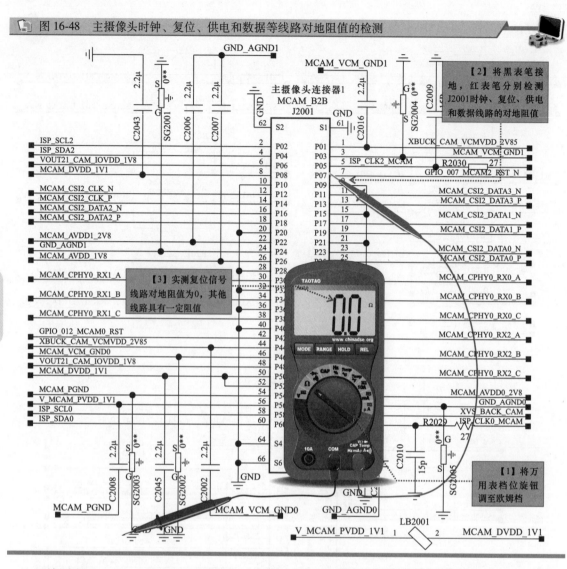

经检测发现 GPIO_012_MCAM0_RST（PIN42）的对地阻值为 0，怀疑该线路对地短路，拆除 J2001 后故障依旧，该线路直接与微处理器及数据处理芯片 U300 连接，如图 16-49 所示。

图 16-49　主摄像头电路与微处理器及数据处理芯片 U300 关联引脚

最后，拆除 U300 后，短路现象消失，更换 U300，故障排除。

第 **17** 章 平板电脑的故障检测与维修

17.1 平板电脑的结构

如图 17-1 所示，平板电脑实际上就是一台体积十分小巧的个人计算机。为了便于携带，这种智能数码产品主要以触摸屏作为基本输入设备。采用手指或触控笔即可在平板电脑的屏幕（触摸屏）上实现交互。

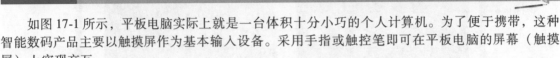

图 17-1 平板电脑

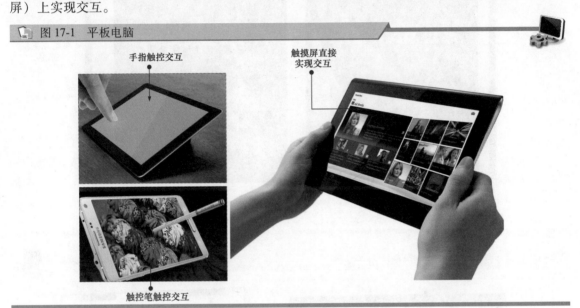

手指触控交互

触摸屏直接
实现交互

触控笔触控交互

平板电脑不仅具备 PC 机或笔记本电脑所有的功能，目前大多数平板电脑还像智能手机一样具备通信功能。可以说，平板电脑就是智能手机与笔记本电脑的"合体"。

由于平板电脑功能强大、便于携带、方便使用等诸多特点，平板电脑受到越来越多用户的使用和关注。而且随着数字制造技术的发展，平板电脑的尺寸越来越轻薄。存储容量越来越大，电池的续航时间也越来越长。这使得平板电脑不仅适用于移动办公，而且在家庭日常生活中随处可见。

17.1.1 平板电脑的外部结构

作为新一代的移动智能数码设备，平板电脑兼具智能手机和笔记本电脑的双重特色。图 17-2 所示为典型平板电脑的外形特征。

可以看到，平板电脑的正面为纯屏触摸屏，摄像头位于触摸屏的上方，平板电脑的按键及接口多位于平板电脑的侧面或底部。

17.1.2 平板电脑的内部结构

对平板电脑的外部构造有所了解之后，继续深入平板电脑的内部，探究平板电脑的内部构成。

图 17-3 所示为典型平板电脑的内部构造。可以看到，平板电脑内部主要是由电池、主电路板、摄像头、内置扬声器、耳机接口、散热组件等部分构成的。

1 主电路板

平板电脑主电路板采用贴片式元件，电路设计非常精密、紧凑。电路功能很大程度地集成在了集成电路芯片中。

图 17-2 典型平板电脑的外形特征

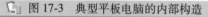

触摸屏　前置摄像头　　电源/指纹键　　后置摄像头　麦克风　扬声器×2　　扬声器×2

SIM卡槽

键盘连接
触点

音量增/
减键

麦克风

笔充磁
吸条

麦克风

麦克风

扬声器×2　　扬声器×2　　　　　USB Type-C接口

图 17-3 典型平板电脑的内部构造

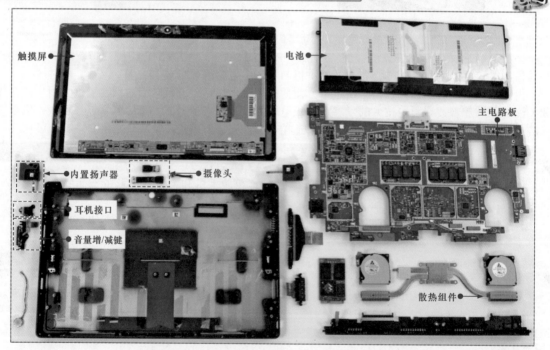

触摸屏　　　　　　　　　　　　　　　　　　电池

主电路板

内置扬声器　　　　摄像头

耳机接口

音量增/减键

散热组件

a)

图 17-3　典型平板电脑的内部构造（续）

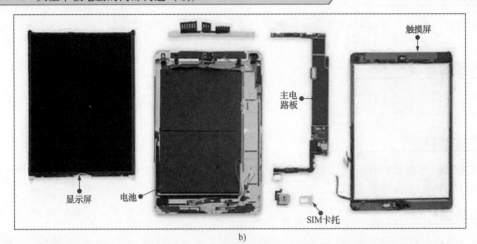

b)

　　图 17-4 所示为典型平板电脑的主电路板和主要芯片。可以看到，微处理器是该平板电脑的主处理芯片，闪存芯片则主要用于数据的存储；触摸屏控制芯片和触控笔控制芯片分别用以控制触摸屏和 S-pen 触控笔，音频处理器芯片则主要实现音频的编、解码工作。

图 17-4　典型平板电脑的主电路板和主要芯片

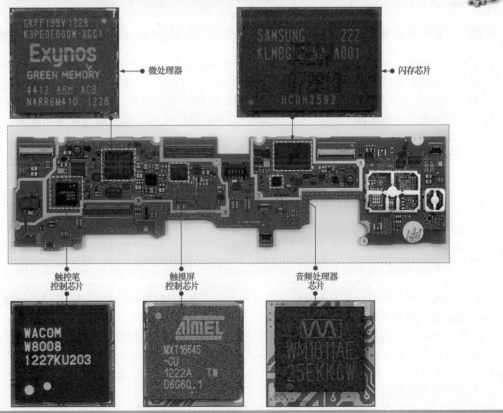

2　电池

　　在平板电脑中，电池占据了平板电脑很大的空间。目前，平板电脑中所使用的电池多为锂离子聚合物电池。这种电池较传统锂离子电池更加安全、耐用，且在电池的容量和能效方面都有了显著的提升。

307

3 摄像头

为符合空间要求，平板电脑的摄像头制作得非常精巧，通过带状排线与平板电脑的主电路板接口连接。

4 内置扬声器

内置扬声器主要用于将声音外放。平板电脑内置扬声器的尺寸很小，通常位于平板电脑的两侧以达到最佳的环绕声效果。

5 耳机接口

平板电脑的耳机接口和音量按钮通过数据软排线与主电路板相连。其中，耳机接口用于外接耳机，音量按钮则用于音量的调节。

6 散热组件

通常，平板电脑中的散热组件主要是由散热风扇和散热片构成的。平板电脑的散热片设计非常巧妙，通常有两种形式。一种形式是由散热片和散热管路组合，与散热风扇配合实现散热。另一种形式是将散热片与屏蔽罩组合，即在主电路板外部安装的金属屏蔽罩兼具散热和屏蔽双重功能，在屏蔽罩内部对应芯片的位置涂有导热材料（导热膏和导热垫片），以便于主电路板上高功耗元件的散热。

17.2 平板电脑的工作原理

17.2.1 平板电脑的整机控制过程

平板电脑整机工作的过程实际就是硬件与软件相结合，实现文字、图片、音/视频等数据的处理、传输、显示、通信等过程。

图 17-5 所示为华为平板电脑的整机电路框图。从图中可以看到，它采用的是 HI3660 微处理器和数据处理大规模集成芯片（主芯片），外围有很多电路模块用于接收各种媒体的信号，在集成电路的统一控制和数据处理功能的作用下完成各种功能。

该机具有无线网络（WiFi）天线以及接收蓝牙和定位系统的天线，通过接口将网络、蓝牙及定位信号送到主芯片中进行处理。

射频天线接收的射频信号经调谐器 FEM 解调和射频收发信号处理模块（HI6362）的处理后，再经射频接口电路送入主芯片中进行数据处理，然后经显示信号接口送到显示屏（LCD）显示图像信号。

电池经充电管理芯片和降压/升压电路为电源管理芯片和 CPU 供电芯片提供直流稳压电源，然后为主芯片供电，同时为主芯片提供时钟信号、控制指令信号及直流电压，使主芯片进入工作或待机状态。

重力加速度感应、环境光、指南针、霍尔、兼容陀螺仪等传感信号，通过传感器接口为主芯片提供传感信号。

前置摄像头和后置摄像头分别送到主芯片中，经摄像头接口进行选择和图像信号处理，然后再存到存储器中或在液晶屏上显示图像。

操作键盘信号可直接通过接口送到主芯片中，为主芯片提供操作指令或输入文字信息。

低速内存卡和高速闪存分别通过数据线 DDR4 和 EMMC 送到主芯片的存储器接口，为主芯片存取数据。SIM 卡和 SD 卡信号送到主芯片的 SIM/SD 卡接口进行信息的读取和存入。

主芯片的音频信息通过音频接口与音频编解码芯片（HI6403）进行音频信号的输出和话筒信号的输入处理，经处理后的音频信号分别送到两路功率放大器，然后去驱动扬声器。

17.2.2 平板电脑电源电路的分析

平板电脑的电源电路用于为整机提供基本工作条件。图 17-6 所示为典型平板电脑的电源电路，该电路由电源管理芯片 U1001（HI6421V510）、19.2MHz 时钟晶体 X1201 及外围元件构成。

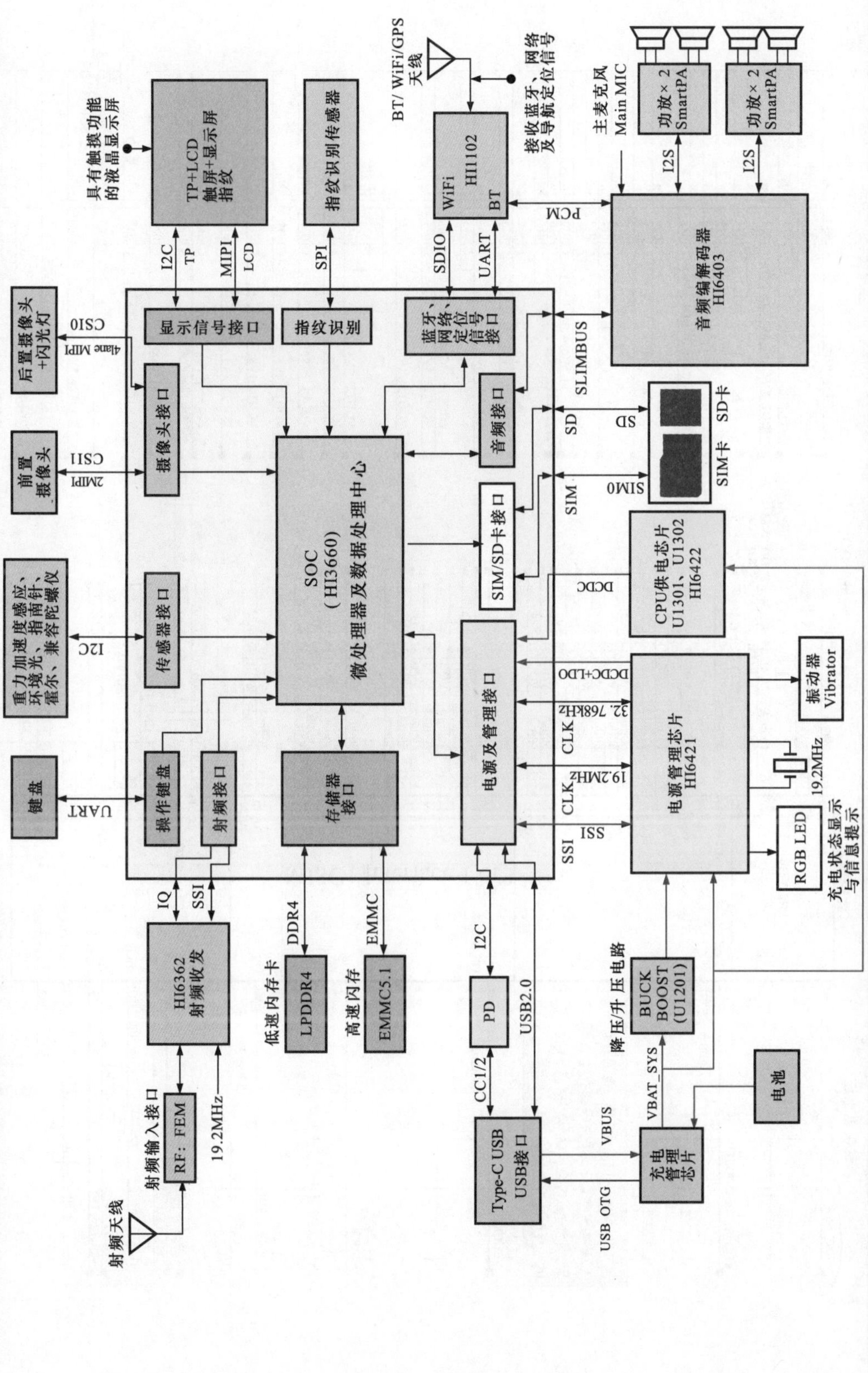

图 17-5 华为平板电脑的整机电路框图（华为 M5 Pro 型平板电脑）

图 17-6　典型平板电脑的电源电路（华为 M5 型平板电脑）

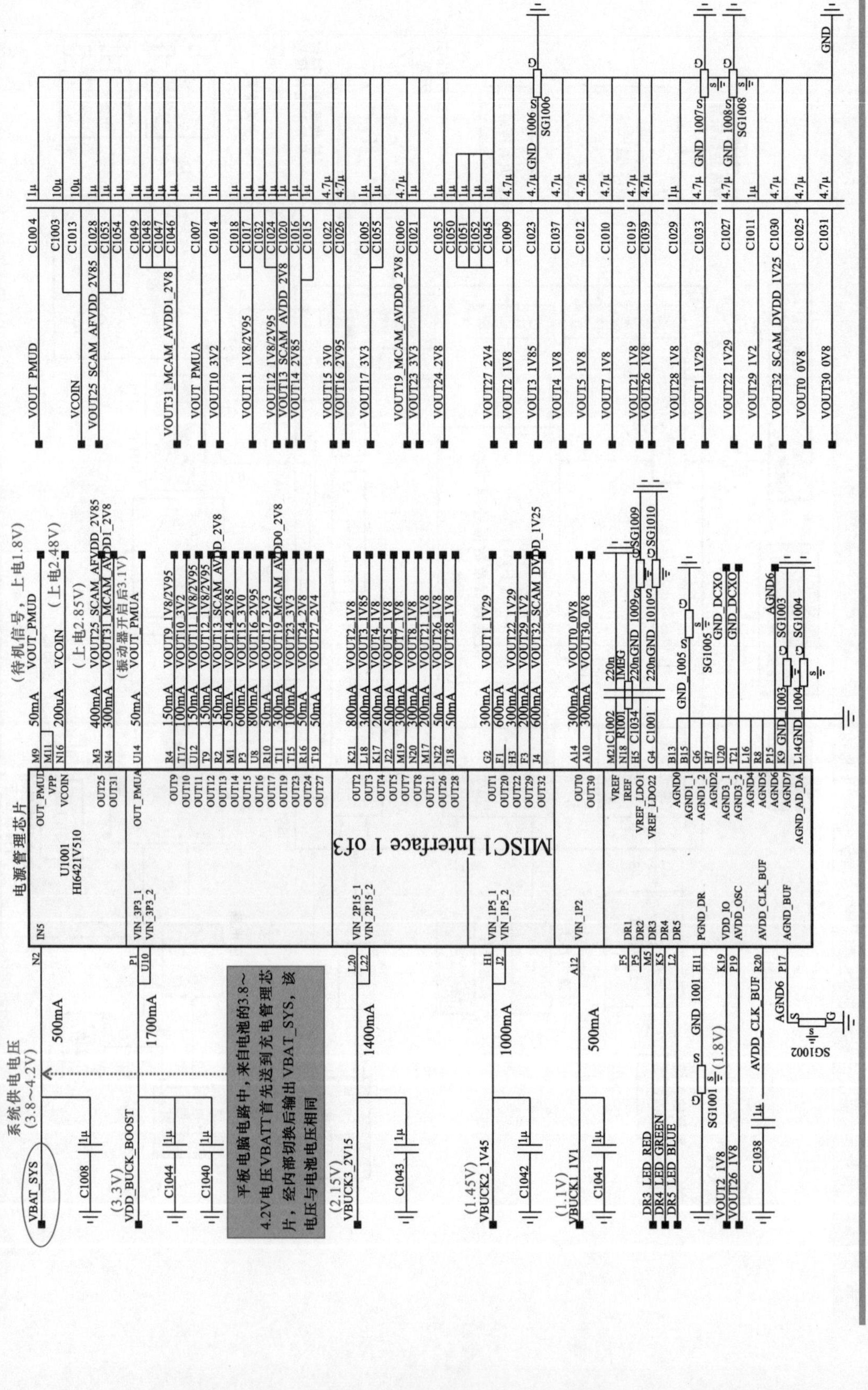

图 17-6 典型平板电脑的电源电路（华为 M5 型平板电脑）（续）

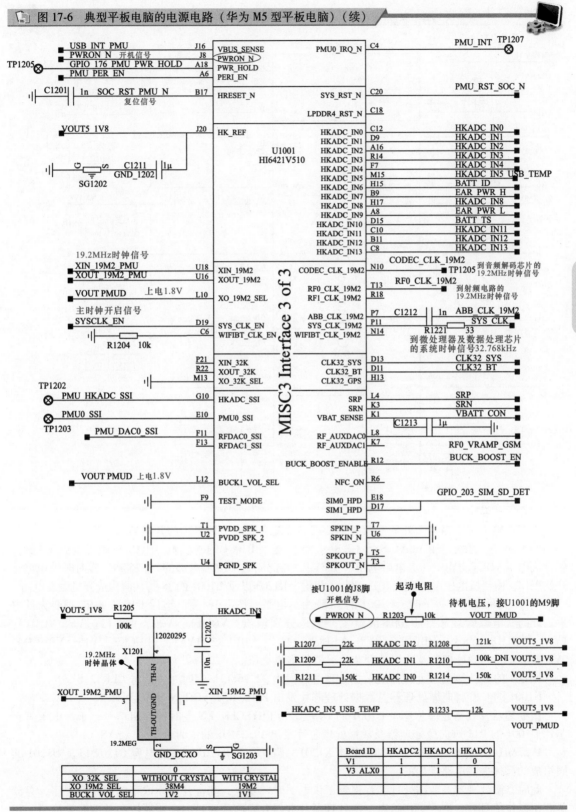

图 17-6　典型平板电脑的电源电路（华为 M5 型平板电脑）（续）

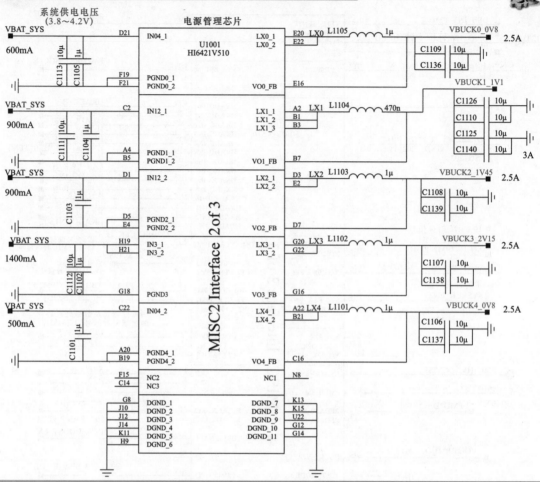

平板电脑电源电路与微处理器及数据处理芯片配合完成平板电脑的开机启动过程。

图 17-6 中，系统电压 VBAT_SYS（3.8~4.2V）送到 U1001 的 N2 脚，U1001 得到供电后 M9 脚产生待机电压 VOUT_PMUD（上电后电压为 1.8V），与此同时 U1001 内部的 32.768kHz 实时时钟电路也开始工作。由待机电压 VOUT_PMUD、开/关机键、R1203 以及 U1001 的 J8 脚共同构成开机触发电路。

当开/关机键没有按下时，U1001 的 J8 脚为高电平，按下开/关机键后 U1001 的 J8 脚变为低电平。此时，电源管理芯片 U1001 被触发，于是分别输出：VOUT1_1V29、VOUT2_1V8、VOUT3_1V85、VOUT8_1V8…、VBUCK0_0V8、VBUCK1_1V1、VBUCK2_1V45、VBUCK3_2V15、VBUCK4_0V8 等电压，为微处理器及数据处理芯片等器件提供电压。

U1001 的 D13 脚向微处理器及数据处理芯片发出 32.768kHz 实时时钟信号 CLK32_SYS。

U1001 的 C20 脚向微处理器及数据处理芯片发出 PMU_RST_SOC_N 复位信号。

微处理器及数据处理芯片向 U1001 的 D19 脚发出 SYSCLK_EN 主时钟开启信号，于是电源管理芯片 U1001 的 P11 脚向微处理器及数据处理芯片发出 19.2MHz 的主时钟信号（SYS_CLK）。

19.2MHz 的主时钟信号是由时钟晶体 X1201、偏置电阻 R1205、滤波电容 C1202 以及 U1001 共同组成的晶体振荡电路产生的。

此时，微处理器及数据处理芯片得到了供电，时钟复位，准备开始读取存储器内部程序，存储器获得复位信号后，进入工作状态。微处理器及数据处理芯片通过向存储器传送基准时钟信号，用于数据传输的同步控制，然后通过数据线与存储器之间进行信号的传输，读取存储器内部的开机引导程序。

当开机引导程序正确运行，此时平板电脑屏幕上将显示厂商 LOGO，平板电脑即将进入系统引导阶段。与此同时，微处理器及数据处理芯片向主电源的 A18 脚发出开机维持信号 GPIO_176_PMU_PWR_HOLD。至此，平板电脑进入系统引导阶段，随着平板电脑硬件自检与系统的正常加载，开机启动。

17.2.3 平板电脑微处理及数据处理电路的分析

微处理器及数据处理电路是平板电脑中用来实现整机控制和进行各种数据处理的电路。

图 17-7 所示为典型平板电脑的微处理及数据处理电路（电路规模较大，图中仅选用了与摄像头、WiFi、SD 卡等部件信号关联部分，供电、存储器及接口部分未选）。

图 17-7 典型平板电脑的微处理及数据处理电路（华为 M5 型平板电脑）

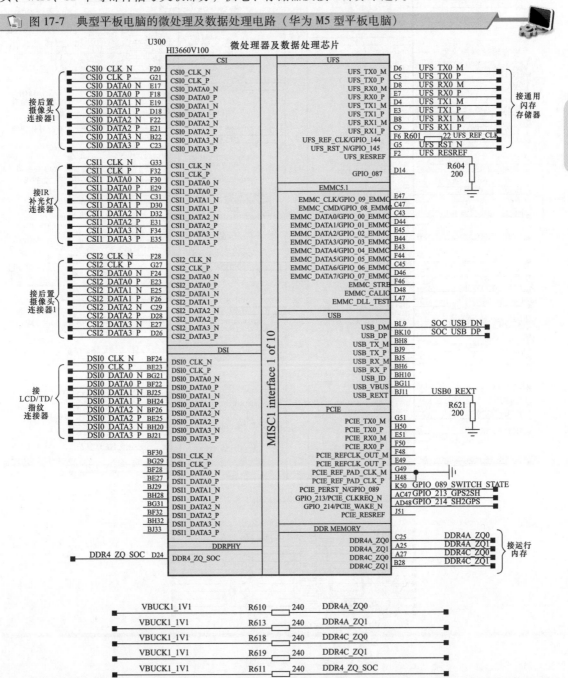

图 17-7 典型平板电脑的微处理及数据处理电路（华为 M5 型平板电脑）（续）

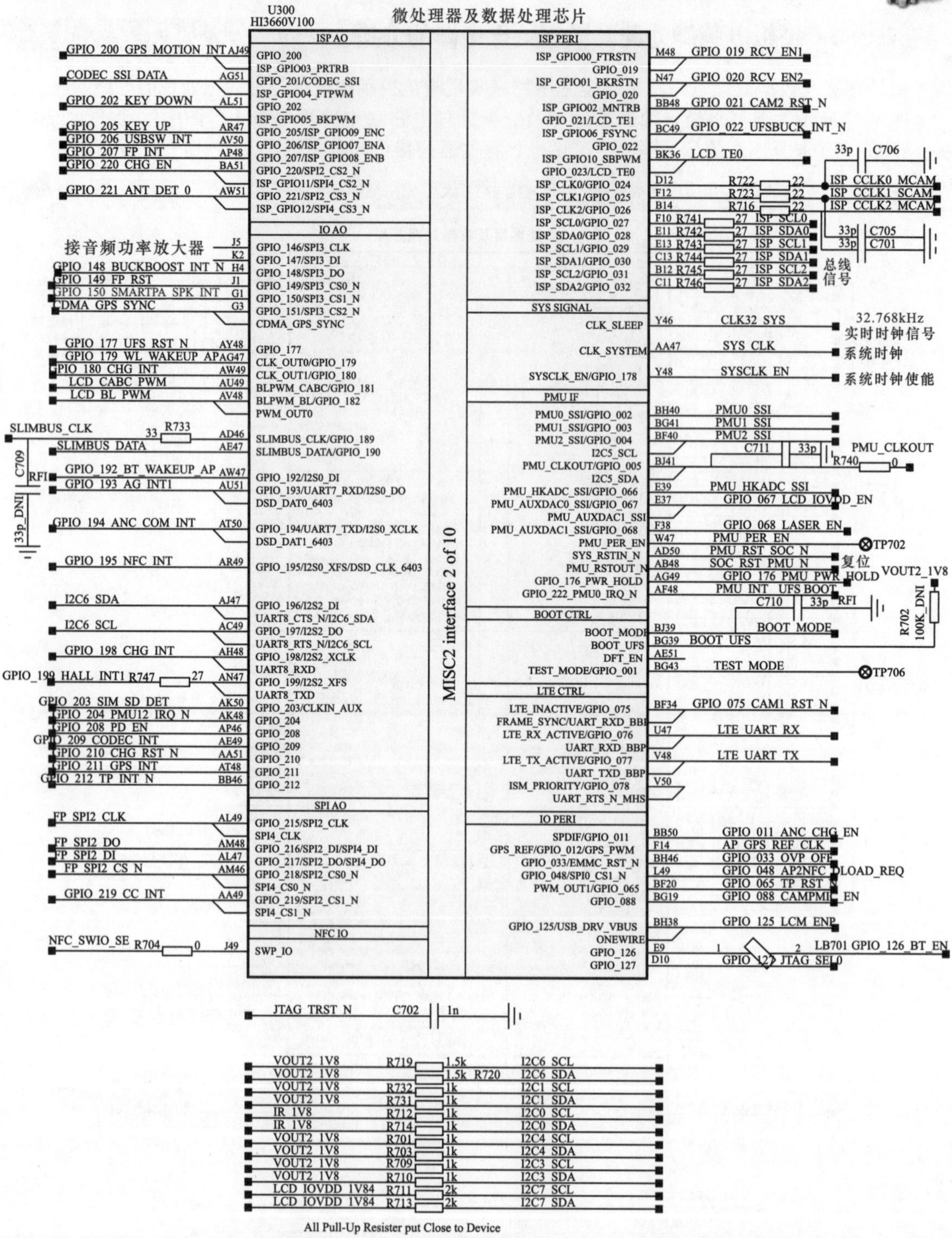

U300
HI3660V100

微处理器及数据处理芯片

ISP AO

GPIO 200 GPS MOTION INT AJ49 — GPIO_200
CODEC SSI DATA AG51 — ISP_GPIO03_PRTRB / GPIO_201/CODEC_SSI
GPIO 202 KEY DOWN AL51 — ISP_GPIO04_FTPWM / GPIO_202
GPIO 205 KEY UP AR47 — ISP_GPIO05_BKPWM / GPIO_205/ISP_GPIO09_ENC
GPIO 206 USBSW INT AV50 — GPIO_206/ISP_GPIO07_ENA
GPIO 207 FP INT AP48 — GPIO_207/ISP_GPIO08_ENB
GPIO 220 CHG EN BA51 — GPIO_220/SPI2_CS2_N
GPIO 221 ANT DET 0 AW51 — ISP_GPIO11/SPI4_CS2_N / GPIO_221/SPI2_CS3_N / ISP_GPIO12/SPI4_CS3_N

IO AO

接音频功率放大器 J5 / K2
GPIO 148 BUCKBOOST INT N H4 — GPIO_146/SPI3_CLK
GPIO 149 FP RST J1 — GPIO_147/SPI3_DI
GPIO 150 SMARTPA SPK INT G1 — GPIO_148/SPI3_DO
CDMA GPS SYNC G3 — GPIO_149/SPI3_CS0_N / GPIO_151/SPI3_CS1_N / CDMA_GPS_SYNC

GPIO 177 UFS RST N AY48 — GPIO_177
GPIO 179 WL WAKEUP AP AG47 — CLK_OUT0/GPIO_179
GPIO 180 CHG INT AW49 — CLK_OUT1/GPIO_180
LCD CABC PWM AU49 — BLPWM_CABC/GPIO_181
LCD BL PWM AV48 — BLPWM_BL/GPIO_182 / PWM_OUT0

SLIMBUS_CLK 33 R733 AD46 — SLIMBUS_CLK/GPIO_189
SLIMBUS DATA AE47 — SLIMBUS_DATA/GPIO_190
C709 RFI
GPIO 192 BT WAKEUP AP AW47 — GPIO_192/I2S0_DI
GPIO 193 AG INT1 AU51 — GPIO_193/UART7_RXD/I2S0_DO / DSD_DAT0_6403
33p_DNI
GPIO 194 ANC COM INT AT50 — GPIO_194/UART7_TXD/I2S0_XCLK / DSD_DAT1_6403
GPIO 195 NFC INT AR49 — GPIO_195/I2S0_XFS/DSD_CLK_6403

I2C6 SDA AJ47 — GPIO_196/I2S2_DI
I2C6 SCL AC49 — UART8_CTS_N/I2C6_SDA / GPIO_197/I2S2_DO / UART8_RTS_N/I2C6_SCL
GPIO 198 CHG INT AH48 — GPIO_198/I2S2_XCLK / UART8_RXD
GPIO_199 HALL INT1 R747 27 AN47 — GPIO_199/I2S2_XFS / UART8_TXD
GPIO 203 SIM SD DET AK50 — GPIO_203/CLKIN_AUX
GPIO 204 PMU12 IRQ N AK48 — GPIO_204
GPIO 208 PD EN AP46 — GPIO_208
GPIO 209 CODEC INT AE49 — GPIO_209
GPIO 210 CHG RST N AA51 — GPIO_210
GPIO 211 GPS INT AT48 — GPIO_211
GPIO 212 TP INT N BB46 — GPIO_212

SPI AO

FP SPI2 CLK AL49 — GPIO_215/SPI2_CLK / SPI4_CLK
FP SPI2 DO AM48 — GPIO_216/SPI2_DI/SPI4_DI
FP SPI2 DI AL47 — GPIO_217/SPI2_DO/SPI4_DO
FP SPI2 CS N AM46 — GPIO_218/SPI2_CS0_N / SPI4_CS0_N
GPIO 219 CC INT AA49 — GPIO_219/SPI2_CS1_N / SPI4_CS1_N

NFC IO

NFC_SWIO_SE R704 0 J49 — SWP_IO

MISC2 interface 2 of 10

ISP PERI

ISP_GPIO00_FTRSTN M48 — GPIO 019 RCV EN1
GPIO_019
ISP_GPIO01_BKRSTN N47 — GPIO 020 RCV EN2
GPIO_020
ISP_GPIO02_MNTRB BB48 — GPIO 021 CAM2 RST N
GPIO_021/LCD_TE1
ISP_GPIO06_FSYNC BC49 — GPIO 022 UFSBUCK INT N
GPIO_022
ISP_GPIO10_SBPWM BK36 — LCD TE0
GPIO_023/LCD_TE0
ISP_CLK0/GPIO_024 D12 R722 22 — ISP CCLK0 MCAM 33p C706
ISP_CLK1/GPIO_025 F12 R723 22 — ISP CCLK1 SCAM
ISP_CLK2/GPIO_026 B14 R716 22 — ISP CCLK2 MCAM
ISP_SCL0/GPIO_027 F10 R741 27 — ISP SCL0 33p C705
ISP_SDA0/GPIO_028 E11 R742 27 — ISP SDA0
ISP_SCL1/GPIO_029 C13 R744 27 — ISP SCL1 33p C701
ISP_SDA1/GPIO_030 B12 R745 27 — ISP SDA1 总线信号
ISP_SCL2/GPIO_031 C11 R746 27 — ISP SCL2
ISP_SDA2/GPIO_032 — ISP SDA2

SYS SIGNAL

CLK_SLEEP Y46 — CLK32 SYS 32.768kHz 实时时钟信号
CLK_SYSTEM AA47 — SYS CLK 系统时钟
SYSCLK_EN/GPIO_178 Y48 — SYSCLK EN 系统时钟使能

PMU IF

PMU0_SSI/GPIO_002 BH40 — PMU0 SSI
PMU1_SSI/GPIO_003 BG41 — PMU1 SSI
PMU2_SSI/GPIO_004 BF40 — PMU2 SSI
I2C5_SCL — C711 33p PMU_CLKOUT
PMU_CLKOUT/GPIO_005 BJ41 — R740 0
I2C5_SDA
PMU_HKADC_SSI/GPIO_066 E39 — PMU HKADC SSI
PMU_AUXDAC0_SSI/GPIO_067 E37 — GPIO 067 LCD IOVDD EN
PMU_AUXDAC1_SSI F38 — GPIO 068 LASER EN
PMU_AUXDAC1_SSI/GPIO_068 W47 — PMU PER EN
PMU_PER_EN AD50 — PMU RST SOC N TP702
SYS_RSTIN_N AB48 — SOC RST PMU N 复位 VOUT2_1V8
PMU_RSTOUT_N AG49 — GPIO 176 PMU PWR HOLD
GPIO_176_PWR_HOLD AF48 — PMU INT UFS BOOT 100K_DNI R702
GPIO_222_PMU0_IRQ_N — C710 33p RFI

BOOT CTRL

BOOT_MODE BJ39 — BOOT MODE
BOOT_UFS BG39 — BOOT UFS
DFT_EN AE51
TEST_MODE/GPIO_001 BG43 — TEST MODE TP706

LTE CTRL

LTE_INACTIVE/GPIO_075 BF34 — GPIO 075 CAM1 RST N
FRAME_SYNC/UART_RXD_BBP
LTE_RX_ACTIVE/GPIO_076 U47 — LTE UART RX
UART_RXD_BBP
LTE_TX_ACTIVE/GPIO_077 V48 — LTE UART TX
UART_TXD_BBP
ISM_PRIORITY/GPIO_078 V50
UART_RTS_N_MHS

IO PERI

SPDIF/GPIO_011 BB50 — GPIO 011 ANC CHG EN
GPS_REF/GPIO_012/GPS_PWR F14 — AP GPS REF CLK
GPIO_033/EMMC_RST_N BH46 — GPIO 033 OVP OFF
GPIO_048/SPI0_CS1_N L49 — GPIO 048 AP2NFC DLOAD REQ
PWM_OUT1/GPIO_065 BF20 — GPIO 065 TP RST N
GPIO_088 BG19 — GPIO 088 CAMPMI EN

GPIO_125/USB_DRV_VBUS BH38 — GPIO 125 LCM EN
ONEWIRE
GPIO_126 E9 — 1 LB701 GPIO 126 BT EN
GPIO_127 D10 — 2 GPIO 127 JTAG SEL0

JTAG TRST N C702 1n

VOUT2 1V8	R719	1.5k	I2C6 SCL
VOUT2 1V8		1.5k R720	I2C6 SDA
VOUT2 1V8	R732	1k	I2C1 SCL
VOUT2 1V8	R731	1k	I2C1 SDA
IR 1V8	R712	1k	I2C0 SCL
IR 1V8	R714	1k	I2C0 SDA
VOUT2 1V8	R701	1k	I2C4 SCL
VOUT2 1V8	R703	1k	I2C4 SDA
VOUT2 1V8	R709	1k	I2C3 SCL
VOUT2 1V3	R710	1k	I2C3 SDA
LCD IOVDD 1V84	R711	2k	I2C7 SCL
LCD IOVDD 1V84	R713	2k	I2C7 SDA

All Pull-Up Resister put Close to Device

图 17-7 典型平板电脑的微处理及数据处理电路（华为 M5 型平板电脑）（续）

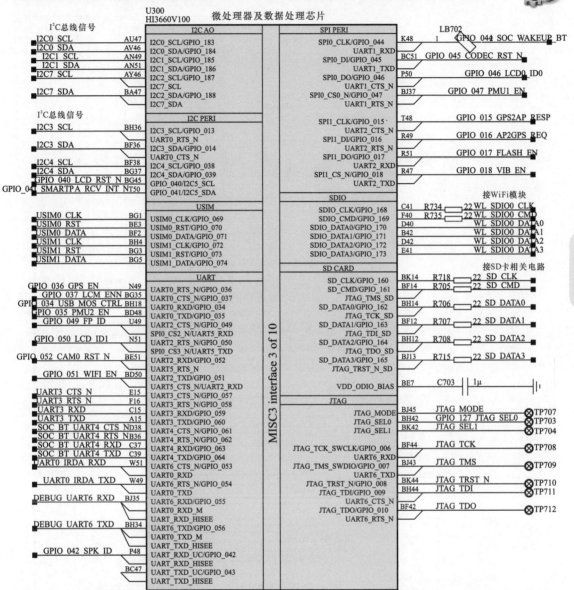

从图 17-7 中可以看到，该部分电路主要与通过连接器与后置摄像头、IR 补光灯、红外线、LCD/TD/指纹、SD 卡相关电路等关联完成控制和数据传输。

17.2.4 平板电脑音频电路的分析

音频电路是平板电脑中用来处理音频信号的电路，包括听筒信号、话筒信号、扬声器驱动信号、耳机信号以及收音/录音信号等。音频电路通常与微处理器和数据处理电路相关，接收的数据信号经处理后由语言电路还原成音频信号；话筒信号经语音电路处理后送到数据处理电路中进行处理，再进行调制、变频和发射。

图 17-8 所示为典型平板电脑中的音频解码电路，该电路是音频电路中的核心部分，与音频相关的信号基本都经该电路接收、处理、变换和输出。

图 17-9 所示为典型平板电脑中的音频功率放大器电路，该电路用于将音频信号进行功率放大后，去驱动扬声器发声。

图 17-8　典型平板电脑中的音频解码电路

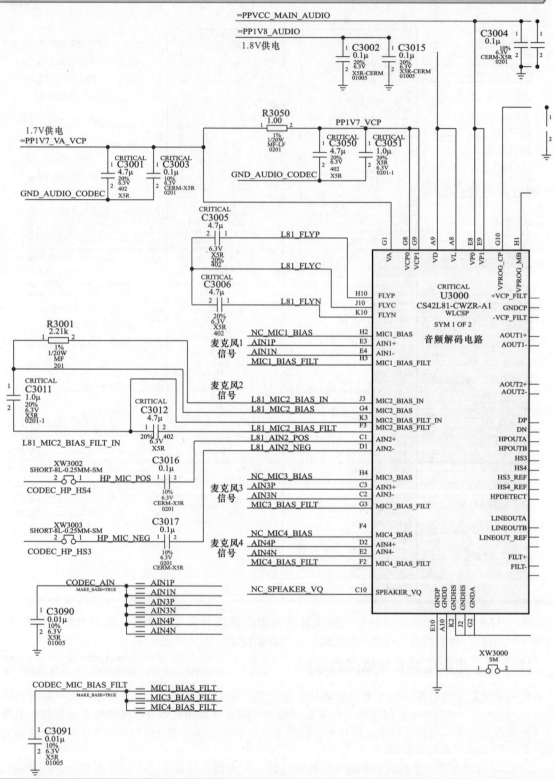

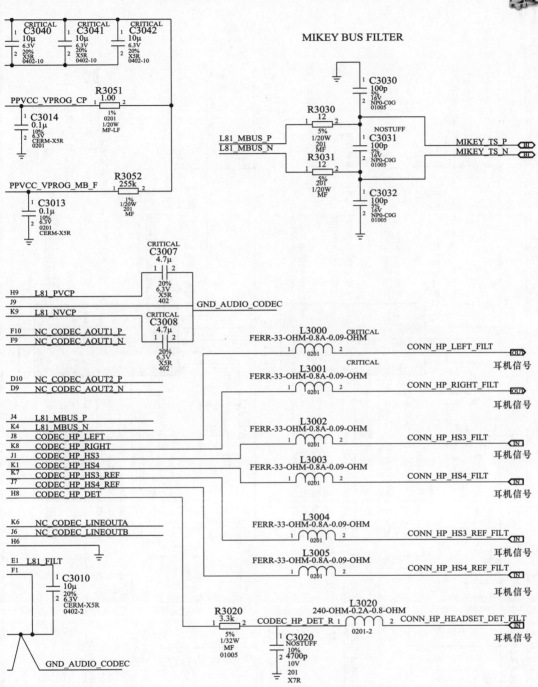

MIKEY BUS FILTER

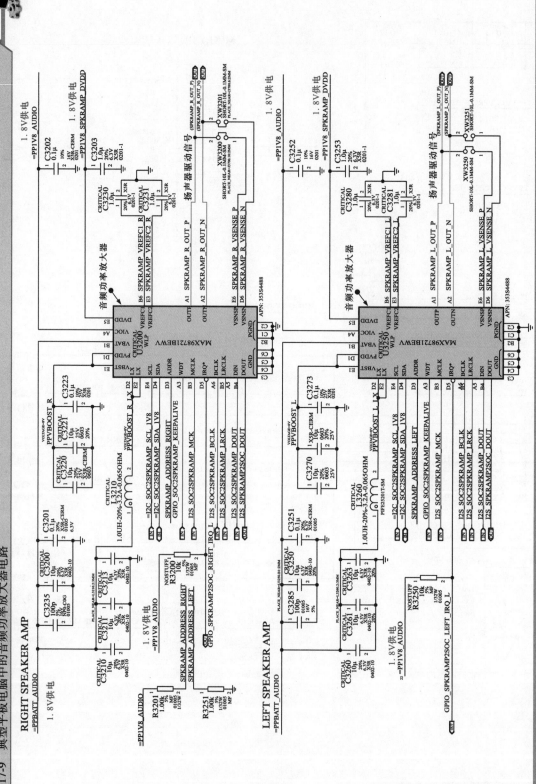

图 17-9 典型平板电脑中的音频功率放大器电路

17.2.5 平板电脑传感器和功能电路的分析

平板电脑中设有多种传感器，如接近传感器、光传感器、霍尔传感器、气压传感器等，还有一些辅助功能部件如指南针、陀螺仪、加速度计等，这些传感器和功能部件在满足基本供电条件下，受微处理器控制，实现相应的辅助功能。

图 17-10 所示为典型平板电脑中的传感器和功能电路。

图 17-10 典型平板电脑中的传感器和功能电路

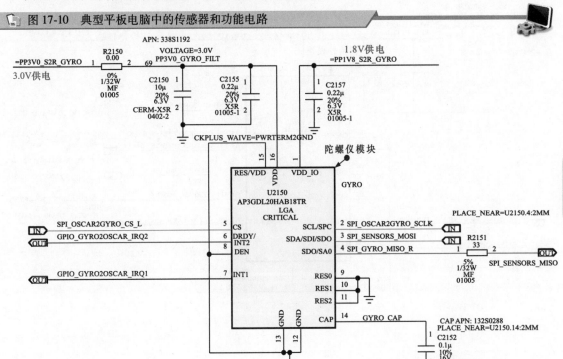

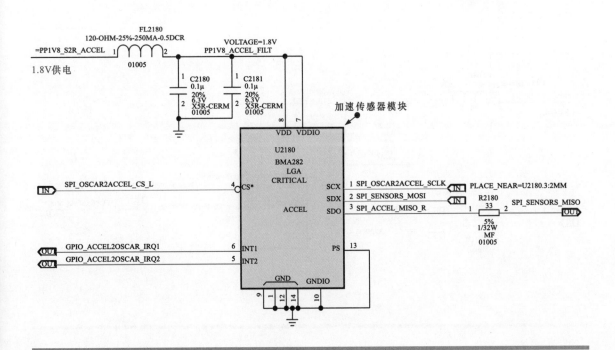

图 17-10 典型平板电脑中的传感器和功能电路（续）

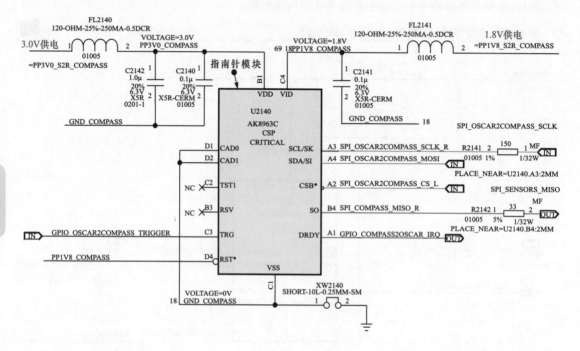

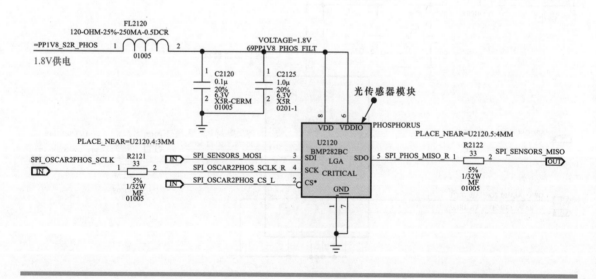

17.3 平板电脑的故障检修

　　平板电脑出现的故障现象多种多样，故障部位比较分散，引发故障的因素也并不单一，通常无法在最初进行有针对性的判断和分析。而且，平板电脑工作异常或无法工作时，除硬件设备存在问题外，也可能是由于软件系统的程序错误等引起的，图 17-11 所示为平板电脑的故障特点。

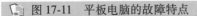
图 17-11　平板电脑的故障特点

硬件故障：
主要是由于电路元器件及相关电路出现故障引发的。

软件故障：
主要是由于系统设置不当、数据丢失、文件损坏以及病毒等原因引发的。

　　由软件引发的平板电脑故障是指系统程序或一些应用软件数据受损、错误或兼容性问题，导致的平板电脑"反应慢""死机""无法开机"等故障。

　　由硬件引发的故障是指平板电脑中组成核心配件本身损坏或配件中存在元器件老化、失效，印制电路板短路、断线，引脚焊点虚焊、脱焊等引起的平板电脑无法正常工作的故障。

　　平板电脑的硬件故障表现主要反映在"开/关机异常""充电异常""信号异常""通信异常"和"部分功能失常"5 个方面。

17.3.1　平板电脑不充电的故障检修

　　平板电脑出现"不充电"的故障时，应首先排除充电器与电源接口或 USB 接口连接不良的因素，然后重点对充电器、电池、电源接口、电流检测电阻、充电控制芯片等进行检查，排除故障。

图 17-12 所示为平板电脑"不充电"故障的基本检修分析。

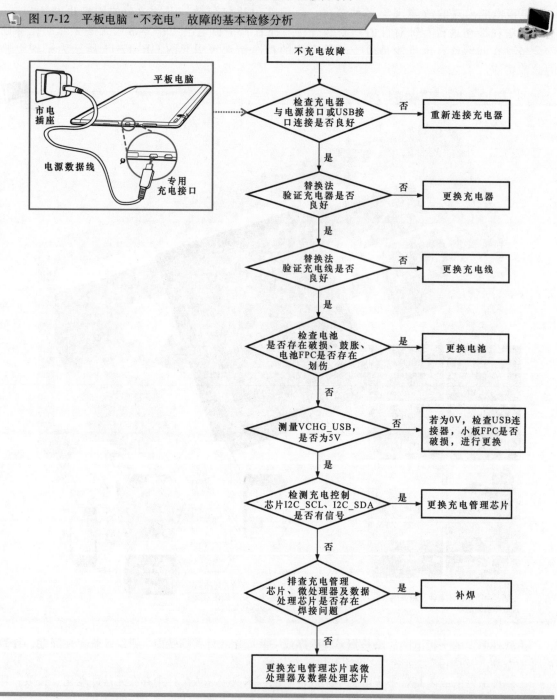

图 17-12 平板电脑"不充电"故障的基本检修分析

17.3.2 平板电脑无信号的故障检修

平板电脑出现"无信号"的故障时，应首先排除 SIM 卡、卡托、卡槽故障，然后重点检查射频电路、主芯片电路，若均正常则多为软件故障。

图 17-13 所示为平板电脑无信号类故障检修分析。

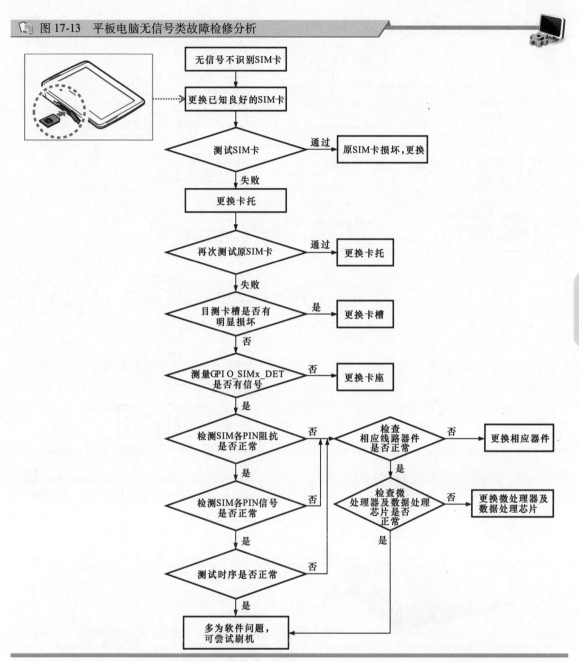

图 17-13 平板电脑无信号类故障检修分析

17.3.3 平板电脑扬声器不良的故障检修

平板电脑扬声器不良故障主要表现为有杂音、无声音或声音时大时小，该类故障主要应对电路中的扬声器、功率放大器及相关通路中的器件进行检查。

图 17-14 所示为平板电脑扬声器不良故障检修分析。

17.3.4 平板电脑功能异常的故障检修

平板电脑功能异常故障是指某项功能无法正常使用，如显示类故障、触摸失灵故障、传感器类故障、振动器故障等。

图 17-15 所示为平板电脑显示类故障检修分析。

图 17-14　平板电脑扬声器不良故障检修分析

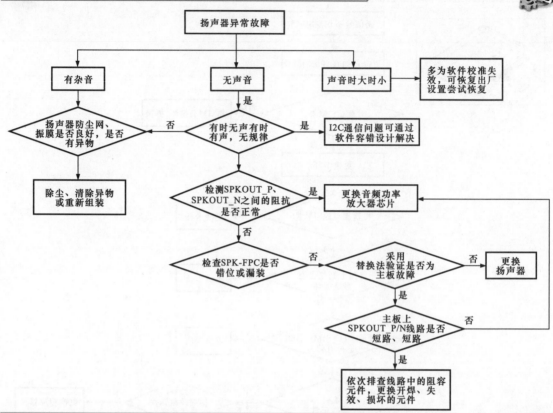

图 17-15　平板电脑显示类故障检修分析

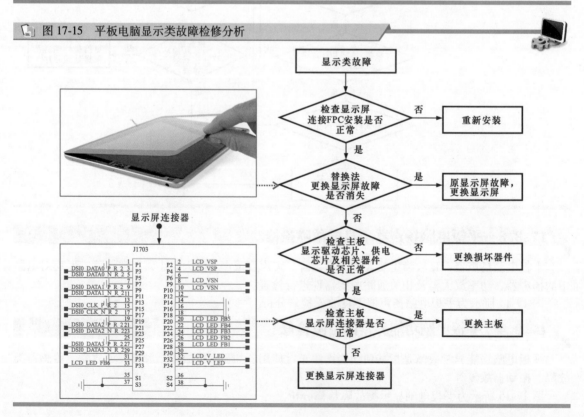

图 17-16 所示为传感器类故障检修分析。

图 17-16 传感器类故障检修分析

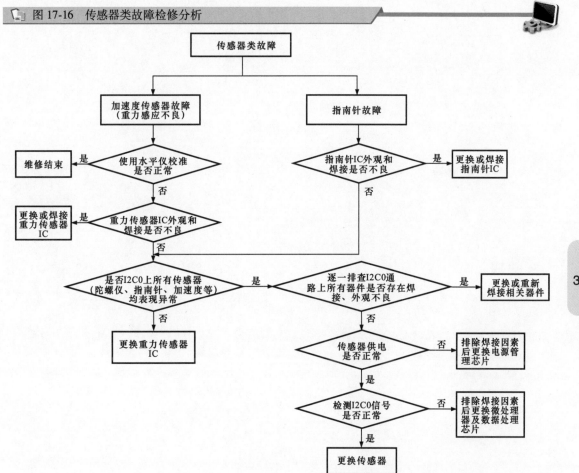